أطلس الوطن

العربي
الجغرافي والطبيعي والسياسي

يحيى نبهان

٢٠١٠

دار يافا
العلمية للنشر والتوزيع

٩٥٦

نبهان، يحيى

أطلس الوطن العربي: الجغرافي والطبيعي والسياسي/

يحيى نبهان ـ عمان، دار يافا للنشر. ٢٠٠٩.

( ) ص

ر: أ: ٢٦٧٥/ ١١ /٢٠٠٩

الواصفات:/ البلدان العربية// التاريخ العربي

*تم اعداد بيانات الفهرسة الأولية من قبل دائرة المكتبة الوطنية

الطبعة الأولى، ٢٠١٠

دار يافا العلمية للنشر والتوزيع

الاردن – عمان - تلفاكس ٠٠٩٦٢٦٤٧٧٨٧٧٠

ص.ب ٥٢٠٦٥١ عمان ١١١٥٢ الأردن

E-mail:dar_yafa@yahoo.com

الإهداء

الى والدي ووالدتي

اللذين ما زلا يحلمان بالعودة...

الى كل الأحرار في الوطن العربي الكبير

المقدمـــــة

أن هـذا الكتـاب لـيس سـوى دراسـة مختصرـة لواقـع الـوطن العـربي حيـث يتنـاول معالمـه الجغرافية الرئيسية من جوانبه الطبيعية والبشرية والسياسية والاقتصادية، وموارد القوى والمعادن ، وكان هذا الجهد المتواضع هو حصيلة أربع سـنوات مـن السـهر والبحـث لعـلي أضـع أمـام القـارئ العربي ما فعله الاستعمار في هذا الوطن الكبير الذي يمتلك مجتمعا كل عناصر القوة، التي تؤهله أن يكون دولة عظمى ولها دورها القيادي والسياسي في العالم .

أملاً أن يـتم الإنـدماج في النطـاق الإقليمـي تمهيـدا لوحـدة متكاملـة بـين كـل الأقـاليم التـي ينتظمها العالم العربي.

وهو حلم كل إنسان عربي يعيش على هذه الأرض. علما بأن هذا الكتاب يقع في سبعة أبواب وواحد وثلاثون فصل ويشتمل كل فصل على تاريخ وجغرافيـة وسياسـة كـل قطـر عـربي بالتفصـيل لأحدث المعلومات.

وأنا إذ أقدم هذا الكتاب لا أدعي العصمة، فهي لله وحده، فكـل عمـل يقـوم بـه الإنسـان لا يخلوا من هنات. وعليه أتوكل وبه أستعين.

عمان في شهر كانون الأول عام ٢٠٠٥م

و اللـه من وراء القصد

يحيى نبهان

البـــاب الاول

الفصل الأول

الأقاليم الطبيعية للوطن العربي:

أن العالم العربي ينقسم إلى أربعة أقاليم طبيعية تتمايز من حيث الموقع ومن حيث السطح ومن حيث المناخ والنبات ونشاط السكان:-

١- **إقليم الهلال الخصيب:**

يضم هذا الإقليم الوحدات السياسية التي تقع إلى شرق البحر المتوسط وهي الأردن وسوريا ولبنان وفلسطين والعراق، وإقليم الهلال الخصيب وحدة جغرافية بين مرتفعات زاغروس شرقا وساحل البحر المتوسط غربا وبين الحافات الجنوبية لهضبة الأناضول شمالا وصحراء الجزيرة العربية جنوبا والتي تمتد شمالا في هذا الإقليم باسم صحراء الشام، ولهذا اتخذت الأراضي المزروعة على شكل الهلال ومن ثم كانت التسمية إقليم الهلال الخصيب .

وهو يكون جزءا هاما من المشرق العربي.

٢- **إقليم شبه جزيرة العرب:**

يضم هذا الإقليم الطبيعي عدة وحدات سياسية هي ، المملكة العربية السعودية، جمهورية اليمن، سلطنة عُمان، ودولة الإمارات العربية المتحدة، وقطر، والبحرين والكويت، هذه الوحدات السياسية جميعا تنظمها وحدة جغرافية، يحدها شرقا خليج عُمان والخليج العربي ويحدها غربا البحر الأحمر، والى جنوبها يمتد بحر العرب وخليج عدن وإلى شمالها إقليم الهلال الخصيب.

٣- **إقليم المغرب العربي:**

تبلغ مساحته حوالي ٤.٧١٥.٤٤٣ كم^{٢} أي أكثر من نصف مساحة الوطن العربي، يمتد من المحيط الأطلسي غربا عند خط الطول ٩٣$^{\circ}$ غربا الى خط الطول ٢٥$^{\circ}$ شرقا وهي الحدود السياسية بين ليبيا ومصر ويمتد من خط العرض ١٨$^{\circ}$ شمالا الى خط العرض ٣٧$^{\circ}$ شمالا.

وقد أطلق الجغرافيون العرب على هذا الاقليم جزيرة العرب إذ تغلقه الصحراء من الجنوب والشرق ويحيطه البحر المتوسط من الشمال والمحيط الأطلسي ـ من الغرب ويطلق عليه الكتاب الجغرافيون الاجانب أسماء عدة، أطلق عليه الكتاب بالإغريق القدامى (ليبيا) وأطلق عليه الرومان (أفريقية) وأطلق عليه الأتراك (إقليم البربر).

وتعتبر مرتفعات اطلس في هذا الاقليم من أهم الظاهرات التضاريسية في هذا الاقليم، وقد أطلق الاغريق اسم (أطلس) على هذه المرتفعات اعتقادا منهم بأن أحد الهتم الاسطورية (أطلس) يسكن هذه المرتفعات، ولهذا لا يسمى سكان المغرب مرتفعات بلادهم باسم اطلس ولكنهم يطلقون على هذه المرتفعات اسماء محلية.

وتمتد هذه المرتفعات (٢٠٠٠) ميل من المحيط الأطلسي غربا الى خليج قابس شرقا.

٤- إقليم حوض النيل:

يضم هذا الاقليم جمهورية مصر العربية وجمهورية السودان وامتداد نهر النيل في هاتين الوحدتين السياسيتين من بين العوامل التي أضفت على هذا الجزء من العالم العربي وحدة اقليمية.

٥- القرن الافريقي:

ويضم هذا الاقليم دولتين جمهورية الصومال وجيبوتي اللتان يقعان على الجزء العربي من القارة الافريقية.

الواقع الجغرافي الإقتصادي للوطن العربي

يشكل الوطن العربي وحدة طبيعية جغرافية متماسكة الأطراف ولتوضيح ذلك لا بد من دراسة ملامح الموقع والامتداد:

تبلغ مساحة الوطن العربي نحو ١٤ مليون كم٢، وهو بذلك أكبر مساحة من الولايات المتحدة، بل أكبر مساحة من أروربا، بما في ذلك القسم الأوروبي من الاتحاد السوفيتي (سابقا).

ويقع ٢٣% من مساحة الوطن العربي في آسيا (الجناح الأسيوي) ونحو ٧٧% في إفريقيا (الجناح الأفريقي).

والوطن العربي عظيم الامتداد يزيد امتداده، من المحيط الأطلسي- غربا إلى الخليج العربي شرقا على ٦٧٠٠ كم منحصرا بين خطي طول ١٧ غربا، و٦٠° شرقا، فتغطي نحو ٧٧ درجة طولية بين مدينتي نواكشوط في موريتانيا ومسقط على ساحل الخليج العربي شرقا.

ويزداد امتداد الوطن العربي من الجنوب إلى الشمال على ٤٥٠٠كم منحصرا بين خطي عرض ٢°جنوبا و٣٧ شمالا أي نحو ٣٩ درجة عرضية ترتب عليه تنوع المناخ سواء من حيث الحرارة أو المطر إلى جانب المحاصيل الزراعية.

ورغم الامتداد الكبير للوطن العربي فإن رقعته تشكل كتلة متماسكة تؤكد شخصيته الجغرافية المميزة، ويرجع ذلك إلى حدوده الطبيعية الواضحة المعالم.

خصائص الموقع الجغرافي وأهميته:

يعيش العرب في رقعة من الأرض تحتل مكانا ممتازا من العالم القديم، فهي تقع وسطا بين منطقتين هما أشد جهات العالم إزدحاما بالسكان، أو يجتمع فيها أكثر من ثلثي الجنس البشري وهما أسيا الموسمية وأوروبا الغربية، ومن ثم كانت أكثر الأراضي العربية هي ملتقى الطرق التي تربط بين هذين الإقليمين الرئيسين ومن هذا الطريق اكتسبت أهميتها في العصور القديمة والحديثة على حد سواء.

إذن ما هي خصائص هذا الموقع؟ وما هي أهميته؟.

١- موقع الوطن العربي المتوسط من العالم وهو الجزء الـذي يـربط القـارات الثلاثة (للعـالم القديم) آسيا، أوروبا، إفريقيا.

٢- كما يسيطر على ثلاثة أذرع مائية البحر الأبيض المتوسط والبحر الأحمـر والخليج العـربي، ويشرف على مسطحات مائية كبيرة حيث تتصل هذه الأذرع بالطرق الملاحيـة العالميـة في المسطحات الكبيرة، المحيط الأطلسي والمحيط الهندي.

٣- سيطرة الوطن العربي على المضائق البحرية الهامة التي تتحكم في المـداخل البحريـة منهـا وإليها فهناك، مضيق جبل طارق الذي يربط بين المحيط الأطلسي والبحر المتوسط وقنـاة السويس التي تربط بين البحر المتوسط والبحر الأحمر ومضيق بـاب المنـدب الـذي يـربط بين البحر الأحمر والمحيط الهندي عن طريق خليج عدن ومضيق هرمز الـذي يـربط بـين الخليج العربي وبحر العرب عن طريق خليج عُمان.

٤- موقع الوطن العربي المتوسط بين أقاليم مناخية مختلفة بحكم امتداده بين درجتـي عـرض ٢ درجة جنوبا و ٣٧ درجة شمالا جعله يقع بين النطاق المداري الجنوبي والنطاق المعتدل والبارد شمالا هذا الموقع جعله يمثل منطقة الاتصال بين الأقاليم الحارة بمنتوجاتها وإقلـيم البحر المتوسط وما وراءه بمنتجاته المعتدلة.

٥- نشأة الحضارات على أرضه منذ القدم، كما كان معبرا لهـذه الحضارات الإنسانية ونقطـة انطلاق لها شمالا إلى أوروبا وجنوبا إلى إفريقيا وشرقا إلى أسيا.

٦- نزلت على أرضه الأديان السماوية الثلاثة: اليهودية والمسيحية والإسلام ومن الوطن العربي انطلقت هذه الأديان وانتشرت في كل أنحاء المعمورة.

٧- هذا وإن تدفق البترول على أرض الوطن العربي بكميات ضخمة أدى إلى ازدياد أهمية هذا الموقع مما جعله يكتسب أهمية إستراتيجية عظيمة في السلم والحرب، هذا وأن البترول تتوقف أهميته على عدة جوانب سياسية واقتصادية واجتماعية يمكن للأمة العربية أن تستغله في حل قضاياها، ومن هذا المنطلق أصبح موقع الوطن العربي ميدانا للتنافس في الصراع بين القوى السياسية الدولية الكبيرة ومحورا يدور حوله الكثير من الأحداث العالمية.

الأهمية الاقتصادية لموقع الوطن العربي.

١- تعدد الأقاليم المناخية وتنوعها أدى إلى تنوع البيئات فيه وتنوع البيئات يعني تعدد المحاصيل الزراعية واختلافها من قطر إلى آخر وهذا بدوره من عوامل القوة في تكامل عناصر الإنتاج الزراعي بين أقطار الوطن العربي.

٢- تبلغ مساحة الأراضي الصالحة للزراعة في الوطن العربي ١٩٨٠ مليون دونم، زرع منها عام ١٩٩٤م ٤٦٠ مليون دونم تقريبا وهي تمثل ٢٣% من الأراضي الصالحة للزراعة وتبقى المساحة الصالحة للزراعة ولكنها غير مزروعة ٧٧% (غير مستغلة).

٣- التفاوت الكبير في توزيع الكثافات السكانية، والقوى العاملة والكفاءات من جهة وعناصر الإنتاج والموارد الطبيعية من جهة ثانية.

٤- اتساع السوق العربية ٤١٥.٧٠٠ مليون نسمة عام ٢٠٠٤م إذا ما استغلت لتصريف المنتجات العربية وحدت من الاعتماد على ما يستورد من الخارج.

٥- ضخامة إنتاج النفط العربي (٣٢%) من إنتاج العالم وضخامة احتياطه ٦٠% من احتياطي العالم كما يشارك في التجارة الدولية بما لا يقل عن ٢٠% من تجارته العالمية.

٦- يمتاز الوطن بتعدد التراكيب الجيولوجية الأمر الذي يؤدي إلى تنوع الخامات المعدنية في طبقاتها.

٧- الوطن العربي يمتاز بكثرة سواحله على البحار وطولها (١٤) ميلون كيلو متر التي تعتبر ذات أهمية اقتصادية كبيرة ومتعددة إذا ما استغلت استغلالا حسنا.

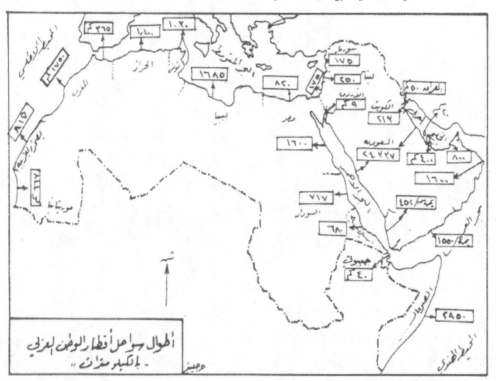

أطوال سواحل أقطار الوطن العربي
بالكيلومترات

الجناح الأسيوي الباب الثاني

الفصل الثاني

بلاد الشام مع العراق (الهلال الخصيب)

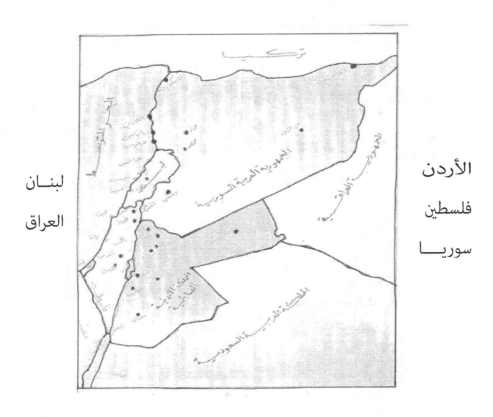

الأردن

فلسطين

سوريـا

لبنـان

العراق

تضاريس بلاد الشام

في شمال غرب شبه جزيرة العرب وإلى الغرب من منخفض العراق تمتد بلاد الشام مكونة وحدة تضاريسية لها خصائصها المميزة، ولعل أهم هذه الخصائص أن المنطقة تمثل جهة الانتقال من الصخور القديمة إلى الصخور الأحدث ، وتكون الصخور الحديثة في أول أمرها رقيقة في الشرق والجنوب، وفي معظم الأحوال تكون متقطعة غير متصلة، ترتكز على قاعدة أركية تظهر على السطح في جهات محدودة، ولا نستطيع أن نتتبع الصخور النارية القاعدية نحو الشمال والغرب، إذ يزداد سمك الصخور الرسوبية وتتعدد أنواعها، وتختفي تحتها القاعدة القديمة تماما، ومن ثم ففي الأردن وفلسطين تكون التكوينات الأركية مجاورة للسطح وتكون نواة جبال القدس والخليل (جبال اليهودية) ومرتفعات غرب الأردن، ولكننا في الشمال في سورية نجد أن حضيض الجبال تنتمي صخوره إلى العصر الجوراوي. وقد أدى هذا كله إلى وجود عدد من الظاهرات المهمة، ففي الجنوب نجد أنواع الصخور أقل عددا، ونجدها أكثر انتظاما نتيجة لصلابة الكتلة التحتية، بينما تتنوع الصخور في الشمال وتصبح الإلتواءات ظاهرة واضحة.

وقد أدى وجود الإنكسارات على طول محور شمالي - جنوبي، ووجود الفوالق المستعرضة الأصغر بين الحين والحين إلى وجود سلسلة من الكتل المرتفعة المنفصلة بعضها عن بعض بوجود مناطق متعاقبة من المنخفضات، ومن ثم كان من السهل أن نتتبع عددا من المناطق الفزيوغرافية الصغيرة تتميز كل واحدة منها عن جيرانها، ولكن هذه المناطق كلها تمثل أجزاء في نطاقات تضاريسية أخرى لا نخطئ معالمها وكلها تأخذ الاتجاه الطولي.

هذه النطاقات الرئيسية هي :

١- السهول الساحلية.

٢- المرتفعات الغربية.

٣- المنخفض الأخدودي.

٤- المرتفعات الشرقية.

٥- السهول الداخلية الشمالية.

أولا: السهول الساحلية.

تمتد هذه السهول على طول الساحل الشرقي للبحر المتوسط، وقد تكونت نتيجـة للتعريـة البحرية والتعرية الأرضية، ولهذا إختلفت أشكالها من إقليم إلى إقليم، فهي في بعض الجهات رمليـة منخفضة، وهي في الأخرى صخرية منبسطة أو متضرسة، وتنحدر إليها من المرتفعات الغربيـة عـدة أنهار قصيرة سريعة الجريان، يجف أغلبها في فصل الصيف. ويتميز الساحل بقلة تعاريجه، وتختلف بنيته في الشمال عنها في الجنوب، فهو في شمال جبل الكرمل صخري تكثر فيه الرؤوس والخلجان ثم يتحول في الجنوب إلى ساحل رملي منبسط له انحناء منتظم ويستمر بهذا الشكل حتى سواحل شبه جزيرة سيناء. ومياه البحر المجاورة ليست عميقة الغور، بل أن خط عمق ١٠٠ متر يسيرا موازيا للساحل وبعيدا عنه بنحو ١٥٠ كيلومترا في المتوسط.

ويختلف اتساع السهول الساحلية من جهة إلى أخرى ، ولذا فهي أشـبه بالسهول المتقطعـة غير المتصلة، وتحمل أجزاؤها أسماء مختلفة يمكن أن نتتبعها مـن الشمال إلى الجنوب عـلى النحو التالي:

١- سهل اسكندرون:

ويمتد من سفوح جبال أمانوس في شكل قوس حول خليج إسكندرون، ويتراوح عرضه بين ٥ و ١٠ كيلومترات، وينتهي عند رأس الخنزير التي هي نهاية جبال أمانوس، وتقفل السهل من الجنوب فتفصله عن بقية السهول الساحلية،

وتضطر طرق المواصلات أن تسير في شرق الجبل، ثم تخترقه في ممر بيلان لتصل إلى ميناء اسكندرون. وتنحدر إلى السهل مياه أمطار جبال أمانوس على شكل سيول دافقة مما أدى إلى كثرة المناقع. ولما كانت جبال أمانوس تتغطى بصخور بركانية غير مسامية فقد ندرت فيها العيون التي يمكن أن تغذي أي نهر ذي قيمة.

٢- سهول العلويين:

وهي أطول امتدادا، وأكثر اتساعا، ويحدها من الشمال الجبل الأقرع الذي يفصل بينه وبين جبال أمانوس منخفض ضيق يجري فيه العاصي الأدنى في طريقه إلى البحر، وتحدها في الشرق كتلة جبال العلويين. وتتكون من عدد من السهول الصغيرة المتصلة هي سهل اللاذقية في الشمال، وسهل جبله – بانياس – طرطوس في الوسط والجنوب.

ويجري في السهل الشمالي النهر الكبير الشمالي الذي ينبع من السفوح الجنوبية لجبل الأقرع، وتتصل به عدة روافد منحدرة من الأطراف الشمالية لجبال العلويين، وطوله نحو ٨٠ كيلو مترا وهو وإن يكن دائم الجريان فإن تصرفه السنوي لا يزيد على ثلاثة أمتار في الثانية. وينتهي إلى البحر جنوب شرق اللاذقية.

أما السهل الأوسط فيتراوح اتساعه بين ٥ و ١٥ كيلو مترا، وتجري فيه عدة أنهار قصيرة منها الصنوبر والبرغل ونهر السن الذي يعد من أغزر أنهار السهول الساحلية ماء إذ يبلغ معدل تصرفه السنوي ١٢ مترا في الثانية. ثم نهر بانياس الشديد الإنحدار الدائم الجريان، ومرقبا والحصين والأبرش.

٣- سهل عكار.

ويقع حول خليج عكار، ويمتد حتى يتصل بالانخفاض الذي يفصل كتلة العلويين عن جبال لبنان. ويجري إليه النهر الكبير الجنوبي ويصب في خليج عكار عند بلدة العريضة بعد رحلة طولها ٥٨ كيلو مترا. وفي جنوبه يأخذ السهل

في الضيق حتى يكاد يتلاشى في المنطقة بين طرابلس وبيروت. وينحدر إليه في هذا الجزء عدد من الأنهار القصيرة ولكنها أوفر مياها من أنهار الشمال لكثرة أمطار جبال لبنان ولوجود الثلوج التي تذوب في فصل الصيف فتضمن موردا دائما للأنهار. وأهم هذه الأنهار نهر عكار الذي ينتهي إلى البحر في جنوب الحدود السورية - اللبنانية، ونهر البارد ويصب شمال طرابلس، ونهر قاديشا أو أبو علي وينبع من مغارة قاديشا ويجري في واد عميق ضيق لمسافة ٤٢ كيلو مترا حتى يصب عند طرابلس ويعرف في مجراه الأدنى باسم (أبو علي)، ونهر إبراهيم أو أدونيس ويصب جنوب مدينة جبيل ثم نهر الكلب الذي ينبع من مغارة جعيتا في جبل صنين ويصب في خليج جونية.

٤- سهل صيدا - صور:

عند بيروت يضيق السهل الساحلي ولكنه لا يلبث أن يتسع في جنوبها مكونا سهل صيدا - صور. وتجري إليه عدة أنهار أهمها الدامور الذي يستمد مياهه من عدد من الينابيع في جبل الباروك وينتهي إلى البحر في شمال صيدا، ونهر الأولي وكان الجغرافيون العرب يسمونه نهر الفراديس، ويستمد مياهه أيضا من عدة ينابيع أشهرها عين زحلتا ونبع الباروك، ونهر الزهراني الذي يكاد يجف في فصل الصيف ومصبه إلى الجنوب من صيدا. كما ينتهي إلى السهل أيضا نهر الليطاني الذي يصب في البحر في شمال صور ويطلق عليه هنا اسم نهر القاسمية.

٥- سهل فلسطين:

وبدايته عند رأس الناقورة ويمتد في داخل حدود الجمهورية العربية المتحدة حيث يتداخل في السهل الذي تنتهي إليه هضبة شبه جزيرة سيناء ويتصل بالسهل الأدنى لحوض النيل . وسهل فلسطين في جملته أرض منبسطة لا يزيد متوسط ارتفاعها على مائتي متر فوق سطح البحر، ويتراوح عرضه بين مئات الأمتار عند حيفا وأكثر من ٣٠ كيلو مترا في شمالي سيناء. ويتميز الساحل بقلة أعماق

مياهه وقلة تعاريجه مما يقلل من صلاحيته لقيام الموانىء الطبيعية، خاصة وأنه مكشوف للرياح الغربية. ولا يستثنى من ذلك سوى منطقة حيفا التي كون فيها جبل الكرمل ببروزه في البحر خليجا يحميه الجبل من الرياح الجنوبية الغربية وعلى هذا الخليج قامت ميناء حيفا أهم موانى فلسطين.

ويقسم جبل الكرمل السهل الساحلي قسمين: الشمالي منهما هو سهل عكا الذي يسميه اليهود الآن عمق زيلون Emck Zevulun وهو سهل صغير لا يزيد اتساعه على ١٢ كيلو مترا، أما القسم الجنوبي فأعظم امتداد وأكثر اتساعا. ويعرف الجزء الشمالي منه الممتد من حيفا إلى يافا باسم سهل سارونة sharon وينحدر إلى السهل عدد من الأودية تجري بالمياه عقب سقوط الأمطار وأهمها اسكندرون والعوجا وروبين. والعوجا هو وحده الذي يجري بالماء على مدار السنة وينتهي إلى البحر شمال تل أبيب.

وتربة سهل فلسطين رملية صلصالية، وربما تخللته مساحات واسعة من التربة الطينية الثقيلة، وتزداد نسبة الرمل كلما اقتربنا من الساحل حتى تتجمع الرمال فتكون خطا من الكثبان بساحل البحر، وقد يزيد ارتفاع بعض هذه الكثبان على الأربعين مترا. أما في الشرق فينتهي السهل إلى منطقة يتدرج ارتفاعها حتى تبلغ الهضبة الداخلية. وتغلب على هذه المنطقة الداخلية الصخور الكلسية.

وتربة السهل الساحلي خصبة بصفة عامة فيما عدا القسم الشمالي منه (سهل عكا) الذي تحتاج أراضيه إلى إصلاح.

ويتراوح المطر السنوي بين ٣٠٠ المليمتر في غزة و ٦٠٠ ملليمتر في حيفا كما يوجد الماء الجوفي على أعماق تتراوح بين بضعة أمتار و ١٥٠ مترا مما يساعد على حفر الآبار واستغلال مياهها في الزراعة.

ثانيا: المرتفعات الغربية.

وتتكون من محدبات خفيفة لا تشبه التواءات طوروس المتفرعة منها، ولهذا فهي لا تعتبر جبالا التوائية بالمعنى الدقيق وهي في معظمها تتجه من الشمال الشرقي إلى الجنوب الغربي. وتتكون قاعدتها من صخور طباشيرية كريتاوية تعلوها صخور جيرية صلبة تنتمي إلى العصر الجوراوي وتتكون من عدة كتل هي :

١- جبال أمانوس:

وتعرف أيضا بجبال اللكام، وتبدأ من جبال طوروس، وتمتد نحو الجنوب الغربي حتى تنتهي إلى البحر في رأس الخنزير ، وهي تكون قوسا طوله نحو ١٨٠ كيلو مترا على عرض يتراوح بين ٢٠ و ٢٥ كيلو مترا. ويقسمها ممر بولان الذي يعتبر بوابة سورية الشمالية قسمين هما: جبل الكافر في الشمال، والجبل الأحمر في الجنوب، وأعلى قممها جبل قاوور داغ الذي يرتفع إلى ٣٢٧٠ مترا فوق سطح البحر، ويقع في القسم الشمالي من جبال أمانوس، وبينما تسود في الشمال صخور الشست القديمة تغلب على الجنوب الصخور الاندفاعية الخضراء.

٢- الجبل الأقرع:

ويفصله عن كتلة أمانوس المجرى الأدنى لنهر العاصي وخليج السويدية ، وينتهي في الجنوب بسهل اللاذقية، ويبرز في البحر مكونا رأس البسيط، وتبلغ أعلى قممه نحو ٢٧٦٠ مترا فوق سطح البحر . ويظن أنه كان على اتصال بجبال قبرص. وقد قطعت السيول جوانبه وحفرت فيه أودية عميقة، وينبع من سفوحه الجنوبية النهر الكبير الشمالي، وقد سمي بالأقرع لأن أعاليه جرداء خالية من الأشجار التي تكسو سفوحه حتى البحر.

٣- جبال العلويين:

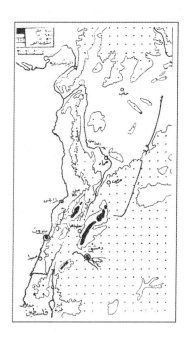

وقد تعرف بالنصيرية، وتبدأ ضيقة في الشمال ثم تتسع في الجنوب. وهي وأن لم تكن عظيمة الإرتفاع، فهي صعبة المرتقى. وتنتهي في الجنوب إلى منطقة أنكسارية تفصلها عن جبال عكار ويبلغ امتدادها نحو ١٢٠ كيلو مترا على عرض يتراوح بين ٥٢ و ٣٢ كيلو مترا. وهي شديدة الأنحدار في الشرق نحو وادي العاصي، ولكن انحدارها نحو الغرب إلى سهل اللاذقية متدرج. وتتكون قاعدة جبال العلويين من صخور كلسية جوراوية تغطيها صخور جيرية رملية أحدث عهدا. وتغطي الصخور البركانية السوداء بعض الأجزاء الجنوبية من الجبال، وتوجد فيها انكسارات عميقة تجعلها وعرة المسالك ومن أشهر قممها النبي يونس وقدموس والشعرة.

٤- جبال لبنان:

ويفصلها عن جبال العلويين النهر الكبير الجنوبي. وتبلغ أقصى ارتفاعها في الشمال حيث توجد أعلى قمم الشام وهي جبل القرنة السوداء (٣٠٨٨ مترا) ثم تنخفض تدريجيا نحو الجنوب فلا يزيد ارتفاع جبل صنين على ٢٦٢٨ مترا وجبل الباروك على ١٩٥٠ مترا. وتكثر بها الينابيع التي تغذي بمياهها عددا من الأنهار. وتمتد جبال لبنان لمسافة ١٧٠ كيلومترا تقريبا وهي جبال عريضة نسبيا إذ يتراوح

عرضها بين ٢٥ و ٥٠ كيلو مترا. وتشبه جبال العلويين في انحدارها الشديد نحو الشرق والتدريجي نحو الغرب، ويرجع هذا إلى تأثير الظاهرة الأخدودية.

ويمكن تقسيم جبال لبنان إلى ثلاثة أقسام هي:

أ- لبنان الشمالي:

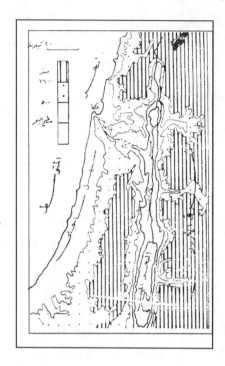

ويمتد لمسافة ٥٠ كيلو مترا تقريبا من جبل عكار حتى وادي نهر ابراهيم، ويقطعه عدد من أودية الأنهار أهمها قاديشا والجوز، وفيه أعلى قمم الشام (القرنة السوداء) كما أن به قمما أخرى يزيد ارتفاعها على الثلاثة آلاف متر ومنها فم الميزاب (٣٠٦٦م) وظهر القضيب (٣٠٦٣م).

ب- لبنان الأوسط:

ويمتد حتى حمر ظهر البيدر. وتشقه عدة أودية أهمها وادي نهر الكلب ووادي نهر بيروت. ومن قممه جبل المنيطرة (٢٨٠٧) وفيه منابع نهر إبراهيم، وجبل صنين (٢٦٧٨م) وينبع نهر الكلب ونهر البردوني وجبل الكنيسة (١٥٤٢م) الذي يشرف على مصر ظهر البيدر.

ج- لبنان الجنوبي:

ويمتد من ممر ظهر البيدر حتى حوض القاسمية (المجرى الأدنى لنهر الليطاني) ويختلف عن القسمين السابقين، فهو ليس هضبة عريضة عالية وانما سلسلة ضيقة من الصخور الجيرية الجوراوية. ولا يتجاوز الارتفاع هنا الالفي متر ثم ينخفض في الأطراف الجنوبية إلى ١٥٠٠ متر حيث ينحدر انحدارا سريعا إلى

حوض القاسمية. ويعرف القسم الشمالي من السلسلة بجبل الباروك (٢٢٠٠م) بينما يعرف القسم الجنوبي بجبل نيحا (١٦٨٠م).

٥- جبل عامل:

ويمتد في جنوب حوض القاسمية وراء صيدا وصور. ويكون في الشمال هضبة يتراوح ارتفاعها بين ٥٠٠ و٦٠٠ متر ثم يأخذ في الارتفاع التدريجي نحو الجنوب حتى يصل إلى ١٢٠٥م في جبل الجرمق عند صفد. وينتهي جبل عامل في الشرق إلى اقليم الغور في انحدار شديد وهذا على عكس انحداره في اتجاه الساحل. والواقع أن جبل عامل هو جزء من هضبة الجليل حتى أنه كثيرا ما يعرف باسم الجليل الأعلى.

٦- جبال فلسطين:

وهي هضبة أكثر منها جبالا، ويتروح عرضها بين ٤٠ و٧٠ كيلو متر. ويتكون معظمها من الصخور الجيرية. ويقطع الهضبة إلى الخلف من خليج عكا كسر كان من آثاره تكون سهل مرج ابن عامر وهو سهل خصب يقسم الهضبة إلى كتلتين تعرف الشمالية باسم هضبة الجليل والجنوبية باسم هضبة السامرية في الشمال وجبال اليهودية أو جبال الخليل في الجنوب.

ويشرف على سهل مرج ابن عامر في الغرب حاجز جبلي، يبدأ من وراء خليج عكا ويمتد نحو الجنوب الشرقي، وذلك هو جبل الكرمل الذي يمتد في البحر فيشكل رأس الكرمل التي جعلت من خليج عكا منطقة محمية من الرياح الجنوبية مما ساعد على قيام ميناء حيفا. وتنحدر سفوح جبل الكرمل في الجنوب والغرب انحدارا هينا ينتهي إلى ساحل البحر المتوسط وإلى سهل شارونه في الجنوب. وتنتهي في الشرق إلى منخفض غير عميق هو سهل جنين.

وفي الجنوب الشرقي من سهل جنين ترتفع الأرض بسرعة في هضبة السامرية ويتراوح ارتفاعها بين ٧٠٠ و ٨٠٠ متر فوق سطح البحر . ولا تتجاوز أعلى

قممها الألف متر وتعرف أحيانا باسم جبال نابلس وتمتد من جنين حتى القدس وأعلى قممها جبل عيبال (٩٤٠م) وجبل جرزيم (٨٨١م).

وتلي جبال نابلس جنوبا جبال القدس والخليل أو جبال اليهودية وتنحدر سفوحها الغربية انحدارا لطيفا نحو السهل الساحلي. أما السفوح الشرقية فشديدة الانحدار نحو غور الأردن والبحر الميت وتكثر فيها الفوالق والانكساريات.

وتنتهي جبال فلسطين في الجنوب بمحدبات صحراء النقب التي يصل ارتفاعها أحيانا إلى الألف متر . ومن أشهر هذه الحدبات جبل القرن الذي يمتد من بئر السبع حتى حدود الجمهورية العربية المتحدة وجبل عريف وسنان وغيرهما . ويفصل المحدبات عن غيرها مقعرات تأخذ نفس الاتجاه أي من الشمال الشرقي إلى الجنوب الغربي وأهمها مقعر العوجة الذي يمر به الطريق بين حوض النيل وبلاد الشام.

المنخفض الأخدودي

هو جزء من الأخدود الأفريقي- الأسيوي الكبير إلا أن الإنكسارات لا ترى فيه واضحة، وتختلف أجزاء الإقليم في مناطقه المختلفة، تختلف في البنية، وفي السطح، وفي الإرتفاع عن سطح البحر، وفي ظروف المناخ أيضا. وقد صحب الإنكسارات العديدة ظهور الحمم البركانية التي تكونت في بعض الجهات مشكلة عتبات حجزت وراءها المياه الجارية فصنعت منها بحيرات كثيرة.

ويبدأ الإقليم في الشمال بحوض العمق الواقع إلى الخلف من جبال أمانوس ، ويشرف عليه في الشرق جبل الأكراد وجبل سمعان، ويشرف عليه في الجنوب باريشا وجبل الأقرع. ويقع الحوض على ارتفاع نحو ١٥٠ مترا فوق سطح البحر، وتتوسطه بحيرة العمق التي تحيط بها المستنقعات وتنحدر إليها مياه نهر عفرين ونهر قره صو (النهر الأسود) وينبع الأول من هضبة عينتاب في تركيا، وينبع الآخر من السفوح الشرقية لجبال أمانوس في داخل الحدود التركية وتحده بعض

الروافد المنحدرة من جبل الأكراد وتخرج مياه بحيرة العمق من طرفها الجنوبي العربي فتسيل إلى نهر العاصي. ولذلك فإن نهري عفرين وقرة صو هما من روافد العاصي الذي يشق مجراه الأدنى في الجزء الجنوبي من سهل العمق.

وإلى الجنوب من سهل العمق يمتد سهل الغاب وراء جبال العلويين، ويحده في الشرق جبل الزاوية. وقد أدت الطفوح البركانية إلى تكوين عتبات تعوق انصراف مياه العاصي الذي يمر بالسهل فتفيض على الجانبين مكونة مستنقعات تناولتها الآن يد الإستصلاح بالتجفيف. وإلى الجنوب من سهل الغاب تكاد تختفي الظاهرات الإنكسارية، ولا يظهر أثر للأخدود إلا في جهة محدودة حول مجرى العاصي عند الرستن.

وبعد حمص تعود الظاهرة الإنكسارية ويمتد سهل البقاع لمسافة ١٣٥ كيلو مترا تقريبا محصورا بين جبال لبنان الغربية وجبال لبنان الداخلية، ويتراوح عرض السهل بين ٢٠ و ٢٥ كيلو مترا. ويتفاوت ارتفاع السطح فيه، فيبلغ اقصاه عند بعلبك(١١٠٠م) حيث توجد عتبة هي مقسم المياه بين العاصي المنحدر شمالا ونهر الليطاني الذي ينحدر إلى الجنوب.

هذه السهول الثلاثة : البقاع أو القاع كما كان يسميه العرب ، والغاب، والعمق تكون سهول نهر العاصي أكبر الأنهار الشامية والذي يخرج من عدة ينابيع شمال هضبة بعلبك ويحافظ على اتجاهه الشمالي في معظم الأحوال حتى قرب أنطاكيا ثم ينحرف إلى الجنوب الغربي ليصب في البحر المتوسط بعد رحلة طولها ٥٧٠ كيلو مترا تقريبا.

والنهر في مجراه الأعلى شديد الإنحدار، سريع الجريان، تبلغ نسبة انحداره عشرة أمتار من الكيلو متر الواحد. وقد أدى وجود الطفح البركاني في جهة حمص إلى تكوين بحيرة قطينة أو بحيرة حمص. ومنها يخرج النهر متجها شمالا ويسير في واد ضيق ذي حافتين عاليتين فيما بين حمص و الرستن. التي يشتد عندها انحدار النهر فجأة فيكون شلال الغجر، ومن بعده يتجه النهر

شرقا ثم شمالا بغرب ويعود إليه هدوءه ويستمر كذلك حتى يدخل منطقة مستنقعات العشارنة والغاب ويتصل به عدة من الينابيع. وعند خروجه من الغاب يجري بانحدار شديد ويسير في خوانق ضيقة، وقبل وصوله إلى مدينة إنطاكية تصب فيه مياه بحيرة العمق ثم ينحرف نحو الجنوب الغربي إلى بحيرة.

أما القسم الجنوبي من البقاع (جنوب بعلبك) فيجري فيه نهر الليطاني الذي يتجه جنوبا حتى الحدود اللبنانية - الفلسطينية تقريبا. ثم ينحرف نحو الغرب حيث كسر ـ مستعرض إلى المنطقة الساحلية، وتعرف هذه المنطقة الإنكسارية باسم حوض القاسمية. ويصب الليطاني شمال صور بعد أن يكون قد قطع مسافة ١٤٥ كيلو مترا. ومن أهم روافده نهر البردوني النابع من جبل صنين.

ويمكن أن نلحق بسهل البقاع سهل الزبداني الذي يتصل به عن طريق ممر سرغايا، ويجري فيه نهر بردى الذي كون واحة دمشق وهو نهر قصير لا يتجاوز طوله السبعين كيلو مترا.

وفي جنوب البقاع يرتفع جبل الشيخ (حرمون) وفيه توجد منابع نهر الأردن ممثلة في أربعة روافد رئيسية هي : تل القاضي، وبانياس، والحاصباني، والبراغيث. وبعد أن تتجمع مياه هذه الأنهار يجري الأردن لمسافة ١٥ كيلو مترا تقريبا في سهل الحولة حيث يمر ببحيرة الحولة التي جففت ثم يخرج من السهل في خانق صخري ضيق، ويشتد بعد ذلك انحداره وتكثر به الشلالات حتى ينتهي إلى بحيرة طبرية مكونا دلتا خصبة تعرف باسم سهل الطابغة.

وتقع بحيرة طبرية على منسوب ٢٠٩ م تحت سطح البحر، وترتفع في شرقها جبال الجولان وفي غربها جبال الناصرة فلا تترك للبحيرة سهلا ساحليا إلا في شمالها الغربي حيث توجد منطقة الغوير. وفي جنوب البحيرة تأخذ المرتفعات في الإبتعاد في وادي النهر حتى يصبح عرضه نحو سبعة كيلو مترات. ويجري الأردن لمسافة ١٦٠ كيلو مترا فيما بين طبرية والبحر الميت مما يوضح كثرة تعرجاته إذ أن المسافة بين النطقتين على الخط المستقيم لا تزيد على مائة كيلو متر. وهذا

الجزء الأخير من الأردن هو أهم أجزائه وأغزرها ماء بسبب ما يصل إليه من الروافد على الجانبين. فبعد بضعة كيلو مترات من مخرجه من بحيرة طبرية يلتقي على جانبه الأيسر ـ بأهم روافده وهو نهر اليرموك النابع من مرتفعات حوران. ويكون تصريف النهرين متعادلا تقريبا عن نقطة الالتقاء.

وفي منتصف المسافة تقريبا بين طبرية والبحر الميت، يلتقي الأردن بنهر الزرقاء الـذي يحمل مياهه من وسط الهضبة الأردنية ويشكل لنفسه دلتا واسـعة نسبيا. وفيما عـدا هـذين الرافدين الرئيسيين يلتقي الأردن بعدد من الروافد الصغيرة قليلة الأهمية منها على الجانب الأيسر ـ نهر العرب ووادي زقلاب ووادي اليابس، وعلى الضفة اليمنى نهر جـالود ونهر الفارعه ووادي العوجـا. ويلاحظ أن أنهار الجانب الأيسر أكثر عددا وأوفر ماء. وكانت العرب تطلق على المنخفض عند بحيرة طبرية وما يليها اسم الغور ولا تزال التسمية باقية للآن.

وينتهي نهر الأردن إلى البحر الميت وهو بحيرة داخلية تنخفض عن سطح البحر بـ ٣٩٦ مـترا وتمتد لمسافة ٧٥ كيلو متر على عرض ١٥ كيلو مترا في المتوسط، ولا يزيد عمق البحـر على ١٥ مـترا. وفي الشرق منه تقوم مرتفعات مؤاب التي تصل إلى نحو ٩٠٠ مـتر في ارتفاعها وصخورها كلسـية ويشقها عدد من الأودية أهمها الموجب (أرنـون) الـذي حفـر لنفسـه أخدودا عميقا، ووادي ابن حماد ووادي الحسا وهذا الأخير هو أكثر الأودية الشرقية مياها ويمثل الحد الطبيعـي بـين الأراضي الشامية وشبه الجزيرة العربية. أما على الجانب الغربي فلا ينتهي إلى البحر رافد ذو شأن.

وإلى الجنوب من البحر الميت تمتد الأراضي المنخفضة في وادي عربة لمسافة مائة كيلو مـتر تقريبا. ثم تعترضها منطقة تلال مرتفعة حالت دون اتصال مياه الغور بخليج العقبة، ثم تـنخفض هذه التلال بالتدريج نحو خليج العقبة الذي يبعد عن الطرف الجنوبي للبحر الميت بنحو ١١ كم.

المرتفعات الشرقية

إلى الشرق من المنخفض الأخدودي تمتد مرتفعات الشام الشرقية , وهي تختلف كثيرا عن مرتفعات الغرب، فهي أقل انتظاما وأكثر تقطعا، وهي في الوقت نفسه أقل ارتفاعا، وقد أدى هذا بالإضافة إلى موقعها الداخلي إلى أن أصبحت جرداء بعكس المرتفعات الغربية. ولا تمتد هذه المرتفعات في سلاسل منتظمة بل تمثل كتلا متباعدة ، وكثيرا ما تتشعب منها محدبات تمتد في الداخل حتى تصل إلى أراضي الفرات وهذه هي السلاسل التدمرية.

وتبدأ المرتفعات الشرقية في الشمال بجبل الأكراد المتفرع من جبال طوروس ويمتد من الشمال إلى الجنوب، ويفصله عن جبال أمانوس نهر قره صو، وينحدر انحدارا تدريجيا نحو الشرق ولكن انحداره نحو الغرب انحدار فجائي. وتسود فيه الصخور الجيرية الكريتاوية، وتوجد على حافته الغربية بعض الصخور البازليته، وبه بعض الممرات التي أهمها ممر راجو وتسلكه سكة حديد حلب – تركيا. والجبل متوسط الارتفاع لا تزيد أعلى قممه على ١٢٠٠ متر.

وإلى الجنوب الشرقي من جبل الأكراد جبل سمعان ويفصل بين الجبلين وادي نهر عفرين، وصخوره جيرية موسينية، وهو في مجموعه هضاب تقطعت فأخذت شكل تلال عالية وقد أطلق على المجموع كلها اسم سمعان أضخم هذه التلال والذي ترتفع أعلى قممه إلى ٨٧٠ مترا.

وإلى جنوب مجموعة سمعان يوجد جبل الزاوية الذي يفصله عن جبال العلويين وادي نهر العاصي ، ويتكون أسفله من الصخور الجيرية الكريتاوية أما أعالية فمن الصخور الميوسينية. وهو بصفة عامة هضبة محدودبة لا يزيد ارتفاع أعلى قممه على ٩٠٠ متر في قمة الأربعين.

وإلى الجنوب من حمص تمتد جبال لبنان الشرقية التي يفصلها سهل البقاع عن جبال لبنان الغربية وتأخذ نفس اتجاه جبال الغرب حتى تكاد السلسلتان

تتوازيان. وتنحدر الجبال انحدارا فجائيا نحو الغرب وتدريجيا نحو الشرق. وهي أقل تغضنا من الجبال الغربية ولكنها أكثر منها تعقيدا وبخاصة في الجنوب.

وصخورها من الحجر الجيري الجوراوي تعلوها صخور طباشيرية كريتاوية. وأعلى قممها طلعة موسى (٢٦٢٩م) وجبل حليمة (٢٤٦٤م) والشقيف (٢٤٢٤م).

ويتفرع من لبنان الشرقية شرقا عدد من المحدبات التي تنتمي صخورها إلى الأيوسين. ويمكن أن نتتبع منها مجموعتين: الشمالية وتتفرع عند حمص، والجنوبية أو جبال القلمون وتتفرع عند دمشق . وتقترب المجموعتان من بعضها عند تدمر ثم تظهر بعد ذلك في جبال منفردة مثل جبل عبد العزيز في شمال شرقي سورية، وجبل سنجار في شمال العراق.

وتنتهي لبنان الشرقية في الجنوب إلى سهل الزابداني الذي يفصلها عن جبل الشيخ . ومن هذا الجبل تتفرع عدة جبال أهمها جبل المزار المشرف على نهر بردى، ويوجد في جبل الشيخ أعلى ارتفاع في الجبال الشرقية كلها إذ يصل إلى ٢٨١٤ مترا فوق سطح البحر.

وإلى الجنوب من جبل الشيخ وغوطة دمشق تظهر الأثار البركانية واضحة، وتختلف مظاهرها فقد تكون مخروطات بركانية عالية كجبل العرب (الدروز) الذي ترتفع أعلى قممه وهي رأس القليب إلى ١٣٠٠ متر، أو تلالا بركانية صغيرة كالصفاء واللجاة أو تمتد على شكل هضاب وسهول كما هي الحال . في الجولان وحوران.

وفي جنوب نهر اليرموك تمتد جبال عجلون التي تنتهي إلى وادي الزرقاء أحد روافد نهر الأردن وهو يفصلها عن جبال البلقاء (جلعاد) وأعلى قمم البلقاء جبل يوشع (١٠٩٧م) ويفصل وادي حسبان جبال البلقاء عن جبال مؤاب التي تبلغ أقصى ارتفاعها (١٠٩٥م) في جبل نبو الذي يشرف مباشرة على الغور، وتنتهي في الجنوب

إلى وادي الموجب العميق وهو يفصلها عن جبال الكرك (أدوم) التي تشرف على البحر الميت وأعلى جهاتها جبل الطفيلة (١٤٠٠م).

السهولة الداخلية الشمالية

تنتهي بادية الشام إلى منطقة من السهول في الشمال الغربي هي سهول حلب، وسهول حماة - حمص.

وتمتد سهول حلب بين وادي الفرات والمنخفض الأخدودي، وتحف بها هضبتان هما هضبة حلب في الشمال الشرقي وهضبة إعزاز في الشمال الغربي. ويجري فيها نهران هما: نهر قويق الذي ينبع من هضبة عينتاب وهو نهر ذو تصريف داخلي ينتمي إلى مستنقعات المطخ التي تقع إلى الجنوب من حلب ولا يجري النهر بالماء طول السنة بل يجف تماما في فصل الصيف. ولم تعد له أهمية في الأراضي العربية بعد أن تحكمت تركيا في مياهيه.

أما النهر الأخر فهو نهر الذهب الذي ينبع من هضبة حلب في شمال مدينة الباب وينحدر جنوبا حتى ينتهي إلى سبخة الجبول.

ويحد سهول حماة - حمص في الشمال جبل الزاوية، وفي الجنوب جبال لبنان الشرقية وتتصل بالمنخفض الأخدودي في المنطقة التي يجري فيها العاصي الأوسط وتعتمد السهول على مياه العاصي وعلى الأمطار التي تصل إليها عن طريق فتحة طرابلس - حمص.

المملكة الأردنية الهاشمية

الفصل الثالث

نبذة تاريخية : الأردن

المملكة الأردنية الهاشمية دولة عربية إسلامية دستورية ونظام الحكم فيها ملكي وراثي.

سكنت هذه البلاد قديما قبائل عديدة أهمها المؤابيون والآداميون والعمونيون وتأثرت هذه القبائل بالمد الحضاري الكنعاني في فلسطين كما تأثرت بالحضارة الآرامية منذ عام ١٥٠٠ ق.م.

وخضعت الأردن للحكم الآشوري والكلداني والفارسي والروماني حقبة من الزمن حتى استقر فيها العرب المسلمون الأوائل.

ثم خضعت للحكم العثماني أثناء حملة العثمانيون على المشرق العربي، حيث تم تقسيمها إلى عدة مناطق إدارية.

وقد تشكلت المملكة الأردنية الهاشمية بزعامة فيصل بن الحسين في سوريا عام ١٩١٨ في أعقاب الثورة العربية الكبرى التي قادها الحسين بن علي ، وفي عام ١٩٢٠ دخل الأمير عبد الله بن الحسين إلى الأردن وآثار الحماس في نفوس الأردنيين على التخلص من الحكم الفرنسي. فاستعانت الحكومة الفرنسية بأخيه الأمير فيصل بن الحسين لرد هذا الخطر بعد أن وعدته ببحث القضايا العربية فيما بعد.

ثم أقامت بريطانيا إمارة شرقي الأردن في عام ١٩٢٠ وتوالت على الأردن حكومات عديدة أهمها حكومة عجلون ثم حكومة الكرك. وصل الأمير عبد الله بن الحسين إلى عمان في عام ١٩٢١ وتسلم مقاليد الحكم في الأردن وأجتمع مع وزير المستعمرات البريطانية ونستون تشرشل والمندوب السامي البريطاني هرتز

صموئيل في فلسطين وانتهى الإجتماع باعتراف بريطانيا بالأمير عبد الله بن الحسين أميرا على شرق الأردن.

ثم وافقت عصبة الأمم على إلحاق إمارة شرق الأردن بسلطة الانتداب على فلسطين في سبتمبر عام ١٩٢٢. ثم أنهت بريطانيا انتدابها على شرقي الأردن في ٢٢ مارس في عام ١٩٤٦ وبويع عبد الله بن الحسين ملكا دستورا على المملكة الأردنية على أن يكون الحكم ورائيا لأبنائه الذكور من بعده.

وفي عام ١٩٥٠ دمج الأراضي الفلسطينية المتبقية في يد العرب مع الأردن لتصبح المملكة الأردنية الهاشمية شاملة للضفتين الشرقية والغربية من نهر الأردن.

وفي ٢٠ يوليو من عام ١٩٥١ قتل الأمير عبد الله بن الحسين وخلفه ابنه طلال ولم يدم حكمه سوى ثلاثة شهور فخلفه ولده الحسين بن طلال.

وفي ٢٥ مايو من عام ١٩٥٨ تم استقلال البلاد نهائيا من أي حكم أو تبعة أجنبية وقد نعمت الأردن بالاستقرار السياسي وشهدت تطورات إيجابية عديدة على كافة الأصعدة وكان للملك حسين دور فاعل في عملية السلام في المنطقة العربية وتوطيد عرى الصداقة بين الأردن ودول العالم أجمع فبعد نكبة فلسطين عام ١٩٤٨م، عرضت جامعة الدول العربية مشروع وإنشاء حكومة عربية فلسطينية للمناطق التي احتلتها الجيوش العربية، لكن حكومة الأردن عارضت هذا المشروع بكل إصرار، كم عارضت اقتراح جامعة الدول العربية بتدويل مدينة القدس، وهو مشروع أقرته هيئة الأمم المتحدة، ونجم عن هذه الحرب وضع طارئ ظل الأردن يسعى لإزالته بكافة الوسائل من خلال تنسيق لموافقة مع الدول العربية الأخرى، وسعى الملك حسين لحل سلمي خاصة بعد حرب رمضان، أكتوبر عام ١٩٧٣ مشروع مقايضة الأرض بالسلام واشتراك الأردن في مؤتمر مدريد للسلام عام ١٩٩٠م، وواصل الأردن مباحثات السلام في واشنطن في الولايات المتحدة الأمريكية وقد توصل إلى مرحلة عملية للحل النهائي عندما وقع مع إسرائيل وثيقة إعلان المبادئ عام ١٩٩٣ بعد أن وقع الاتفاق بين منظمة التحرير

الفلسطينية وإسرائيل في واشنطن في نفس العام لإنهاء الصراع الإسرائيلي، وفي عهد الملك حسين بن طلال قامت نهضة شاملة في الأردن في مجالات البناء والعمران العام والخاص، وفي مجال تطوير المؤسسات والأجهزة الحكومية وفي المجالات الأخرى.

وبعد أن توفي الملك حسين بن طلال ١٩٩٩م تولى ابنه الشاب عبد الله بن الحسين مقاليد الحكم. وبدأ يشق طريقه في خضم السياسة العالمية.

التركيب الاجتماعي

أصل التسمية: سمي الأردن بهذا الاسم نسبة إلى النهر الذي يعبرها والمسمى بنهر الأردن.

الإسم الرسمي: المملكة الأردنية الهاشمية.

العاصمة : عمان (قديما فيلادلفيا، ربة عمون)

اللغة : اللغة العربية هي اللغة الرسمية للدولة.

يبلغ عدد سكان الأردن حسب إحصائية عام ٢٠٠٤م حوالي ٥.٤٠٠.٠٠٠ مليون نسمة.

الدين : ٩٢% مسلمون ٨% نصارى وآخرون.

الأعراق البشرية : ٩٢% عرب ٨% شركس وأرمن.

جغرافية الأردن:

يقع الأردن في غرب القارة الأسيوية، ويحده السعودية جنوبا، والعراق والسعودية شرقا، وسوريا شمالا، وفلسطين المحتلة غربا، حدود الدولة الكلية ١٥٨٦ كم منها ١٣٤كم مع العراق، ٢١٨كم مع فلسطين المحتلة، ٧٤٢كم مع المملكة العربية السعودية، ٣٧٥ كم مع سوريا (٩٧ كم مع الضفة الغربية).

يتألف سطح الأردن من ثلاثة أقاليم هي :

أ- المنخفض الأخدودي لوادي الأردن.

ب- المرتفعات الجبلية: جبال الشراة، جبال عجلون، البلقاء، أعلى قمة: قمة رم (١٧٥٤م).

جـ- هضبة البادية الصحراوية ويجري نهر الأردن في جزء من المنخفض الأخدودي ليصب في البحر الميت، وطوله (٣٢١كم) ونهر الزرقاء ونهر الموجب.

المناخ:

يقع الأردن في الطرف الشمالي للإقليم الصحراوي وفي الطرف الجنوبي الشرقي لإقليم البحر المتوسط وعليه فإن مناخ الأردن يتميز بأنه حار جاف صيفا ومعتدل رطب شتاء.

لعل أبرز السمات الجغرافية المميزة للأردن هي موقعه الجغرافي فهو يتوسط بين العراق شرقا وفلسطين غربا وسوريا شمالا والسعودية جنوبا وشرقا وهذا الموقع أكسبه حضور تاريخي في الوصل بين الثقافات الغارقة في عمق التاريخ من بلاد ما بين النهريين إلى وادي النيل وهو بوابة الدخول لأرض الشام وقد امتدت الحضارات على التراب الأردني من بداية العصر الجديد على هيئة ممالك قوامها جماعات عربية، ويعد موقع الأردن بين خطي طول ٥٩° إلى ٣١° شرقا وبين دائرتي عرض ٥٢°إلى ٣٤°و ١٥°إلى ٣٩°شمالا وعامل الانخفاض والارتفاع عن سطح البحر مسؤولا عن تقدر أنماط المناخات السائدة فيها من وادي الأردن إلى البادية ويمكن للمسافر الانتقال بمسافة لا تزيد عن (٥٠) كم من نمط مناخ إلى آخر مع انعدام المناطق الانتقالية الفاصلة بين الأقاليم وهي:

١- المناخ المداري الجاف في وادي الأردن.

٢- مناخ الإستبس الدافئ الذي يسود في المرتفعات الجبلية الجنوبية.

٣- مناخ البحر المتوسط الذي يسود في المرتفعات الجبلية الشمالية.

٤- مناخ البحر المتوسط البارد الذي يسود في قمم الجبال العالية مثل عجلون.

٥- مناخ الإستبس على السفوح الشرقية.

٦- المناخ الصحراوي الجاف في البادية الشرقية.

وهذه المميزة أكسبته التنوع في الغطاء النباتي والحياة النباتية الذي يتبعها تنوع في الحياة الحوانية الطبيعية.

المساحة:

تبلغ مساحة الأردن (٢٨٧ و ٨٩) كم وهو من الدول الصغيرة في المساحة حسب تقييم (هارم دبليه) للمساحة.

طبوغرافية السطح.

١- وادي الأردن:

وهو عبارة عن شريط (انهدامي) صدعي يمتد من شمال وجنوب جبال الشيخ إلى الجنوب عند خليج العقبة بطول ٤٢٠ كم.

يمثل الجزء الشرقي من تضاريس فلسطين ويضم سهل الحولة، وبحيرة طبرية وضفافها في الشمال ثم غور الأردن وهو الجزء الواقع بين بحيرة طبرية والبحر الميت، ويقع قسمه الغربي في الأراضي الفلسطينية بينما يقع الجزء الشرقي في الأراضي الأردنية ثم البحر الميت البالغ طوله ٧٨كم ، ومتوسط عرضه ١٤كم ثم وادي عربة الواقع بين البحر الميت وخليج العقبة ويمتد بمسافة ١٧٠ كم ، بعض يتراوح بين ٧ - ١٥ كم.

أما سطح وادي الأردن فهناك ١٢٥ كم من طول الغور وهي المنطقة الواقعة في الأجزاء الجنوبية ووادي عربة و٣٨ كم شمال بحيرة طبرية تقع على مستوى سطح البحر، أما الأجزاء الباقية فهي تحت مستوى سطح البحر، حيث يتروح الإنخفاض بين ٢١٢م - ٤٠٢م تحت مستوى سطح البحر.

٢-   إقليم وادي الأردن:

يمتد هذا الإقليم الاخدودي على طول الجزء الشرقي مـن فلسطين ممتدا مـن أقدام جبـال الشيخ في الشمال حتى خليج العقبة في الجنوب، ويدخل الجزء الشرقي من هذا المنخفض المتطاول في الاراضي الأردنية بينما يدخل جزؤه الغربي في الأراضي الفلسطينية.

ويتجاوز طول وادي الأردن ٤٢٠ كيلومترا، وهو جـزء فرعـي مـن نظام رئيسي- يشـتمل عـلى مجموعة من الأودية الأخدودية المتقطعة، أي أنه جـزء صغير جدا مـن نظام الأخدود الإفريقي الأسيوي الذي يمتد مسافة ٦٠٠٠ من خط عرض ٢٠°جنوبا في موزمبيق إلى خط عرض ٤٥° شمالا في تركيا ليشتمل على ٦٥ درجة عرضية أي حوالي خمس محيط الأرض.

ويعد وادي الأردن من بين أغوار العالم التي تستـرعي الانتباه، ذلك لأنه يشـتمل عـلى بقعـة البحر الميت التي هي من أكثـر بقاع العالم إنخفاضا عن سطح البحر ، يبـدأ وادي الأردن عنـد أقدم جبال الشيخ مرتفعا نحو ١٦٠ مترا عن سطح البحر، إلا أنه لا يلبث أن ينحدر نحو الجنوب، ويأخذ في الهبوط ليصل ارتفاعه إلى ٧٠ مترا عند بحيرة الحولة (سابقا) وإلى مستوى سطح البحر عند جسر- بنات يعقوب على نهر الأردن شمال بحيرة طبرية، ثم ما يلبث أن يهبط مستواه دون سطح البحر في بحيرة طبرية التي تنخفض نحو ٢١٢ مترا عن سطح البحـر، ويصـل إلى أدنى مستوى لـه عنـد البحر الميت الذي ينخفض سطح مياهه نحو ٣٩٨ مترا عن سطح البحر، ويصل انخفاض أعمق نقطة لقاع البحر الميت نحو ٧٩٧ مترا دون سطح البحر، ثم يأخذ مستوى الأرض في الارتفاع كلما اتجهنا جنوبا من البحر الميت، حتى إذا ما وصلنا إلى موقع العجرم في أواسط وادي عربـة يـزداد الارتفاع إلى منسوب ٢٤٠ مترا فوق سطح البحر، وتمثل منطقة العجـرم خط تقسـيم للميـاه بين البحر الميت شمالا والبحر الأحمر (خليج العقبة) جنوبا. ويعود منسوب الأرض

في وادي عربة للانخفاض إلى الجنوب من موقع العجرم حتى نصل إلى خليج العقبة.

تشكل وادي الأردن من كسور طولانية عنيفة أدت إلى انهدامه حتى هذه المستويات. وبقي مدة من الزمن متصلا بالبحر ثم انفصل عنه بعد أن ترسبت التكوينات البحرية على شكل طبقات متعاقبة فوق قاعة ، وفي العصر المطير غمر جزء من وادي الأردن بالمياه فيما عرف باسم البحيرة الأردنية القديمة التي امتدت من بحيرة طبرية شمالا إلى جنوب البحر الميت الحالي بحوالي ٣٠ كيلو مترا جنوبا، وقد اختفت البحيرة قبل الفترة التاريخية بآلاف السنين، ولم يبق من مخلفاتها سوى بحيرة طبرية والبحر الميت، ونستدل على جفاف البحيرة من بقايا الإرسابات البحيرية لتكوينات مارن اللسان، ثم ظهر نهر الأردن الذي حفر لنفسه مجرى في هذه التكوينات وبنى سهله الفيضي على جانبيه.

ويمكن أن نميز مستويين للأرض في وادي الأردن وهما مستوى الغور ومستوى الزور، أما الغور فهو المستوى الأعلى الذي يتكون من الإرسابات البحرية القديمة والمغطاة في كثير من الجهات بإرسابات طمية حديثة، أما الزور فهو المستوى الأدنى يتكون من إرسابات نهر الأردن الفيضية، ويتراوح انخفاض مستوى الزور عن مستوى الغور ما بين ٤٠-٢٠ مترا، حيث تفصل بينهما مجموعة من الأراضي الوعرة التي تعرف باسم الكتار محليا.

ويتفاوت وادي الأردن في اتساعه ما بين ٥ كيلو مترا شمالي العقبة و٣٥ كيلو مترا على خط عرض مدينة أريحا شمالا.

٣- البحر الميت.

وينحدر قاع الوادي من حافتيه الجبليتين نحو نهر الأردن الذي يعد مصرفا طبيعيا للمجاري المائية في وادي الأردن، وأهم الأودية الجانبية التي تخترق وادي

الأردن قادمة من المرتفعات الجبلية الفلسطينية في طريقها لنهر الأردن أودية حنداج وعامود والبيرة وجالود والفارعة والمالحة والعوجا والقلط.

أما الروافد الشرقية لنهر الأردن فهي أودية اليرموك والعرب وزقلاب واليابس وكفرنجة و راجب والجرم والزرقاء وشعيب والكفرين وحسبان، وتتفاوت هذه الأودية الجانبية ما بين أودية دائمة الجريان إلى أودية فصلية وأخرى جافة. ونظرا لاختلاف المناسيب التي تجري عليها هذه الأودية ما بين الحواف العالية للوادي الأخدودي ومستوى الغور فإنها تهبط إلى أرض الغور فجأة لترسب كثيرا من حمولاتها فيما يعرف بالمراوح الفيضية المحيطة بمجاريها قرب أقدام الجبال العالية.

جيولوجية الأردن العامة

يعتبر الأردن في نظر الجيولوجيين جنتهم المنشودة، ذلك لأن الوضع الجغرافي والمناخي له يمكن الجيولوجيين من ممارسة أعمالهم الميدانية على مدار السنة كما يمكنهم من التعرف على مختلف التتابعات الطبقية والصخور قديمها وحديثها بدون صعوبة.

أن أقدم تاريخ جيولوجي معروف للأردن يتمثل بالصخور النارية والمتحولة التابعة لحقب ما قبل الكامبري والتي تغطي منطقة واقعة في جنوب الأردن تقدر مساحتها بحوالي (١٨٠٠) كم^2، تتكشف صخورها في المنطقة الممتدة من جنوب مدينة العقبة ولمسافة حوالي ١٧٠ كم شمالا على طول الجانب الشرقي لأخدود وادي عربه. كما تتكشف أيضا في المنطقة الواقعة شرقي وادي عربة وجنوب انحدار رأس النقب ثم تميل بإتجاه الشرق لتغطي بمجموعة سميكة من رمال حقب الحياة القديمة (الباليوزويك) وذلك في المنطقة الواقعة شرقي وادي رم.

وصخور هذه القاعدة تتكون عموما من صخور البيوتيت - ابلاتجرانيت والمايكا أبلاتجرانيت الثنائي، والجرانوديورايت والكوارتز ديورايت،

والأسكايت والديورايت. وتتداخل بهذه الصخور قواطع حامضية ومتوسطة وقاعدية يصل عدد أنواعها إلى أربعة عشر نوعا.

لقد قدر عمر صخور القاعدة النارية هذه بحوالي ٥٩٠ مليون سنة وذلك نتيجة لعمليات المقارنة والمضاهاة بالصخور النارية المماثلة لها في شبه جزيرة سيناء وفي منطقة البحر الأحمر.

هذا ويعتقد بأن الصخور شديدة التحول الموجودة في منطقة وادي عربة تمثل بقايا أقدم ترسيب في متقابلات الميل الأرضية في بداية عهد الألجونكي حيث تبع هذا الترسيب عمليات رفع للقشرة الأرضية وتآكل فيها ثم يتبعها ترسيب لصخور العهد الالجونكي الأعلى التي تعلو الصخور الأقدم منها بتخالف في الزاوية كما تأثرت صخور هذا العصر بعمليات تحول شديدة ومتكررة.

ويمكن القول بأن صخور القاعدة النارية الأردنية تمثل النهاية الشمالية للراسخ الإفريقي الذي تصلبت صخوره في وقت متأخر نسبيا.

ولقد تأثرت النشأة الجغرافية القديمة للاردن منذ عهد الكامبري بعوامل يعتقد أنها على النحو التالي :

١- **بحر التيش:** هو الذي غمر المنطقة الواقعة للغرب والشمال الغربي من البلاد وتقدم هذا البحر مرارا بإتجاه الضفة الشرقية للأردن ليغطيها جزئيا أحيانا أو كليا أحيانا أخرى.

٢- الشق الجيولوجي الممتد بين وادي عربة وبحيرة طبريا والذي يفصل بين ضفتي المملكة.

٣- الدرع العربي الإفريقي الكائن في المنطقة الواقعة جنوب وجنوب شرق الأردن. لقد كان هذا الدرع يغذي رصيف بحر التيش باستمرار برواسب تعرية كيماوية وميكانيكية.

تقدم البحر ولأول مرة نحو الضفة الشرقية للأردن خلال عهد الكامبري الأسفل والمتوسط حتى وصل إلى الطرف الشرقي للمنطقة المتوسطة من وادي عربة بينما استمر ترسيب الرمال في أحواض محاذية للطرف الشرقي والجنوب الشرقي لمنطقة الترسيب البحري هذه وبعدما انحسر البحر في عهد الكامبري المتوسط ويستدل على هذا الإنحسار من رواسب الرمل القارية في الطرف الشمالي لوادي عربة التي تعلو رواسب الرمل البحرية. ولما تعرضت المنطقة لغزو بحري جديد في العهد الأردوفيشي الأسفل غمر البحر أرض المؤخرة المنبسطة كما غمر كافة مناطق الأردن الجنوبية الشرقية وأثناء ذلك ترسبت رمال بحرية بيئتها ضحلة وهي عبارة عن رمال دقيقة وغضار رملي وذلك في عهد الاردوفيشي المتوسط والأعلى وحتى اللياندوفريان. أما خلال العهد السيلوري الأعلى فقد ساد المنطقة ترسيب قاري متفتت كما هو ملاحظ في الجزء الجنوبي الشرقي للاردن.

أما بالنسبة لرواسب عهد الديفوني الأسفل والمماثلة لما يعرف بـ " تشكيل تبوك" في السعودية فإنه يعتقد بوجودها تحت رواسب حقب الحياة المتوسطة (الميزوزويكي) في أحواض الجفر ووادي السرحان والأزرق.

ولقد أشارت الدراسات الباليونتولوجية، التي قامت بإجرائها شركة أوليكسجون عام ١٩٦٧ على عينات من بئر الصفرا والتي تقع على مسافة ٤٤كم شرقي عمان، بأن ترسيبا محليا حدث خلال العهد الكربوني. وهناك اعتقاد آخر بأن بقايا رواسب عهدي الكربوني والبيرمي يمكن أن توجد في أحواض الجفر والأزرق ووادي السرحان وفي المنطقة الشمالية الغربية للضفة الشرقية من الأردن.

أما أثناء العهد البيرمي فقد حدث ميل عام بإتجاه الشرق وتعرضت صخور حقب الحياة القديمة (الباليوزويك) للتعرية.

هذا وتجدد الترسيب ثانية في العهد الترياسي الأسفل حيث تمثل صخور هذا العصر ـ أقدم رواسب لحقب الحياة المتوسطة (المزوزيكي). وتتكشف هذه

الصخور في نهاية مصبات الأودية التي تشق الإنحدار الفالقي بين وادي حسبان وشمال منطقة اللسان. ولقد كان الترسيب البحري مقتصرا على المناطق الشمالية والغربية للضفة الشرقية بينما تعرضت المناطق الواقعة للشرق والجنوب الشرقي من حوض الترسيب للتعرية. كما ترسبت في هذا العصر رواسب رملية وطينية وجيرية إلا أن البحر انحسر ثانية في نهايته وتعرضت كل المنطقة لعوامل التعرية.

ولما تقدم البحر ثانية في العهد الجوارسي المتوسط قذف في المناطق الشمالية والغربية والشمالية الشرقية للمملكة برواسب رملية وطينية وصخور جيرية دولومايتية بينما ساد باقي مناطق الأردن ترسيب قاري وتتكشف صخور العهد الجوارسي فقط في الأودية الجانبية من وادي الأردن الممتدة جنوبا حتى مسافة ٢٠كم من وادي الزرقاء.

ولقد لوحظ بأن خطوط شواطئ بحري الترياسي والجوراسي تجري متوازية تقريبا كما لوحظ بأن رواسب من هذين العصرين توجد تحت رواسب رمل العصر الكريتاسي الأسفل (رمل الكرنب) في عدة آبار محفورة في الشمال والشمال الشرقي للمملكة.

وتتميز رمال الكرنب الواقعة للشمال والشمال الغربي من شاطئ بحر الجوارسي بأنها ترسبت في منطقتي الرصيف القاري والمنطقة الساحلية، بينما يتميز الجزء السفلي لهذه الرمال الواقعة للجنوب والجنوب الشرقي من هذا الشاطئ ببيئة ترسيب قاريه. أما الجزء العلوي لهذه الرمال فقد ترسب في بيئة بحرية مالحة إلى بحرية أقل ملوحة. وتمتد رمال عصر الكريتاسي الأسفل القارية بإتجاه الشرق وأقصى الجنوب الشرقي ويصبح سطحها العلوي أحدث عمرا كلما اتجهنا من الغرب إلى الشرق إذ لا تقتصر السحنة الرملية على صخور عصر الكريتاسي الأسفل بل تغزو رواسب عصري الكريتاسي المتوسط والأعلى الواقعة بإتجاه الشرق والجنوب الشرقي.

هذا وتتصف رواسب عصر الكريتاسي الأوسط (السينوميني - التوروني) ببيئتها البحرية الكاملة كما أن سماكة هذه الرواسب عالية في المناطق الغربية والشمالية والغربية والشمالية من الأردن. أما في المناطق الجنوبية والجنوبية الشرقية والشرقية فإن سماكة هذه الرواسب تتناقص وذلك نتيجة لإنحسار هذه الطبقات . وتقل فيها نسبة المواد الكلسية كما تسودها بيئة ترسيب رملية.

أما بالنسبة لرواسب عصر الكريتاسي الأعلى (السانتوني - الماسترختي) فقد تشكلت صخورها بمجموعتين مختلفتي الخصائص الترسيبية على الوجه التالي:

- المجموعة الأولى:

وتضم صخور كلسية طباشيرية وصخور كلسية رملية وصخور كلسية متسلكتة وصخر الصوان ومعدني الفوسفات والتربيولي. وهذه الصخور تشكلت بمناطق ذات تراكيب خفيفة التقوس.

- المجموعة الثانية:

وتضم صخور الدولومايت والحجر الجيري الكلسي الصماء المتداخلة فيها صخور الصوان السمراء - البنية اللون كما تضم صخور المارل المقطرنة السميكة. وتشكلت صخور هذه المجموعة في أحواض توافرت بها محليا بيئات ترسيبية مختزلة.

ولقد ترسبت صخور العهد الثلاثي البحرية (البالوسين - الأيوسين) أيضا في مناطق خفيفة التقوس وحوضية الشكل في تراكيبها.

أما في عصر الأوليجوسين وأثناء الحركات التشكيلية للصخور فقد ترسبت في منطقة وادي عربة رواسب فتاتية خشنة مصدرها تعرية المناطق المرتفعة المجاورة للوادي المذكور. أما في المناطق المتوسطة لحوض الأردن الفالقي فقد

ترسبت فيها صخور ملحية سميكة وذلك في عصري الأوليجوسين - ميوسين وحتى البليوسين.

ويمكن القول بأن خلال حقب الحياة الحديثة (السينوزويك) كان حوض وادي الأردن الفالقي أما مغمورا ببحيرات ذات مياه حلوة تصرف غربا بإتجاه بحر التيش، أو أن بعض أجزائه كانت تشكل أراضي داخلية منخفضة تسودها بيئة ترسيب قارية أو بحرية. أما رواسب عصر الميوسين البحري فقد امتدت شرقا لمسافة ١٠٠ كم من حوض الأردن حتى وصلت على منخفض السرحان والأزرق كما وصلت أيضا إلى شرق منطقة جبل العرب. ولقد حدثت حركات رئيسية تشكيلية للصخور في عصر البلايستوسين المتوسط. وفي خلال عصر البلايستوسين كان الطرف الشمالي لحوض وادي الأردن مغمورا بــ" بحيرة السمرا" ذات المياه العذبة والتي تحولت تدريجيا إلى بحيرة مياهها متوسطة الملوحة تعرف ببحيرة اللسان ترسبت فيها رواسب المارل اللساني التي تمتد شمالا لمسافة ٥٠كم من الناحية الجنوبية للبحر الميت حتى تصل إلى بحيرة طبريا في الشمال. أما البحر الميت الحالي فقد تشكل بعد عصر البلايستوسين الأعلى وذلك نتيجة لانحسار مياه بحيرة اللسان.

أما خلال العهد الرباعي فقد ترسبت في مناطق حوض وادي الأردن ومنخفضات الجفر والأزرق ووادي السرحان رواسب فتاتيه مصدرها المناطق المحيطة بهذه المنخفضات كما أن أجزاء منها كانت تغطي ببحيرات حلوة وأخرى إجاجية تكونت أثناء الفترات المطرة في عصر البلايستوسين بينما تغطت المنحدرات الشرقية للمناطق الجبلية المحاذية للمنطقة وادي عربة وحوض الأردن الفالقي برواسب كونجلوميراتية نهرية.

ويمكن القول بأن هنالك في الأردن مناطق لها أهميتها الخاصة في مجال التنقيب عن البترول، ذلك لأنه في مثل هذه المناطق تتوافر المتطلبات هي:

١-   الرواسب البحرية السميكة.

٢-   توفر صخور الأم (المصدر) العميقة.

٣-   النسبة الملائمة بين الصخور المضيفة والصخور الواقية.

٤-   وجود ظروف ملائمة لتخزين البترول كالمصائد التركيبية أو الاستراتجغرافية.

بالإضافة لما ذكر أعلاه فإن وجود الصخور الإسفلتية في بعض المناطق يعتبر دليلا آخر على إمكانية تواجد مادة النفط في الأردن.

التاريخ السياسي:

تكونت إمارة شرق الأردن عام ١٩٢١ بقيادة الأمير عبد الله بن الحسين بن علي ، وكان الأردن قبل ذلك جزءا من ولاية الشام التابعة للدولة العثمانية منذ عام ١٥١٦، وفي أثناء الحرب العالمية الأولى قامت الثورة العربية الكبرى بقيادة الشريف حسين بن علي شريف مكة في ظل الدولة العثمانية، وكانت بريطانيا تدعم هذه الثورة، ولكنها رتبت بالاتفاق مع فرنسا لاحتلال الدول العربية التابعة للدولة العثمانية، وهو الترتيب الذي عرف بـ " اتفاقية سايكس بيكو" عام ١٩١٦م، ووضعت الأردن تحت الانتداب البريطاني ، ونشأت في ظل هذا الانتداب إمارة شرق الأردن، التي كانت شبه مستقلة، أو تتمتع بوضع هو بين الاستقلال والحكم الذاتي.

أعلنت المملكة الهاشمية لشرق الأردن عام ١٩٤٦م، وملكها عبد الله بن الحسين، وعين إبراهيم هاشم رئيسا للوزراء، وهو من أصل سوري قدم من سورية للعمل في القضاء، وفي عام ١٩٤٩م سميت الأردن المملكة الأردنية الهاشمية، وذلك بعد إعلان وحدة ضفتي نهر الأردن، وهما شرق الأردن، والضفة الغربية وهي الجزء الذي تبقى من فلسطين بعد حرب ١٩٤٨م وقيام إسرائيل على أرض فلسطين.

وفي عام ١٩٥١م تولى طلال بن عبد الله الملك بعدما اغتيل الملك عبد الله وهو يدخل المسجد الأقصى لأداء صلاة الجمعة، ثم أعفي من منصبه عام ١٩٥٢ بناء على تقرير طبي يرى عدم قدرته على تولي الحكم، وتولى الملك ابنه الحسين بن طلال الذي ظل ملكا للأردن أكثر من ٤٧ سنة.

وفي عام ١٩٩٩م تولى عبد الله الثاني بن الحسين الملك بعد وفاة الملك حسين، وكان الأمير حسن بن طلال وليا للعهد لأكثر من ٣٤ سنة، وقد نحى عن موقعه قبل وفاة الملك بأسبوع، وكان الملك في حالة إحتضار بسبب مرض السرطان الذي اكتشف في جسمه عام ١٩٩٢م، وقد مضى الملك السنة الأخيرة في الولايات المتحدة للعلاج وكان الأمير حسن في أثناء ذلك هو الملك الفعلي.

سلسلة الحكم في الأردن

الحاكم	مدة الحكم	الخروج من السلطة
عبد الله بن الحسين	١٩٢١-١٩٥١	اغتيال
طلال بن عبد الله	١٩٥١-١٩٥٢	إعفاء
الحسين بن طلال	١٩٥٢-١٩٩٩	موت طبيعي
عبد الله بن الحسين	منذ ١٩٩٩	

ملاحظة:

*عزل الملك الحسين بن طلال أخاه الأمير الحسن من ولاية العهد قبيل وفاته وولى ابنه الأمير عبد الله بدلا عنه.

المؤشرات الاقتصادية

- الزراعة ٧.٤%.

- الصناعة ٢٥.٤%.

- التجارة والخدمات ٧٢%.

القوة البشرية العاملة:

- الزراعة ٧.٤%.

- الصناعة ٢١.٤%.

- التجارة والخدمات ٧١.٢%.

- معدل البطالة ٢٦%.

- معدل التضخم ٧.٠%.

- **أهم الصناعات** : فوسفات ، بوتاس، تصفية البترول، إسمنت، صناعات ضوئية، وصناعة الأدوية.

- **أهم الزراعات:** شعير ، خضار، وفواكه، زيتون، حبوب.

- **الثروة الحيوانية:** الماعز، الأغنام والأبقار.

- الموصلات:

- دليل الهاتف ٩٦٢.

- سكك حديدية ٦١٩: كلم.

- طرق رئيسية ٧٥٠٠: كلم.

- أهم المرافئ : العقبة.

- عدد المطارات ٣.

- المؤشرات السياسية

- شكل الحكم : نظام ملكي دستوري.

- الاستقلال ٢٥: أيار ١٩٤٦.

- العيد الوطني: عيد الاستقلال (٢٥ أيار).

- حق التصويت: إبتداء من عمر ١٨ سنة.

- تاريخ الانضمام إلى الأمم المتحدة ١٩٥٥.

التقسيم الإداري:

المحافظة	مركز المحافظة	المساحة كم٢	السكان %
عمان	عمان	١٠٦١٢	٣٨.١
البلقاء	السلط	١١٠٠	٦.٦
اربد	اربد	٢٥٥٠	١٧.٨
الكرك	الكرك	٤٠١٠	٤.٠
معان	معان	٣٦١٤١	٢.٠
المفرق	المفرق	٢٧١٢٩	٤.٦
الطفيلة	الطفيلة	٢٢٠٢	١.٥
الزرقاء	الزرقاء	٥٢٠١	١٥.٧
جرش	جرش	٢.٩	٢.٩
مادبا	مادبا	٢.٦	٢.٦
عجلون	عجلون	٢.٣	٢.٣
العقبة	العقبة	٢.٠	٢.٠

أهم المطارات في الأردن

١) مطار عمان الدولي.

٢) مطار الملكة علياء الدولي.

٣) مطار العقبة.

الفصل الرابع

الجمهورية العربية السورية

نبذة تاريخية:

في عام ٢٥٠٠ ق.م توجه العموريون والكنعانيون إلى غرب بلاد الشام وفلسطين وانتشر الفينيقيون على امتداد الساحل السوري.

كانت سوريا قديمة تحت حكم السومريين والإكاديين والحيثيين نحو ٢٣٠٠ ق.م كما خضعت للحكم الفرعوني في عهد تحتمس الثالث من ١٤٩٠-١٤٣٦ ق.م وحكمها أيضا البابليون والآشوريون والكلدانيون أخيرا بقيادة نبوخذ نصر وبقيت تحت الحكم الكلداني حتى غزاها الفرس وأخضعوها لحكمهم عام ٥٣٩- ٥٣٨ ق.م.

ثم توالى عليها الإحتلال السلوقي فالروماني فالفارسي ثم البيزنطي بقيادة هرقل عام ٦٢٩م.

وقد اتخذت دمشق عاصمة الخلافة الإسلامية الأموية التي أستمرت ١٩ عاما.

ثم أهملت سوريا في العصر العباسي حيث انتقلت عاصمة الخلافة العباسية إلى بغداد وبقيت حتى أحتلها الطولونيون عام (٧٨٠م) واحتلها الفاطمي جوهر الصقلي عام (٩٦٩م) واستمر الحكم الفاطمي فيها حتى سقوطه على يد القائد صلاح الدين الأيوبي ثم احتلها السلاجقة في عام ١٠٧٠م.

وفي عام ١١٤٦ تأسست الدولة النورية على يد نور الدين محمد بن زنكي الذي اتخذ مدينة حلب عاصمة لها. ثم خلفه ابنه الصالح إسماعيل في حكم البلاد لمدة ١١ عام.

ثم أسس الملك الناصر صلاح الدين الأيوبي الدولة الأيوبية واخضع سوريا لهذه الدولة في عام ١١٧٤وبقي فيها حتى وفاته في دمشق عام ١١٩٣م حيث انتهت الدولة الأيوبية . ثم خضعت لحكم المماليك بعد أن تمكن سيف الدين قطز من طرد المغول من بلاد الشام عام ١٢٦٠م وبعدها أصبحت تحت الحكم العثماني بقيادة سليم الأول عام ١٥٦١.

ثم احتلتها فرنسا بقيادة غورو وبعد مقاومة عنيفة وافق الفرنسيون على إجراء انتخابات وتشكيل جمعية تأسيسية برئاسة هاشم الاتاسي ثم تولي رئاسة الجمهورية الشيخ تاج الدين الحسني وفي عام ١٩٤٢ وبعد وفاته أجريت انتخابات أخرى أسفرت عن تولي شكري القوتلي رئاسة الجمهورية.

وقد تعرضت سوريا لعدة انقلابات عسكرية بقيادة حسني الزعيم في ٣٠ مارس عام ١٩٤٩ ثم آخر بقيادة سامي الحناوي في ١٥ أغسطس من عام ١٩٤٩ وانقلاب آخر بقيادة الزعيم فوزي سلو والعقيد أديب الشيشكلي في ١٩ ديسمبر عام ١٩٤٩ ثم تبعها انقلاب فيصل الاتاسي ضد الشيشكلي في ٥ فبراير عام ١٩٥٤ وقد توحدت سوريا مع مصر في ٢٢ فبراير ١٩٥٨ وانفصلت عنها في ٢٨ سبتمبر عام ١٩٦١ أثر الإنقلاب العسكري بقيادة عبد الكريم النجلاوي وتبعه انقلابات عسكرية أخرى.

وفي شهر مارس عام ١٩٧٠ انتخب الفريق حافظ الأسد رئيسا للجمهورية العربية السورية. ثم خلفه ابنه الدكتور الأسد بتاريخ ٢٠٠٠/٧/١٧ م وما زال.

الموقع:

تقع سوريا في الجزء الشمالي الشرقي للبحر المتوسط، وتمتد حدودها على طول ٢٢٥٣كم وربما كان لفظ سوريا جاء تحريفا لأشور. وكان لفظ سوريا يطلق منذ القدم على كل المنطقة الممتدة على طول الشاطئ الشرقي للبحر

المتوسط، أي من خليج الإسكندرونة شمالا حتى رفح جنوبا، أو ما يعرف عند العرب بإسم بلاد الشام، وما عرف عند الأوروبيين باسم المشرق LEVANT ، وهكذا كان مفهوم سوريا، عند استرابو، وبليني، وعند الجغرافيين العرب.

وكان اسم (سوريا) قديما أيضا يطلق على المنطقة من آسيا الصغرى إلى شبه جزيرة سيناء.

وقد بقيت سوريا جزءا من الدولة العثمانية بين عامي ١٥١٦م-١٩١٨م ثم انفصلت عام ١٩٢٠م بموجب معاهدة سيغر، بعد أن ظلت تحت حكمها مدة أربعة قرون.

وقد قسم العالم العربي الآسيوي بعد الحرب العالمية الأولى وخططت حدوده الدول الاستعمارية (إنجلترا،وفرنسا) فكانت حدود سوريا مع تركيا في الشمال إلى الجنوب من السفوح لهضبة الأناضول، وقد انتزعت تركيا منطقة الإسكندرونة من سوريا بغير أي سند من الجغرافية الطبيعية، سنة ١٩٢٩م باتفاق مع فرنسا وهي ميناء تجاري حربي.

وإلى الشرق من سوريا يقع العراق، وإلى الجنوب منها يقع الأردن ، وفي جنوبها الغربي تقع لبنان وفلسطين.

الاسم الرسمي : الجمهورية العربية السورية والعاصمة دمشق.

التقسيم الإداري.

المحافظات	مركز المحافظة	المساحة كم٢	السكان%
درعا	درعا	٣٧٣٠	٤.٣
دير الزور	دير الزور	٣٣٠٦٠	٤.٤
ريف دمشق	دمشق	١٨٠٣٢	٢١.٩
حلب	حلب	١٨٥٠٠	٢٠.٦
حماه	حماه	٨٨٨٣	٨.١

الحسكة	الحسكة	٢٣٣٣٤	٧.٤
حمص	حمص	٤٢٢٢٣	٩.٣
إدلب	إدلب	٦٠٩٧	٦.٧
اللاذقية	اللاذقية	١٨٦١	٦.٧
القنطيرة	الرقة	١٩٦١٦	٦.٠
الرقة	-----	-----	٠.٣
السويداء	السويداء	٥٥٥٠	٢.٢
خرطوس	خرطوس	١٨٩٢	٥.٢
مدينة دمشق	----	١٠٥	----

الحدود

حدود الدولة الكلية ٢٥٥٣كم منها ٦٠٥كم مع العراق و٧٦ كم مع فلسطين المحتلة، و ٢٧٥كم مع الأردن، ٣٧٥كم مع لبنان و ٨٢٢كم مع تركيا، طول الشريط الساحلي ١٩٢ كم.

أهم الجبال:

١- النصيرية:

٢- الأمانوس.

٣- بلعاس.

٤- سمعان.

٥- جبل العرب.

أعلى قمة جبل الشيخ (٢٨١٤متر).

أهم الأنهار:

١- نهر الفرات (٦٧٦كم).

٢-   نهر العاصي.

٣-   نهر بردى.

المناخ:

حار وجاف صيفا في معظم لمناطق سوريا وفي المناطق الساحلية حار ورطب ومعتدل في المرتفعات، أما شتاء فبارد وماطر مع تساقط الثلوج على المرتفعات.

طبوغرافية السطح:

يتكون سطحها من هضبة تغلب عليها الصحاري والسهوب الرعوية، أهمها السهول الساحلية وهي شريط ضيق يطل على البحر المتوسط.

المؤشرات الاقتصادية

المواصلات:

- دليل الهاتف ٩٦٣.

- سكك حديدية: ٢٢٤١كم.

- طرق رئيسية: ٢٧٠٠٠كم.

أهم المرافئ: طرطوس، بانياس، اللاذقية، جبله، حميدية.

عدد المطارات: خمسة أهمها مطار دمشق الدولي ومطار حلب.

أهم المناطق السياحية:

١-   الجامع الأموي .

٢-   قلعة حلب.

٣-   الآثار البيزنطية.

٤-   الجوامع التركية.

٥-   القلاع الصليبية.

٦-   البوابة الرومانية الشرقية.

٧-   مقام السيدة زينب.

٨-   المنارة البيضاء.

شكل الحكم: جمهورية ذات بنية اتحادية ونظام متعدد الأحزاب.

الاستقلال: ١٧ نيسان ١٩٤٦م من فرنسا.

الانضمام إلى الأمم المتحدة: ١٩٤٥م.

الأقاليم الجغرافية:

١-   منطقة حوران وجبل الدروز.

٢-   منطقة دمشق.

٣-   السهول والتلال الغربية.

٤-   سهول اللاذقية و طرطوس وسفوح جبال العلويين.

٥-   السهول الشمالية والجزيرة.

مؤشرات سياسية

أقام الملك فيصل مملكة في سوريا بعد الحرب العالمية الأولى ولكنها سقطت على يد الإحتلال الفرنسي عام ١٩٢٠، وحصلت سوريا على استقلالها، وأعلنت الجمهورية في ١٧ ابريل / نيسان من عام ١٩٤٦م، غير أن السنوات التي تلت الاستقلال لم تشهد استقرار في الحكم وحدثت خلالها العديد من الانقلابات العسكرية.

سلسلة الحكام في سوريا (١٩٣٣ إلى الوقت الحاضر)

الحاكم	مدة الحكم	الخروج من السلطة
محمد علي العابد	١٩٣٦-١٩٣٢	-
هاشم الأتاسي (المرة الأولى)	١٩٣٩-١٩٣٦	-
ناصوحي سالم البخاري (مؤقت)	١٩٣٩-١٠-٧	-
بهاء الدين الخطيب (رئيس مجلس المفوضين)	١٩٤١-١٩٣٩	-
خالد العظم (رئيس مجلس الوزراء)	١٩٤١-٩-٤	-
الشيخ تاج الدين الحاساني	١٩٤٣-١٩٤١	-
جميل الألوسي (بالوكالة)	١٩٤٣-٣-٧	-
عطا الأيوبي	١٩٤٩-١٩٤٣	-
شكري القوتلي(المرة الأولى)	١٩٤٩-١٩٤٣	-
حسني الزعيم (انقلاب عسكري هو الأول من نوعه في الوطن العربي)	١٩٤٩-٨-٣	-
محمد سامي حلمي الحناوي(رئيس المجلس العسكري الأعلى)	١٩٤٩/٨/١٥-١٤	-
هاشم الأتاسي(المرة الثانية)	١٩٥١-١٩٤٩	-
أديب الشيشكلي (المرة الأولى)	١٩٥١/١٢/٣-٢	-
فوزي السلو	١٩٥٣-١٩٥١	-
أديب الشيشكلي(المرة الثانية)	١٩٥٤-١٩٥٣	العزل بالقوة
مأمون الكزبري (المرة الأولى)	١٩٥٤/٢/٢٨-٢٥	-
هاشم الأتاسي (المرة الثالثة)	١٩٥٦-١٩٥٤	العزل بالقوة
شكري القوتلي (المرة الثانية)	١٩٥٨-١٩٥٥	العزل بالقوة
جزء من الجمهورية العربية المتحدة برئاسة جمال عبد الناصر	١٩٦١-١٩٥٨	-
مأمون الكزبري (المرة الثانية)	١٩٦١/١١-٩	-

عزت أنوس	١١-١٩٦١/١٢	-
ناظم القدسي	١٩٦١-١٩٦٣	العزل بالقوة
لؤي الأتاسي (رئيس مجلس قيادة الثورة) حتى ١٩٦٤/٥/١٣ ثم أصبح رئيس مجلس الرئاسة.	٣-١٩٦٣/٧	انقلاب عسكري
محمد أمين الحافظ	١٩٦٣-١٩٦٦	العزل بالقوة
نور الدين مصطفى الأتاسي	١٩٦٦-١٩٧٠	العزل بالقوة
سيد أحمد الخطيب(فترة انتقالية)	١٩٧٠-١٩٧١	انقلاب سياسي عنيف
حافظ الأسد	١٩٧١-٢٠٠٠	سلمي بالوفاة الطبيعية
عبد الحليم خدام (رئيسا بالوكالة)	١٠-٢٠٠٠/٧/١٧	انتهت مهمته الدستورية المؤقتة
بشار حافظ الأسد	منذ ٢٠٠٠/٧/١٧	

كان شكري القوتلي أول رئيس جمهورية بعد الاستقلال إذ حكم سوريا في الفترة الواقعة من ١٩٤٦ إلى ١٩٤٩ حيث قاد حسني الزعيم في ذلك العام أول انقلاب عسكري تشهده سوريا بعد الاستقلال، واستمر حكم الزعيم خمسة أشهر فقط إلى أن قام سامي الحناوي بانقلاب عليه لكنه لم يبق في السلطة أكثر من بضعة أشهر حيث أطاح به الإنقلاب الثالث في ديسمبر / كانون أول من العام نفسه بقيادة أديب الشيشكلي ومنذ ذلك التاريخ وحتى عام ١٩٧٠ كان تاريخ سوريا عبارة عن سلسلة من الانقلابات العسكرية.

عادت سوريا إلى الانقلابات بتسلم ناظم القدسي رئاسة الجمهورية حتى إنقلاب ٨/ مارس / آذار ١٩٦٣ واستلام حزب البعث السلطة.

وكان أول رئيس للدولة من ضباط حزب البعث الفريق أمين الحافظ (١٩٦٣-١٩٦٦)، وقد شهدت تلك الفترة تفجر الصراعات على السلطة بين البعثيين، واستمرت حتى بعد تسلم نور الدين الأتاسي الحكم ليصبح أول رئيس مدني من البعثيين. وقد سجن الأتاسي قرابة ٢٢ عاما في عهد الرئيس حافظ الأسد، وتوفي بعد الإفراج عنه بأربعة أشهر في باريس.

وتولى الحكم أحمد الخطيب لمدة أربعة أشهر لفترة أنتقالية تمهيدا لأنتخابات تشريعية حكم فيها حافظ الأسد الذي انتهى في عهده عصر الانقلابات، واستقرت سوريا في حكم قوى سيطر على جميع المؤسسات الدستورية والتشريعية. وقد توفي حافظ الأسد في العام (٢٠٠٠) وانتخب نجله بشار (٣٤ عاما) خلفا له بعد أن عدل الدستور السوري في جلسة خاصة ليتم التغلب على عائق السن الذي كان يشترط بلوغ الرئيس الجديد أربعين عاما.

الفصل الخامس

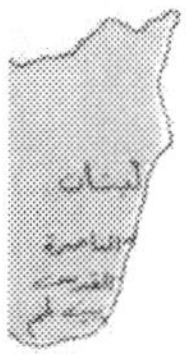

الجمهورية اللبنانية

نبذة تاريخية :

يعتبر الإغريق أو من سكن لبنان نحو عام ٣٠٠٠ق.م وقد أسسوا دولة مستقلة قوية على طول الساحل .

ومنذ القرن التاسع عشر قبل الميلاد سيطر على البلاد المصريون والحبشيون والآشوريون والبابليون والفرس والاسكندر الأكبر.

وفي عام ٦٤ ق.م خضع الإقليم لحكم الإمبراطورية الرومانية. وقد دخلت المسيحية الرومانية.

وقد دخلت المسيحية إلى لبنان نحو عام ٥٢٣م.

وفي عام ٣٩٥م أصبح الإقليم جزءا من الإمبراطورية البيزنطية واستمر حتى الإمبراطورية الرومانية.

في القرن السابع الميلاد يدخل الإسلام إلى لبنان وظلت المسيحية في مناطق المرتفعات.

وفي القرن الثاني عشر الميلادي احتل الصليبيون لبنان. وفي القرن الرابع عشر الميلادي استطاع المماليك في مصر ابعاد من بقي من الصليبيين عن لبنان.

وفي عام ١٥٦١ إستطاع الأتراك العثمانيون دخول لبنان وجعلوه جزءا من الدولة العثمانية حتى الحرب العالمية الأولى ١٩١٤-١٩١٨ ثم احتلت فرنسا. إلى أن استقلت في عام ١٩٤٣ واتفق القادة المسلمون والمسيحيون على اقتسام السلطة في الحكومة.

انفجرت عام ١٩٧٥ حرب أهلية بين الموارنة والمسلمين قتل فيها عشرات الألوف من الطرفين.

وفي عام ١٩٨٢ أجتاحت قوات إسرائيلية كبيرة لبنان وأبعدت قوات منظمة التحرير الفلسطينية من الجزء الجنوبي من البلاد.

وفي العام ١٩٨٢ أغتيل بشير الجميل الرئيس المنتخب وقائد الميليشيات المارونية وانتخب أمين الجميل لرئاسة لبنان بعده.

وبعد يومين دخلت الميليشيات المارونية مخيمي صبرا وشتيلا الفلسطينيين وأبادت الآلاف من المدنيين الأبرياء.

أرسلت الولايات المتحدة الأمريكية وفرنسا وبريطانيا قوات عسكرية إلى لبنان للتأكد من إخلاء قوات منظمة التحرير الفلسطينية الدولة بأمان وطلبت لبنان من بعض الدول مساعدتها في حفظ السلام فأرسلت أمريكا وفرنسا وإيطاليا وبريطانيا قوات مسلحة إلى لبنان إضافة لقوات حفظ السلام التابعة للأمم المتحدة ووجود القوات الإسرائيلية والسورية التي دخلت إلى لبنان.

وفي أواخر فبراير عام ١٩٨٤ استولت القوات السورية والمسلمون الشيعة على جزء من بيروت من أيدي الحكومة اللبنانية. لذا سحبت كل القوات الأجنبية من لبنان في عام ١٩٨٥بإستثناء الشريط الحدودي على طول لبنان مع إسرائيل.

وقد اغتيل رئيس وزراء لبنان رشيد كرامي أثر انفجار قنبلة داخل طائرته المروحية.

وفي عام ١٩٨٨ عين الجنرال ميشيل عون محل أمين الجميل رئيسا للجمهورية . وقد رفض مسلمو لبنان الاعتراف بالحكومة الجديدة المؤقتة ونتيجة لذلك صار في لبنان حكومتان.

وفي عام ١٩٨٩ انتخب النواب رئيسا جديدا من المسيحيين هو رينيه معوض إلا أنه اغتيل. وقام النواب بانتخاب الياس الهراوي عن مسيحي لبنان رئسا للجمهورية على أن تعطى معظم السلطة الحكومية للأغلبية المسلمة في البلاد ولكن عون رفض هذا الإتفاق.

وفي عام ١٩٩٠ هزمت القوات السورية قوات عون.

وأصبح إميل حبيقة رئيسا للدولة اللبنانية - وقد انسحب الجيش الإسرائيلي من جنوب لبنان بعد إحتلال دام ٢٢ عاما.

بلد هجره أكثر من نصف أهله، وهجرتهم من بلادهم تضرب في أعماق التاريخ القديم، عندما كانوا يعرفون بالفنيقيين .

جمهورية مستقلة، نيابية تنتج سياسة محايدة كانت فيما قبل الحرب العالمية الأولى، وهي جزءا مهما هو معروف باسم الشام بمعناه الواسع، وهي منطقة شرقي البحر المتوسط، حيث كان لبنان طوال العصور التاريخية وحدة جغرافية مع ما جاوره من وحدات، ويتصل لبنان مع مصر منذ العصور القديمة، وتعرض في العصور الوسطى لنضال تجاري وديني ثم في العصور الحديثة تعرض مع الشرق العربي كله للغزو العثماني وانتهى به الأمر بعد الحرب العالمية الأولى إلى نظام الإنتداب الفرنسي مع سوريا بعد أن خططت حدوده بهذا الوضع الحالي وقد استقل وأصبح جمهورية منذ انتهاء الحرب العالمية الثانية.

وتتاخم حدود لبنان في الشرق بجبال لبنان فاصلة لبنان عن سوريا، وحدوده الشمالية تفصله عن سوريا أيضا أما حدوده الجنوبية فتفصله عن فلسطين وهي حدود صناعية إذ أن طبوغرافية المنطقة كلها واحدة والناس من سلالة واحدة، وهي تعاني من الضغط العربي مما يحد من تصرفها إزاء فلسطين المحتلة، ويبلغ طول ساحل لبنان على البحر المتوسط أكثر قليلا من ١٨٠كم.

التركيب الاجتماعي

أصل التسمية:

لبنان كلمة ساحلية الأصل، لفظها العبرانيون (ليبنون) والآشوريون (ليبانو) ونسب الإسم إلى البياض بسبب تراكم الثلوج على قمم الجبال أو قد يكون بسبب بياض طبقات الصخور الكلسية المتواجدة بمرتفعاته.

الإسم الرسمي:

الجمهورية اللبنانية - العاصمة بيروت.

اللغة الرسمية: العربية والفرنسية والأرمنية والإنجليزية.

الاستقلال: ٢٢ تشرين الثاني ١٩٤٣م.

الأعراق البشرية: ٩٥% عرب - ٤% أرمن - ١% آخرون.

الأديان:

ملسمون (٥ مجموعات إسلامية شيعة وسنة وعلويون ودروز وإسماعيلية)٧٠%.

مسيحيون (١١ مجموعة ١٤ أرثوذوكس، ٦كاثوليك، ١بروتيستانت) ٣٠%.

تاريخ الإنضام إلى الأمم المتحدة - ١٩٤٥م.

التقسيم الإداري.

المحافظات	مركز المحافظة	المساحة كم٢	السكان%
بيروت	بيروت	١٨.٥	٢٢.٣
جبيل لبنان	بعبدا	١٩٥٠	٣٩.١
لبنان الشمالي	طرابلس	٢٠٤١	١٧.٢
البقاع	زحلة	٤٤٢٩	٩.٦
لبنان الجنوبي	صيدا	٩٥٣	١١.٨
جبل عامل	البنسطية	-	-

جغرافية لبنان

المساحة الإجمالية: ١٠٤٥٢كم٢

مساحة الأرض: ١٠٢٣٠كم٢

الموقع :

يقع لبنان إلى الشرق من البحر الأبيض المتوسط وفي غرب القارة الآسيوية ويعتبر جزءا من بلاد الشام يحده من الشمال والشرق سوريا، ومن الغرب البحر المتوسط، ومن الجنوب فلسطين المحتلة.

طول الحدود: ٤٥٤كم منها ٣٧٥كم مع سوريا، ٧٩ كم مع فلسطين المحتلة .

طول الشريط الساحلي: ٢٢٥كم.

أهم الجبال : المكمل ، الشيخ، حنين، القنيطرة

أعلى قمة : القرنة السوداء (٣٠٩٠كم)

أهم الأنهار : الليطاني، العاصي الأولي، قاديشا.

أهم البحيرات: بحيرة الليمونة، بحيرة القرعون.

المناخ:

معتدل عموما، المناطق الساحلية حارة ورطبة صيفا، باردة ورطبة شتاء ، المناطق الجبلية معتدلة البرودة صيفا، شديدة البرودة وغزيرة الأمطار والثلوج شتاء.

طبوغرافية السطح.

يتألف سطح لبنان من سهل ساحلي ضيق على طول البحر المتوسط يتراوح ارتفاعه من صفر إلى ٢٠٠ متر على مستوى سطح البحر.

المواصلات:

دليل الهاتف: ٩٦١.

سكك حديدية: ٣٧٨كم.

طرق رئيسية: ٧٣٧٠كم.

أهم المرافئ: بيروت، طرابلس، جونية، صيدا، صور، الزهراني.

مطارات: بيروت.

أهم المناطق السياحية:

١) مغارة جعيتا.

٢) غابات الأرز.

٣) الينابيع.

٤) المعالم الأثرية (قلعة صيدا، جبيل، بعلبك).

٥) مغارة قاديشا.

٦) الجبال والشواطئ.

مؤشرات سياسية

غلبت التركيبة السكانية وطبيعة التنوع الديني والمذهبي والسياسي في لبنان على خريطة تداول السلطة بها، فمنذ الإستقلال عن الأحتلال الفرنسي عام ١٩٤٦ وإختيار بشاره الخوري أول رئيس للبلاد حتى الآن شهدت خريطة السلطة أنماطا مختلفة من الصراع بعضها بالانقلابات العسكرية كما حدث مع كميل شمعون واللواء فؤاد الشهابي وبعضها بالانقلاب السياسي كما حدث مع الرئيس شارل الحلو عام ١٩٧٠.

سلسلة حكام لبنان من ١٩٤٣-٢٠٠١.

الحاكم	مدة الحكم	الخروج من السلطة
شارل ديباس	١٩٢٦-١٩٣٤	-
أنطوان أبو أرض	٢-١٩٣٤/١/٣٠	-
حبيب السعد	١٩٣٤-١٩٣٦	-
الفريد نقاش	١٩٣٦-١٩٤١	-

أيوب ثابت	٣-١٩٤٣/٧	-
بيترو تراد	٧-٩-١٩٤٣	-
بشارة الخوري (المرة الأولى)	٩-١٩٤٣/١١	-
إميل أده (المرة الثانية)	١١-١٩٤٣/١١/٢٢	-
بشارة الخوري (المرة الثانية)	١٩٤٣-١٩٥٢	العزل بالقوة
فؤاد شهاب(المرة الأولى)	١٨-١٩٥٢-٩/٢٢	-
كميل شمعون	١٩٥٢-١٩٥٨	العزل بالقوة
فؤاد شهاب (المرة الثانية)	١٩٥٨-١٩٦٤	الإعفاء من المنصب
شارل الحلو	١٩٦٤-١٩٧٠	الإعفاء من المنصب
سليمان فرنجيه	١٩٧٠-١٩٧٦	العزل بالقوة
إلياس سركيس	١٩٧٦-١٩٨٢	الإعفاء من المنصب
بشير الجميل	٨-١٩٨٢/٩	الاغتيال
أمين الجميل	١٩٨٢-١٩٨٨	سلمي
سليم الحص (المرة الأولى)	١٩٨٨-١٩٨٩	سلمي
رينيه معوض	٥-١٩٨٩/١١/٢٢	الاغتيال
سليم الحص(المرة الثانية)	٢٢-١٩٨٩/١١/٢٤	سلمي
إلياس هرواي	١٩٨٩-١٩٩٨	سلمي
إميل لحود	منذ ١٩٩٨	

حصلت لبنان على استقلالها عن الإحتلال الفرنسي في ٢٢ نوفمبر/ تشرين الثاني عام ١٩٤٣، وتولى بشاره الخوري رئاسة الجمهورية في ٢١ سبتمبر/ أيلول كما اختير رياض الصلح كأول رئيس للوزراء في العام نفسه.

اغتيل رياض الصلح في عمان عام ١٩٥٢ على إثر اغتيال أنطوان سعادة رئيس الحزب السوري القومي بعد اتهامه بحركة انقلابية عام ١٩٤٩.

نظم اللبنانيون إضربا عاما طالبوا فيه بعزل بشارة الخوري من منصبه ، وتدخل الجيش بقيادة اللواء فؤاد شهاب الذي تولى السلطة بصورة مؤقتة عقب استقالة بشارة الخوري وانتخب كميل شمعون رئيسا للجمهورية في ٢٣ سبتمبر / أيلول ١٩٥٢ لمدة ست سنوات كما ينص الدستور اللبناني الصادر في مايو / أيار ١٩٢٦ والميثاق الوطني الصادر عام ١٩٤٣.

رفض كميل شمعون التنازل عن السلطة رغم انتهاء فترة رئاسته الدستورية، مما أدى إلى تدخل الجيش وتولي اللواء فؤاد شهاب الحكم مرة أخرى في ٢٣ سبتمبر/ أيلول ١٩٥٨، وفي نهاية السنوات الست أعفي من منصبه ، لتولي الحكم شارل الحلو بعد إنتخابات غير مباشرة في ٢٣ سبتمبر/ أيلول ١٩٦٤.

وقعت محاولة انقلابية في عهد اللواء فؤاد شهاب بقيادة الضابطان شوقي خير الله وفؤاد عوض، وبمساندة من الحزب السوري القومي الاجتماعي لكنها باءت بالفشل.

استمر حكم الرئيس شارل الحلو حتى عام ١٩٧٠ ثم أعفي من منصبه ليخلفه الرئيس سليمان فرنجيه.

خلال الحرب الأهلية التي شهدتها لبنان منذ أواسط السبعينات وحتى أواخر الثمانينات من القرن الماضي، تنازع السلطة خلالها العديد من الميليشيات الطائفية المسلحة . وقد تولى الحكم خلال تلك الفترة المضطربة إلياس سركيس، ثم بشير الجميل بعد انتخابه من قبل البرلمان اللبناني رئيسا للجمهورية اللبنانية يوم ١٩٨٢/٨/٢٣، ولكنه اغتيل مع عدد من زملائه في انفجار بمقر قيادة الكتائب في قطاع الأشرفية يوم ١٩٨٢/٩/١٤.

بعد اغتيال بشير الجميل تولى السلطة اخوه أمين الجميل منـذ عـام ١٩٨٢ حتـى عـام ١٩٨٨ حيث انتهت فترة رئاسته، فتشكلت حكومة مؤقتـة مكونـة مـن سـتة مـن الضـباط وأختـار العـماد ميشيل عون رئيسا للوزراء إلا أن المسلمين رفضوا هذا الخيار، وتولى الوزارة رشيد كرامـي ثـم سـليم الحص.

انتخب إلياس الهراوي رئيسا للبلاد عام ١٩٩٥ وتولى الوزارة في عهد سليم الحص، وبعد ثلاثـة سنوات، تسلم السلطة الرئيس إميل لحود بعد إنتخابات فـاز فيهـا، وتـولى الـوزارة فـي عهـده سـليم الحص ثم رفيق الحريري، ولا يزال لحود على رأس السلطة في لبنان حتى الآن.

الفصل السادس فلسطين

نبذة تاريخية:

فلسطين أرض تاريخية عربية ومن أهم المناطق في العالم ظهرت فيها الديانتان اليهودية والمسيحية وفيها المسجد الأقصى وموقع فلسطين الجغرافي جعلها من أهم الطرق التجارية.

كان سكان البلاد الأصليون من الكنعانيين العرب الذين عاشوا فيها آلاف السنين قبل مجئ اليهود إليها مطلع القرن الثامن عشر قبل الميلاد. وهؤلاء العرب هم الذين بنو القدس.

لقد كانت فلسطين منذ الفتح الإسلامي جزءا من دولة الإسلام خلال فترة حكم الخلفاء الراشدين (رضي الله عنهم) ثم الدولة الأموية فالدولة العباسية فالدولة العثمانية.

وبعد الحرب العالمية الأولى (١٩١٤-١٩١٨) دخلت فلسطين تحت الإنتداب البريطاني وكان وعد بلفور المشؤوم في عام ١٩١٧ لإقامة وطن قومي للشعب اليهودي في فلسطين.

وقد قاوم العرب الفلسطينيون مخططات بريطانيا وحلفائها اليهود وقاموا بالعديد من الثورات أبرزها ثورة ١٩٢٩ والثورة الكبرى ١٩٣٦.

لقد عاشت في فلسطين شعوب كثيرة كالعموريين والكنعانيين منذ الألف الثالث قبل الميلاد ولهذا سميت أرض فلسطين أرض كنعان. والكنعانيين هم شعب سامي سكن فلسطين منذ ٣٠٠٠ عام قبل الميلاد وأقاموا المدن وأنشأوا حضارة اقتبسها منهم العبرانيون.

وفي القرن الثامن قبل الميلاد قام الآشوريون (العراق) ببسط حكمهم غربا إلى البحر المتوسط وغزو فلسطين ٧٢١ ق.م وبعد مائة عام أخذ البابليون يسيطرون على الإمبراطورية الآشورية وغزوا يهودا (جنوب فلسطين) عام ٥٨٦ ق.م ودمروا هيكل سليمان في القدس وأسروا كثيرا من اليهود سبايا إلى بابل (محافظة واسط في العراق والتي كانت تسمى الكوث).

وبعد خمسين سنة غزا الملك الفارسي قورش بابل وسمح لليهود بالعودة من منفاهم وبناء معبد والإستقرار في فلسطين من جديد.

وحكم الفرس معظم الشرق العربي بما في ذلك فلسطين من ٥٣٠-٣٣٠ ق.م.

ثم قام الإسكندر الأكبر بغزو الإمبراطورية الفارسية ودحر داريوس ملك الفرس عام ٣٣٣ق.م.

وبعد موت الإسكندر تقاسم قادته الإمبراطورية وأسس سلوقس الأسرة السلوقية التي حكمت فلسطين حتى عام ٢٠٠ ق.م. ومنعوا اليهود من أداء طقوسهم.

وفي عام ١٦٧ق.م ثار اليهود بقيادة يهودا المكابي وطردوا السلوقيين من فلسطين وأنشأوا مملكة يهودا والتي بقيت إلى أن سيطر عليها الرومان عام ٣٦ق.م وقد ولد السيد المسيح خلال السنوات الأولى من الحكم الروماني في بيت لحم.

وقام اليهود بثورة عام ٦٦-٧٠ ق.م إلا أنها أخمدت وأخرى في ١٣٢-١٣٥م. حيث طردوهم من القدس وأطلقوا عليها اسم فلسطين.

واستمر حكم الرومان حتى عام ٣٠٠م.

وبعد أن حكمها البيزنطيون انتشرت المسيحية في أنحاء فلسطين.

وخلال القرن السابع الميلادي كان الفتح العربي الإسلامي وفتحت معظم بلاد الشرق ومنها فلسطين وانتشر الإسلام مع ترك حرية العقيدة الدينية لليهود والمسيحيين.

وفي عام ١٠٧١م سيطر السلاجقة على القدس ودام حكمهم زهاء الثلاثين عاما تقريبا.

وبدأت الحروب الصليبية عام ١٠٩٦ واحتل الصليبيون القدس عام ١٠٩٩ واستمروا يحكمونها حتى عام ١١٨٧ عندما هزمهم صلاح الدين الأيوبي واستعاد بيت المقدس عام ١١٨٧م. وفي منتصف القرن الثالث عشر الميلادي استطاع المماليك تأسيس دولة في مصر ـ وضموا إليها فلسطين . وفي عام ١٥١٧ أصبحت فلسطين جزءا من الإمبراطورية العثمانية. ومع بداية القرن السادس عشر بدأت هجرة اليهود إلى فلسطين حتى أن عدد اليهود الذي وصلوا إلى فلسطين في عام ١٨٨٠ بلغ ٣٤.٠٠٠ نسمة من أصلح مجموع السكان البالغ عددهم ٥٠٠ ألف نسمة.

وفي عام ١٨٨٢ بدأت حملات الإضطهاد في روسيا بموجة جديدة من يهود روسيا وبولندا ورومانيا حتى أصبحوا في نهاية القرن التاسع عشر الميلادي يربو عددهم على خمسين ألف يهودي.

وأنشأ بعض اليهود حركة عرفت بالصهيونية والتي أخذت تعمل من أجل قيام دولة يهودية في فلسطين.

وفي عام ١٩١٤ بلغ عدد السكان في فلسطين ٧٠٠.٠٠٠ نسمة منهم ٦١٥.٠٠٠ عربي و ٥٧.٠٠٠ يهودي. وفي الحرب العالمية الأولى تولت أمر فلسطين حكومة عسكرية عثمانية وطلبت اتفاقية سايكس بيكو ١٩٦١ بوضع جزء من فلسطين تحت سيطرة حكومة الخلفاء سيطرت بريطانيا على المنطقة التي

كانت فلسطين من ضمنها. وأصدرت بريطانيا عام ١٩١٧ كما أسلفنا وعد بلفور المشؤوم.

وفي عام ١٩٢٠ وضعت فلسطين تحت الانتداب البريطاني. وفي مطلع الثلاثينات وصل إلى فلسطين ١٠٠.٠٠٠ مهاجر يهودي من ألمانيا وبولندا. وفي الحرب العالمية الثانية (١٩٣٩-١٩٤٥) أوصت هيئة الأمم بتقسيم فلسطين إلى دولتين عربية ويهودية ووضع القدس تحت الوصاية الدولية وفي عام ١٩٤٧ تبنت الجمعية العامة للأمم المتحدة إنهاء الانتداب البريطاني على فلسطين وتقسيمها وتجاهلت حقوق الفلسطينيين.

وفي عام ١٩٤٨ أعلن اليهود قيام دولتهم . وفي عام ١٩٤٩ ضمت أراضي مجاورة غير تلك التي قررتها الجمعية العامة للأمم المتحدة.

وفي عام ١٩٦٧ احتلت إسرائيل الضفة الغربية وقطاع غزة وشبه جزيرة سيناء، وفي عام ١٩٧٣ هزمت إسرائيل أمام الجيوش العربية.

وفي عام ١٩٧٨ وقع السادات عن مصر ـ اتفاقية كامب ديفيد لتسوية النزاع بين البلدين وانسحبت إسرائيل من شبه جزيرة سيناء.

وفي ٤ مايو ١٩٩٤ تم توقيع اتفاق الحكم الذاتي بين إسرائيل ومنظمة التحرير الفلسطينية بالقاهرة بشأن إقامة حكم ذاتي للفلسطينيين في غزة وأريحا.

ترأس دولة فلسطين السيد ياسر عرفات أربعين عاما ثم خلفه بعد ذلك السيد محمود عباس ومازال.

التركيب الاجتماعي:

الإسم الرسمي: دولة فلسطين العاصمة القدس الشريف.

اللغة الرسمية: اللغة العربية إلى جانب إستعمال اللغة الإنجليزية.

الدين : ملسمون ٨٩% ومسيحين ١١%.

الأعراق البشرية: ٨٩% مسلمون - ١١% أعراق أخرى.

جغرافية فلسطين:

المساحة الإجمالية ٢٦٣٢٣كم٢

مساحة الضفة الغربية وقطاع غزة ٦٠٥٥كم٢

طول الشريط الساحلي: ٤٠كم

أهم الجبال: هضاب جبال الجليل.

أهم الأنهار: نهر الأردن.

المناخ:

حار وجاف صيفا في المناطق الداخلية ورطب على السواحل ومعتدل على المرتفعات، معتدل الحرارة وماطر على السواحل وبارد جدا مع تساقط الثلوج على المرتفعات تقل الأمطار في المناطق الداخلية.

طبوغرافية السطح:

منطقة شبه صحراوية في الجنوب، سهول ساحلية منخفضة، جبال في الوسط، النقب منطقة شبه صحراوية، وتربة خصبة على الشاطئ وفي شرق البلاد يمتد سهل منخفض من بحيرة طبريا وحتى البحر الميت ويجري نهر الأردن، ويمتد وادي عربة حتى البحر الميت وحتى خليج العقبة، ويلي السهل الساحلي المرتفعات الغربية وأهمها جبال الجليل و نابلس والخليل.

استخدام الأرض:

تشكل الأرض الصالحة للزراعة ١٧% من المساحة الكلية ، وتشكل المحاصيل الدائمة ٥% والمروج والمراعي ٤٠% وتشكل الغابات والأراضي الحرجية ٦% وأراضي أخرى ٣٢% تتضمن أراضي مروية بنسبة ١١%.

أهم المدن:

المدينة	الصفة	المدينة
القدس	العاصمة	بيت لحم
الخليل		نابلس
طول كرم		جنين
رام الله		بيسان
اللد		طبرية
الرملة		الجليل
غزة		الناصرة
يافا		صفد
حيفا		حطين
عكا		سبسطية
خان يونس		أريحا
رفح		أجنادين/ النقب.

موقع فلسطين:

تقع فلسطين في غربي القارة الأسيوية بين خط طول ١٥-٣٤° و ١٥-٣٣ شمالا.

وهي تشكل الشطر الجنوبي الغربي من وحدة جغرافية كبرى في المشرق العربي، هي بلاد الشام، التي تضم - فضلا عن فلسطين فكلا من لبنان والأردن ومن ثم كانت حدودها مشتركة مع تلك الأقطار ، فضلا عن حدودها مع مصر.

وتبدأ حدود فلسطين مع لبنان من رأس الناقورة على البحر المتوسط وتتجه بخط مستقيم شرقا حتى ما وراء بلدة بنت جبيل اللبنانية عندما ينعطف الحد الفاصل بين القطرين شمالا بزاوية تكاد تكون قائمة، ليطوق منابع نهر الأردن، فيضمها إلى فلسطين في ممر أرض ضيق ، تحده من الشرق الأراضي السورية وبحيرات الحولة ولوط وطبرية.

ومن جنوب بحيرة طبرية تبدأ الحدود مع الأردن عند مصب نهر اليرموك، لتساير بعد ذلك مجرى نهر الأردن، ومن مصبه تتجه الحدود جنوبا عبر المنتصف الهندسي للبحر الميت فوادي عربة حتى رأس خليج العقبة.

أما الحدود مع مصر فهي ترسم خطا يكاد يكون مستقيما يفصل بين شبه جزيرة سيناء وأراضي صحراء النقب، ويبدأ خط الحدود من رفح على البحر المتوسط إلى طابا على خليج العقبة.

وفي الغرب تطل فلسطين على المياه الدولية المفتوحة للبحر المتوسط، مسافة تربو على ٢٥٠ كليومتر فيما بين رأس الناقورة في الشمال ورفح في الجنوب.

وفلسطين بحكم موقعها المتوسط بين أقطار عربية تشكل مزيجا من عناصر الجغرافية الطبيعية والبشرية لمجال أرض أرحب يضم بين جناحيه طابع البداوة الأصيل في الجنوب ، وأسلوب الإستقرار العريق في الشمال ، وتتميز الأرض الفلسطينية بأنها كانت جزءا من الوطن الأصلي للإنسان الأول، ومهبطا للدينات السماوية، ومكانا لنشوء الحضارات القديمة، ومعبرا للحركات التجارية، والغزوات العسكرية عبر العصور التاريخية المختلفة، وقد أتاح لها

موقعها المركزي بالنسبة للعالم أن تكون عامل وصل بين قارات العالم القديم آسيا وافريقيا وأوربا فهي رقعة يسهل الانتشار منها إلى ما حولها من مناطق مجاورة ، لذا أصبحت جسرـ عبور للجماعات البشرية منذ القدم، وهي رقعة تتمتع بموقع بؤري يجذب إليه - لأهميته - كل من يرغب في الاستقرار والعيش الرغيد. وكان هذا الموقع محط أنظار الطامعين للسيطرة عليه والإستفادة من مزاياه.

ولموقع فلسطين أهمية كبيرة على الصعيدين السلمي والحربي ، ففي العصور القديمة كانت فلسطين تمثل إحدى الطرق التجارية الهامة التي تربط بين مواطن الحضارات في وادي النيل وجنوب الجزيرة العربية من جهة ، ومواطن الحضارات في بلاد الشام الشمالية وفي العراق من جهة ثانية ، وكانت فلسطين مسرحا لمرور القوافل التجارية قبل الإسلام وبعده، حيث تسير إليها القوافل العربية صيفا قادمة من الجزيرة العربية كجزء من رحلة الشتاء والصيف التي ورد ذكرها في القرآن الكريم.

كما كانت معبرا لمرور هجرات القبائل العربية التي قدمت من الجزيرة العربية في طريقها لبلاد الشام أو شمالي افريقيا، واستقر بعضها في فلسطين بينما استقر بعضها الآخر في المناطق المجاورة.

وازدادت أهمية الموقع التجاري لفلسطين في عهد المماليك عندما كانت البلاد ممرا للقوافل التجارية التي تنقل البضائع المتجهة من الشرق الأقصى لأوروبا وبالعكس. وكانت السفن التجارية تصل إلى عدن وتفرغ حمولتها لتنقل برا بواسطة القوافل عبر اليمن والحجاز إلى الموانئ الفلسطيني على البحر المتوسط حيث تنتظر السفن الراسية تمهيدا لشحنها بسلع متنوعة كالحرير والعطور والتوابل والمجوهرات وغيرها، ومن ثم نقلها إلى الموانئ الأوروبية.

ولا زالت فلسطين تحتفظ بأهمية موقعها التجاري لأنها تمثل حلقة وصل بين بيئتي المداريات والموسميات في جنوبي آسيا والشرق الأدنى من جهة ن وبين بيئتي البحر المتوسط وأوروبا الوسطى والغربية من جهة أخرى . ولا شك أن الحركة التجارية تزدهر بين البيئات المتفاوتة في إنتاجها وجاءت فلسطين بموقعها لتربط بين حضارة الشرق الزراعية وحضارة الغرب الصناعية ، وبذلك أصبحت طريقا هاما لمرور حركة التجارة العالمية والمسافرين على كافة طرق المواصلات البرية والبحرية والجوية.

ومن جهة ثانية فإن الموانئ الفلسطينية ظلت حتى عام ١٩٤٨ تقدم خدمات تجارية لظهيرها الشرقي في جنوبي سوريا ومملكة الأردن، وكانت تجارة الأردن الخارجية تعتمد إعتمادا كبيرا على هذه الموانئ، غير أن التوجيه الجغرافي لهذه التجارة تغير بعد الإحتلال الصهيوني لفلسطين، وأصبح يتجه شمالا نحو الموانئ اللبنانية والسورية وجنوبا نحو ميناء العقبة. وكذلك كان النفط العراقي يتدفق في أنابيب من حقل كركوك بشمال العراق إلى مصفاة حيفا ليتم تكريره فيها، ومن ثم يصدر إلى الخارج . إلا أنه توقف ضخ النفط العراقي على ميناء حيفا بعد عام ١٩٤٨.

وإذا استثنينا ميناء غزة الذي اقتصرت خدماته على ظهيره المحدود في قطاع غزة، فإن بقية الموانئ الفلسطينية سواء أكانت على البحر المتوسط كحيفا ويافا وأسدود وعكا وعسقلان، أو على خليج العقبة كإيلات، تقدم حتى اليوم خدمات كبيرة للكيان الصهيوني، حيث يأخذ التوجيه الجغرافي لتجارة فلسطين مساره عبر موانئ البحر المتوسط إلى أوروبا وأمريكا الشمالية وأمريكا اللاتينية وعبر ميناء أيلات إلى جنوب أسيا والشرق الأقصى وشرقي أفريقيا.

المظهر العسكري للموقع الجغرافي فيتمثل في تعرض فلسطين للعدوان متمثلا في مرور الغزوات الحربية عبر أراضيها نحو البلدان المجاورة، أو بغرض

الإستيلاء على هذه الأراضي للسيطرة على فلسطين وقد تكالبت عليها أمـم شـتى كالبـابليين والآشوريين والحثيين والفرس واليونان والرومان، ثـم جـاء الفـتح العربي الإسلامي لضمها إلى ديار الإسلام، فأصبحت جزءا هاما من ديار الإسلام.

وفي أواخر القرن الثامن عشر ـ الميلادي تعرضت فلسطين لحملة نابليون بونابرت التي استهدفت السيطرة على بلاد الشام ، ولكن آمان بونابرت تحطمت على أسوار عكا عندما فشل في احتلال عكا بفضل مقاومة آهالي فلسطين بقيادة والي عكا أحمد باشا الجزار.

وفي القرن الحالي تعرضت فلسطين لعدوان بريطاني خلال الحرب العالمية الأولى، أدى إلى طرد العثمانيين من البلاد، واحتلالها تحت اسم الانتداب البريطاني على فلسطين، واستفادت بريطانيا ودول الحلفاء من موقع فلسطين خلال الحرب العالمية الثانية. وقبل أن تنهي بريطانيا انتدابها على فلسطين بالرحيل عنها في ٢٥ أيار/ مايو ١٩٤٨، كانت قد مهدت السبيل لإقامة كيان صهيوني في فلسطين يكون قاعدة للدول الغربية في المنطقة وإسفينا لشرخ جسم الأمة العربية وفصل مشرقها عن مغربها، ولا يزال الكيان الصهيوني منذ عام ١٩٤٨ وحتى اليوم يقبع فوق أرضنا العربية، وينعم بمواردها، ويستفيد من أهمية موقعها الجغرافية في تنفيذ مخططاته العدوانية والتوسعية.

الحدود والمساحة.

تم رسم الحدود بين مصر وفلسطين عام ١٩٠٦، بينما جرى تعيين حدود لفصل فلسطين عـن سوريا ولبنان في أواخر عام ١٩٢٠ بموجب اتفاقية فرنسية - بريطانية، وقد وافقت عصبة الأمم على ما جاء في المذكرة البريطانية الإيضاحية بشأن تعيين الحد الشرقي بين فلسطين وشرق الأردن في ١٩٢٢/٩/٢٣. وقد أجرت بريطانيا وفرنسا تعديلات على حدود فلسطين مع كل من سوريا ولبنان في عام

١٩٢٣/١٩٢٢، ادخلت بموجبها بعض الأراضي السورية وكذلك بعض القرى اللبنانية داخل الحدود الفلسطينية.

تبلغ مساحة فلسطين الانتداب البريطاني كم٢، ويبلغ مجموع أطول حدودها البرية والبحرية ٩٤٩كم، منها ٧١٩ من حدود برية و٢٣٠ من حدود بحرية، وتشغل الحدود الأردنية الفلسطينية أطول حدود فلسطين البرية، إذ يصل طولها إلى ٣٦٠كم، بينما يصل طول الحدود مع مصر ٢١٠كم، ومع لبنان ٧٩كم ، ومع سورية ٧٠كم، أما سواحل فلسطين المطلة على البحر المتوسط فيبلغ طولها ٢٢٤كم، بينما يبلغ طول سواحلها المطلة على خليج العقبة ٦كم.

إذا أمعنا النظر في خريطة لفلسطين يسترعي انتباهنا شكلها المستطيل الذي يمد طوله من الشمال قرب بانياس على الحدود السورية إلى خليج العقبة نحو ٤٥٠كم. أما العرض فلا يكاد يتجاوز ١٨٠كم في أوسع جزء ، وأقل من هذا بكثير في معظم العروض. ولا يبدو هذا الشكل الطولي مفضلا لأنه يبعد عن الكل الدائري أو المربع وبالتالي يجعل فلسطين أقرب إلى الإنسياح منها إلى الإندماج. وحدود فلسطين تجعلها بلاد برية بحرية وإن كان يغلب عليها الطابع البري. وتعد هذه الحدود طويلة بالنسبة لمساحة البلاد ، فكل ٥.٣٧كم٢ من فلسطين الانتداب تقابل كيلومتر واحد طولي من حدودها وهذه نسبة كبيرة في الواقع، وتدل على ضعف هذه الحدود من الناحية العسكرية مقارنة بغيرها.

تبدأ الحدود الشمالية لفلسطين على البحر المتوسط عند رأس الناقورة في الغرب ، وتجري في اتجاه مستقيم تقريبا نحو الشرق لتنحرف فجأة نحو الشمال كأنها شبه جزيرة أو اسفين يمتد ما بين سورية شرقا ولبنان غربا إلى مسافة نحو ٣٠كم. وصممت هذه الحدود على أساس ارضاء شهوات الصهاينة. ففي الشمال طلب الصهاينة بأن يكون الحد الشمالي هو مجرى نهر الليطاني، أي شمال الحدود الحالية بنحو ٤٠كم، وأن تكون منابع نهري بانياس والقاضي (دان)

داخل حدود فلسطين. وقد لقي هذا الطلب الشاذ بعض المقاومة من سلطة الانتداب الفرنسي على سورية ولبنان. وأصرت فرنسا على وقوع منابع بانياس داخل الأراضي السورية لضمان بقاء الطريق التي تربط بين جنوب غربي سورية نحو الشمال إلى الشرق من لبنان تعويضا عن فقدان نهري الليطاني وبانياس. وكان هذا التمدد الشمالي على شكل اسفين يمتد إلى منطقة المنابع العليا لنهر الأردن، بحيث ضمت إلى فلسطين بعض الأراضي السورية القريبة من نهري بانياس والقاضي (دان) وبعض القرى اللبنانية القريبة من نهري الحاصباني والليطاني كان منها قرى المنصورة وصلحا وهوين وطربيخا.

وإذا تتبعنا الحدود الشرقية من الشمال إلى الجنوب اتضح لنا أنها تبدء من قرية بانياس السورية ، ثم تتجه نحو الجنوب بحيث تترك نهر الأردن ومنابعه العليا كلها في فلسطين . وتسير بمحاذاة أقدم المرتفعات المطلة على سهل الحولة بحيث تترك هذا السهل داخل فلسطين . وتحف الحدود بالشواطئ الشمالية الشرقية لبحيرة طبرية على بعد عشرة أمتار من شاطئ البحيرة حتى تصل إلى موضع مسفير عند منتصف الشاطئ الشرقي حين تأخذ في الإبتعاد عنه حتى تصل إلى نهر اليرموك، وتكون قد ابتعدت بنحو ٣كم أو يزيد عن البحيرة، ثم تتبع الحدود نهر اليرموك نفسه مجرى نهر الأردن إلى مصب في البحر الميت، ثم تمر من منتصفه وتسير في وادي عربة حتى تصل إلى نقطة على رأس خليج العقبة.

أما خط الحدود بين فلسطين ومصر تم تعيينة بموجب الإتفاقية المبرمة في أول تشرين الأول ١٩٠٦ بين مندوبي الدولة العثمانية الخديوية المصرية . وكان هذا الخط آنذاك يمثل حدا إدرايا بين ولاية الحجاز ومتصرفية القدس من جهة، وبين شبه جزيرة سيناء من جهة ثانية. وهو خط مستقيم في الأغلب، ويمشي مع خط طول ٣٤° شرقا، ويسير في الطرف الشرقي لسيناء قمم بعض التلال

الصحرواية ليربط بين رفح على البحر المتوسط وطابا على خليج العقبة ، وإعترفت به بريطانيا كحد قياسي بين فلسطين الانتداب ومصر منذ أوائل الانتداب.

الأقاليم التضاريسية:

تمتاز فلسطين بوضوح أشكال سطح أرضها، وبساطة بنيتها الجيولوجية التي تتألف من طبقات من الصخور الغرانيتية والرملية والكلسية والطينية والطباشرية والبازلتية تنتمي لمعظم العصور الجيولوجية منذ الزمن الجيولوجي الأول حتى الزمن الحديث.

أما أشكال سطح الأرض فإنها تتفاوت بين الأغوار المنخفضة عن سطح البحر، والسهول المنبسطة التي ترتفع قليلا عن سطح البحر والهضاب المتوسطة والعالية تتخللها بعض السلاسل الجبلية، وعلى الرغم من صغر مساحة فلسطين والتي تبلغ ٢٧ كيلو متر مربع وبساطة تكوينها فإنها تتكون من الأقاليم التضاريسية التالية:

١- إقليم السهول الساحلية.

يمتد هذا الإقليم بمحاذاة شاطئ البحر المتوسط ما بين رأس الناقورة شمالا ورفح جنوبا، وينحصر بين المرتفعات الجبلية شرقا والبحر المتوسط غربا.

ويتكون إقليم السهول الساحلية من أراضي منبسطة قريبة من مستوى سطح البحر ورغم استواء السطح وانبساطه إلا أنه لا يخلو من وجود تموجات خفيفة تتمثل في بعض الكثبان الرملية والجروف الشاطئية وتلال الحجز الرملي الكلسي ، بالإضافة إلى الأودية التي تخترق الإقليم قادمة من المرتفعات الجبلية في طريقها للبحر المتوسط، حيث أن الإنحدار العام للأرض الإقليم يتجه من الشرق إلى الغرب.

ومما يسترعي الانتباه امتداد ساحل البحر في خط مستقيم تقريبا، حيث يخلو خط الساحل من التعرجات والخلجان باستثناء خليج عكا الذي تكون

نتيجة هبوط الأرض تحت تأثير الإنكسارات، وبعض الرؤوس البارزة قليلا من البحر كرأس الكرمل والناقورة ويافا.

وتتألف السهول الساحلية من ترسبات الرمال الشاطئية التي اختلطت مع ترسبات الطمي والحصى المنقولة من المرتفعات الجبلية بواسطة الأودية ، لذا تكونت من هذه المواد الأصلية تربة البحر المتوسط الحمراء التي تنتشر في مساحات واسعة من الإقليم، وتتميز هذه التربة بانها طفيلية خفيفة خصبة، تحتفظ بالرطوبة وتسهل تهويتها، لذا تجود فيها زراعة الحمضيات والعنب والزيتون والحبوب وغيرها، وبالإضافة إلى خصوبة التربة فإن المياه الجوفية تتوافر في السهول الساحلية كمياه الينابيع والآبار .

ورغم الاستواء النسبي لسطح هذا السهل ، فهو يرتفع وئيدا من مياه البحر المتوسط نحو الداخل ، ليبدو كسهل مرتفع، تحف به قواعد مرتفعات وسط فلسطين من الشرق، حيث يعرف محليا باسم سهل " سارونة"، وينفرد هذا القسم من أراضي فلسطين – فضلا عن إستوائه – بميزات جغرافية هامة، لعل اهمها مناخه البحري الذي يتصف بالإعتدال في حرارته، فهو من أدفأ مناطق فلسطين شتاء، وادناها حرارة في فصل الصيف، فمعدلات الحرارة لا تتدنى دون $19°$ في شهر كانون الثاني/ ديسمبر، بينما لا ترتفع أكثر من $26°$ كمعدل في شهر آب/ اغسطس، والأهم من ذلك عنصر الأمطار الشتوية الوفرية، حيث تتلقى منحدرات سفوح الكرمل من الشمال 800 مليمترا مكعبا سنويا من مياه الامطار مما يدخل النصف الشمال من هذا السهل ضمن المناخ الرطب، بيد أن معدلات الأمطار تتضاءل كلما اتجهنا جنوبا بحيث لا تسقط على رفح في المعدل أكثر من 150 مليمترا سنويا.

أما سهل عكا الذي يبدأ من رأس الناقورة، فتربته سوداء صالحة لزراعة الخضار والفواكه والبرتقال ويبلغ عرضه عند عكا 12 كيلو مترا وتملأ هذا

السهل تلال، يدل كل منها على قرية كانت آهله بالسكان الذين كانوا يفلحون أرض السهل وقد جرت مياه نهر الكابري على قناطر بنيت فوق المنخفضات منذ حكم الجزار، إلى أن تصل إلى عكا.

أما سهل فلسطين الساحلي "شارون" فهو يبدأ من الكرمل ويأخذ في الأتساع من ٢٠٠متر كلما سرنا جنوبا حتى يصل عرضه إلى ٣٥ كيلو مترا عند يافا، وتربة الشارون نشأت من تفتت الصخور في مكانها ثم نقلتها العوامل الطبيعية ، وهذه الصخور المفتتة تذوب أملاحها في الماء، فتكسب الأرض خصوبة، وتحت التربة الرسوبية صخور كلسية يحللها الماء بتأثير حامض الكربونيك، ولكثرة مادة الحديد في هذه التربة تظهر حمراء (سمقة) سهلة التفتت، تصلح لزراعة الحبوب والحمضيات.

٢- إقليم المرتفعات الجبلية:

يتألف هذا الإقليم من هضاب وأقواس جبلية تحصر بينها بعض السهول الداخلية أحيانا، ويعد بمثابة العمود الفقري للأرض الفلسطينية، كما أنه يمتد من أقصى شمال البلاد إلى إقليم النقب في الجنوب.

ولا يتجاوز ارتفاع أرض الإقليم الألف متر بصفة عامة، وتنحدر الأرض تدريجيا نحو السهول الساحلية في الغرب، بينما يشتد انحدارها نحو الشرق لتطل على وادي الأردن بواسطة حوافها الجبلية وجروفها العالية، وقد حفرت الأودية بعمق في الهضاب الكلسية لتنحدر نحو البحر المتوسط غربا ونهر الأردن شرقا، ومعظم هذه الأودية جافة أو فصلية تفيض بالمياه بعد هطول الأمطار مباشرة.

ويمكن تقسيم أقاليمه داخل مرتفعات الجبلية إلى وحدتين هما: كتلة الجليل والسلسلة الجبلية الوسطى.

تنخفض نحو ٢١٢ مترا عن سطح البحر، ويصل إلى أدنى مستوى له عند البحر الميت الذي ينخفض سطح مياهه نحو ٣٩٨ مترا عن سطح البحر، ويصل

انخفاض أعمق نقطة لقاع البحر الميت نحو ٧٩٧ مترا دون سطح البحر، ثم يأخذ مستوى الأرض في الارتفاع كلما اتجهنا جنوبا من البحر الميت، حتى إذا وصلنا إلى موقع العجرم في أواسط وادي عربة يزداد الارتفاع إلى منسوب ٢٤٠ مترا فوق سطح البحر، وتمثل منطقة العجرم خط تقسيم للمياه بين البحر الميت شمالا والبحر الأحمر (خليج العقبة) جنوبا. ويعود منسوب الأرض في وادي عربة للانخفاض إلى الجنوب من موقع العجرم حتى نصل إلى خليج العقبة.

تشكل وادي الأردن من كسور طولانية عنيفة أدت إلى انهدامه حتى هذه المستويات. وبقي مدة من الزمن متصلا بالبحر ثم انفصل عنه بعد أن ترسبت التكوينات البحرية على شكل طبقات متعاقبة فوق قاعة، وفي العصر المطير غمر جزء من وادي الأردن بالمياه فيما عرف باسم البحيرة الأردنية القديمة التي امتدت من بحيرة طبرية شمالا إلى جنوب البحر الميت الحالي بحوالي ٣٠ كيلو مترا جنوبا، وقد اختفت البحيرة قبل الفترة التاريخية بآلالف السنين، ولم يبق من مخلفاتها سوى بحيرة طبرية والبحر الميت، ونستدل على جفاف البحيرة من بقايا الإرسابات البحرية لتكوينات مارن اللسان. ثم ظهر نهر الأردن الذي حفر لنفسه مجرى في هذه التكوينات وبنى سهلة الفيضي على جانبيه.

ويمكن أن نميز مستويين للأرض وهما مستوى الغور ومستوى الزوري، أما الغور فهو المستوى الأعلى الذي يتكون من الأرسابات البحرية القديمة والمغطاة في كثير من الجهات بأرسابات طمييـة حديثة، أما الزور فهو المستوى الأدنى الذي يتكون من ارسابات نهر الأردن الفيضية، ويتراوح انخفاض مستوى الزور عن مستوى الغور ما بين ٢٠-٤٠ مترا، حيث تفصل بينهما مجموعة من الأراضي الوعرة التي تعرف باسم الكتار محليا.

ويتفاوت وادي الأردن في أتساعه ما بين ٥ كيلو مترا شمالي العقبة و ٣٥ كيلو مترا على خط عرض مدينة أريحا شمال البحر الميت.

وينحدر قاع الوادي من حافتيه الجبليتين نحو نهر الأردن الذي يعد مصرفا طبيعيا للمجاري المائية في وادي الأردن، وأهم الأودية الجانبية التي تخترق وادي الأردن قادمة من المرتفعات الجبلية الفلسطينية في طريقها لنهر الأردن أودية حنداج وعامود والبيرة وجالود والفارعة والمالحة والعوجا والقلط.

أما الروافد الشرقية لنهر الأردن فهي أودية اليرموك والعرب وزقلاب واليابس وكفرنجة و راجب والجرم والزرقاء وشعيب والكفرين وحسبان، وتتفاوت هذه الأودية الجانبية ما بين أودية دائمة الجريان إلى أودية فصلية وأخرى جافة, ونظرا لاختلاف المناسيب التي تجري عليها هذه الأودية ما بين الحواف العالية للوادي الأخدودي ومستوى الغور فأنها تهبط إلى أرض الغور فجأة لترسب كثيرا من حمولاتها فيما يعرف بالمرواح الفيضية المحيطة بمجاريها قرب أقدام الجبال العالية.

٣- إقليم الهضبة الصحراوية (النقب):

يتكون هذا الإقليم من هضبة صحرواية تمتد في جنوب فلسطين، وتتخذ شكل المثلث الذي تسير قاعدته في خط يصل بين جنوب البحر الميت وغزة على البحر المتوسط، ويوجد رأسه عند خليج العقبة.

وتقدر مساحة القسم الجبلي من هذه الهضبة بنحو ٨٢٩٤ كيلو مترا مربعا أي أكثر من ٧٩% من مساحة الهضبة، وتعد الهضبة حلقة وصل بين هضبة القدس والخليل شمالا، وهضبة شبه جزيرة سيناء جنوبا، وهي امتداد جنوبي للمرتفعات الفلسطينية التي تمثل العمود الفقري لفلسطين. وتطل هذه الهضبة على وادي عربة. وتنحدر تدريجيا نحو الغرب إلى السهل الساحلي الجنوبي الذي يستقبل مجموعة من الأودية الجافة في طريقها إلى البحر المتوسط.

تتفاوت أشكال سطح الهضبة ما بين السلاسل الجبلية والهضبات الصغيرة والسهول المغلقة والمنخفضات والقيعان والأحواض وغيرها، ويتميز سطح الأرض

بطبيعته الوعرة التي دفعت بعض الباحثين إلى تسمية الجبال بجروف النقب بدلا من جبال النقب.

وتختلف حدة معالم السطح ما بين منطقة وأخرى، فالسطح في الجزء الشمالي من النقب قليل الإرتفاعات، وهو بمثابة منطقة سهلية مترامية الأطراف، ولا سيما في المنطقة التي تمتد غرب وجنوب مدينة بير السبع ، غير أن السطح يزداد وعورة وتضرسا إلى الجنوب من بير السبع في منطقة النقب الأوسط حيث يزداد ارتفاع بعض القمم الجبلية عن ١٠٠٠ متر فوق مستوى سطح البحر.

ومما يسترعي الانتباه أن الجبال الواقعة في جنوب غربي بير السبع أكثر ارتفاعا من الجبال الواقعة في الجهات الأخرى من عاصمة النقب، وتمثل هذه الجبال امتدادا طبيعيا لجبال سيناء الجنوبية، كما أنها تتراوح في ارتفاعها ما بين ٦٠٠ – ١٠٣٥ مترا فوت سطح البحر.

ويعد رأس الرمان (١٠٣٥م) الواقع بالقرب من الحدود الفلسطينية المصرية أعلى قمة في هذه الجبال، بل أنه يعد ثالث القمم الفلسطينية ارتفاعا..

ومن ذرى هذه الجبال يمكن أن نذكر عجرمية (١٠١٥م)، وقرون الرمان (١٠٠٦م) وجبل سماوي (١٠٠٦م) ورأس الخراشة (١٠٠٠م) وجبل عريف (٩٥٧م) وجبل عديد (٩٣٥م).

والقرنطل ورأس الفشخة ورأس تربة ورأس المرصد وخشم اسدوم وغيرها من الجروف المطلة على البحر الميت، غير أن الهضبة تنحدر تدريجيا نحو الغرب حيث تمتد أقدام التلال متوغلة في الأطراف الشرقية للسهل الساحلي.

ويمكن أن نقسم المرتفعات الوسطى إلى قسمين: جبال نابلس في الشمال وجبال القدس والخليل في الجنوب.

١- **جبال نابلس:**

تمتد جبال نابلس نحو الشمال الغربي لتتصل بجبل الكرمل الذي ينتهي طرفه في البحر المتوسط ويمتد نحو الجنوب حتى أودية دير بلوط، وهي المجاري العليا لنهر العوجا الذي يصب شمال يافا، وتجدر الإشارة إلى أن جبال نابلس ليست منفصلة عن جبال القدس، بل أن الاقواس الجبلية تلتقي ملتحمة ببعضها في سلسلة متصلة.

ويقدر طول جبال نابلس بنحو ٦٥ كيلو مترا من الشمال إلى الجنوب، في حين يقدر اتساعها من الغرب إلى الشرق بنحو ٥٥ كيلو مترا.

ويشكل جبل عيبال (٩٤٠م) أعلى قمم هذه السلسلة، ويطلق عليه اسم الجبل الشمالي في مقابل جبل جرزيم (٨٨١م) أو الجبل الجنوبي، حيث تقوم عليهما مدينة نابلس بعد أن غطى عمرانها الوادي المنحصر بين الجبلين.

وهناك جبال آخرى مثل جبل فقوعة وجبل جلبون في الجهة الشمالية الشرقية من جنين، وجبل الأقرع وجبل بايزيد وجبل بلال وغيرها، ويتخلل هذه الجبال بعض السهول مثل سهل عرابة ومساحته ٣٠ دونم، وسهل صانور (مرج الغرق) ومساحته ٢٠.٠٠٠دونم، وسهل مخنة ويمتد على طور القاعدة الشرقية لجبلي عيبال و جرزيم، وأهم الأودية التي تنحدر من جبال نابلس شرقا لتنتهي في نهر الأردن أودية الباذان والفارعة والمالح، أما الأودية التي تنحدر غربا إلى البحر المتوسط فأهمها نهر العوجا الذي يصب في البحر شمال يافا.

٢- **هضبة القدس والجليل:**

تمتد هذه الهضبة من منتصف المسافة بين نابلس والقدس (قرية بيتين) شمالا إلى وادي بير السبع جنوبا، بطول قدره نحو ٩٠ كيلومترا.

وتنحصر الهضبة ما بين وادي الأردن والبحر الميت شرقا والسهر الساحلي الجنوبي غربا، ويتراوح عرضها من ٤٠-٥٠ كيلومترا بما فيها برية الهضبة المطلة على البحر الميت ومنحدراتها الغربية المشرفة على السهل الساحلي.

وتتألف الهضبة من صخور كلسية أساسا، وتستخرج من هذه الصخور بعض الأنواع الجيدة من حجر البناء، وبخاصة في منطقة القدس . وقد تعرضت الهضبة بمرور الزمن إلى إذابة بعض التكوينات الكلسية بفعل مياه الأمطار وسيول الأودية الجافة، فتقطعت إلى مجموعات من التلال والسلاسل الجبلية التي تفصل بينها الخوانق، وتكونت الكهوف والأشكال الأرضية الوعرة.

وتمثل الجبال آكاما مستديرة فوق هضبة واسعة تعرضت إلى الإرتفاع والإنطواء على شكل قوسين جبليين محدبين يعرف أحدهما بقوس الخليل – بيت لحم، ويعرف الثاني بقوس القدس-رام الله، وتفصل بين القوسين عتبة منخفضة نسبيا في منطقة القدس، كما تعرضت الهضبة إلى التصدع في أطرافها، وبخاصة في المنحدرات الشرقية التي تهبط في مستويات سلمية على شكل جروف وعرة شديدة الأنحدار تطل على البحر الميت.

أما المنحدرات الغربية فإنها تهبط نحو السهل الساحلي ببطء، وتنتهي على أشكال أقدام للتلال المتوغلة في السهل الساحلي، والمتقطعة من جراء الأودية الجافة والفصلية كوادي علي (باب الواد)، ووادي الصرار، ووادي الخليل، أما الأودية المنحدرة شرقا فأهمها وادي العوجا ووادي القلط المنتهيان في نهر الأردن ، ووادي النار ووادي الزويرة المنتهيان في البحر الميت.

وأهم جبال القدس: تل العاصور (١٠١٦م) وجبل النبي صمويل (٨٨٥م) وجبل المشارف (٨١٩م) جبل الطور أو جبل الزيتون (٨٢٦م) وجبل المكبر (٧٩٥م) وأهم جبال الخليج خلة بطرخ (١٠٢٠م) وجبل حلحول (١٠١٣م) وجبل سعير (١٠١٨م) وجبل بني نعيم (٩٥١م) وجبل دورا (٨٣٨م) وتنتهي المنطقة الجبلية على بعد نحو

٢٤ كيلومترا جنوبي الخليل، وذلك بالقرب من قرية الظاهرية حيث تبدأ هضبة الصحراء الفلسطينية.

٣- إقليم وادي الأردن.

يمتد وادي الأخدودي على طول الجزء الشرقي من فلسطين ممتدا من أقدام جبال الشيخ في الشمال حتى خليج العقبة في الجنوب، ويدخل الجزء الشرقي من هذا المنخفض المتطاول في الأراضي الأردنية بينما يدخل جزؤه الغربي في الأراضي الفلسطينية.

ويتجاوز طول وادي الأردن ٤٣٠ كيلو مترا، وهو جزء فرعي من نظام رئيسي ـ يشتمل على مجموعة من الأودية الأخدودية المتقطعة، أي انه جزء صغير جدا من نظام الأخدود الإفريقي الآسيوي الذي يمتد مسافة ٦٠٠٠ من خط عرض ٢°جنوبا في موزمبيق إلى خط عرض ٤٥°شمالا في تركيا ليشتمل على ٦٥°درجة عرضية أي حوالي خمس محيط الأرض.

ويعد وادي الأردن من بين أغوار العالم التي تسترعي الانتباه، ذلك لأنه يشتمل على بقعة البحر الميت التي هي من أكثر بقاع العالم انخفاضا عن سطح البحر، يبدأ وادي الأردن عند أقدام جبال الشيخ مرتفعا نحو ١٦٠ مترا عن سطح البحر، إلا أنه لا يلبث أن ينحدر نحو الجنوب، ويأخذ في الهبوط ليصل ارتفاعه إلى ٧٠ مترا عند بحيرة الحولة (سابقا) وإلى مستوى سطح البحر عند جسر بنات يعقوب على نهر الأردن شمال بحيرة طبرية، ثم ما يلبث أن يهبط مستواه دون سطح البحر في بحيرة طبرية.

١- كتلة الجليل:

تعد كتلة الجليل الفلسطيني امتدادا لكتلة الجليل اللبناني التي تعرف أيضا بكتلة جبل عامل ، ويتدرج ارتفاع الأرض في الجليل تدرجا سلميا، حيث

تصل الأرض إلى أقصى ارتفاع لها في الشمال بالجليل الأعلى وإلى أدنى ارتفـاع لهـا في الجنـوب بسهل مرج ابن عامر.

وتنحدر كتلة الجليل انحدارا شديدا نحو وادي الأردن الأعلى والأوسط شرقا، بينما تنحـدر ببطء نحو سهل عكا غربا، وتقدر مساحة الجليل بنحو ٢٠٨٣كم ٢.

ويمكن تقسيم الجليل إلى الأقسام الفرعية التالية:

١- يتألف الجليل الأعلى من هضبة جبلية مرتفعة، يبلغ طولها ٤٠ كيلو مـترا مـن الشرق إلى الغرب، ويبلغ عرضها ٢٥ كيلو مترا من الشمال إلى الجنوب، وأعلى قممهـا الجبليـة جبل الجرمق (١٢٠٨م) في شمال غربي صفد، وهو أعلى القمم الجبليـة في فلسـطين ، ومـن الجرمق تتفرع عدة أودية أقيمت عليه مدينة صفد، وجبل حيـدر (١٠٤٧م) شـمال قريـة الرامة، وجبل عداثر (١٠٠٦م) بالقرب من قرية سعسع.

وكانت هضبة الجليل الأعلى قد تعرضت إلى التصدع وثوران البراكين في الأزمنـة الجيولوجيـة الغابرة. وخلفت هذه الحركات الأرضية بعد أن خمد النشاط البركاني مسطحات بازلتية سوداء فوق سطح الهضبة، وأودية انكسارية تنحدر على طول الانكسارات في طريقها نحو وادي الأردن. لذا فإن الأرض ذات طبيعة وعرة لكثرة صخورها وتنوع أشكال سطحها.

٢- الجليل الأدنى:

يمتد إلى الجنوب من الجليل الأعلى، ويفصل بينهما وادي الشـاغور، وهو أقـل ارتفاعـا مـن الجليل الأعلى، إذ لا يزيد عن ٢٠٠ م فوق سطح البحر، كما أنه أكثر خصبا من القسم الشـمالي. ويبلغ طوله نحو ٥٠ كيلو مترا من الشرق إلى الغرب، ويتجاوز عرضه ١٥ كيلو مـترا مـن الشمال إلى الجنوب، ويتألف من

سلاسل جبلية متوازية وممتدة من الشرق إلى الغرب، حيث تحصر بينها أودية عريضة وسهولا مفتوحة أو شبه مغلقة.

وأهم هذه السلاسل الجبلية: جبل طابور أو الطور (٥٦٢م) إلى الشرق من الناصرة، وجبل الدحى أو حرمون الصغير (٥٥٠م) جنوب الناصرة، وجبل النبي سعين (٥٠٠م) أحدى القمم المحيطة بالناصرة. وأهم الأودية التي تجري في الجليل الأدنى وادي الفجاس ووادي البيرة، وينتهيان في نهر الأردن. ومن سهوله المشهورة سهل حطين الذي دارت فيه معركة حطين وانتصر فيها صلاح الدين الأيوبي على الصليبيين، وسهل البطوف الذي أنشأ الكيان الصهيوني فيه خزان البطوف لخزن مياه نهر الأردن المحمولة إلى النقبب. وقد تعرض الجليل الأدنى لتصدع أرضه في الأزمنة الجيولوجية الغاربة فتكونت السهول التي هبطت على طول الإنكسارات، وتدفقت المصهورات البركانية التي انتشرت بعد أن خمد النشاط البركاني على شكل مسطحات بازلتية سوداء. وانبثقت مياه الينابيع المعدنية الحارة في منطقة الحمة بالقرب من منطقة طبرية.

٣- سهل مرج أبن عامر:

سمي بهذا الاسم نسبة إلى بني عامر من بني كلب الذين نزلوه في أوائل الفتح العربي الإسلامي . ودعى بالمرج نسبة إلى نمو النباتات الطبيعية العشبية فيه وإلى اتساع أرضه التي تحرج فيها الدواب ذهابا وإيابا. وتكون هذا السهل بفعل هبوط الأرض على طول الانكسارات ، ويتميز بانبساط أرضه وتموجها قليلا. وبوجود جوانب له ذات حواف شديدة الإنحدار، تقطعها فتحات طبيعية تمثل ممرات تربط السهل بما حوله من مناطق ، وأشهر ممراته ممر مجدو ووادي نهر المقطع، يصلانه بسهل فلسطين الساحلي ، ووادي سهل زرعين الذي يصله بالغور مارا في بيسان ومن ثم إلى اربد شرقا ودمشق شمالا، كما تصله طريق جنين - سهل عرابة مع أواسط فلسطين وجنوبها.

يفصل هذا المرج كتلة الجليل عن جبال نابلس وجبل الكرمل، ويتروواح ارتفاعه ما بين ٦٠-٧٥ مترا فوق سطح البحر، يبلغ طوله نحو ٤٠ كيلو مترا من الغرب إلى الشرق، ويبلغ عرضه نحو ١٩ كيلو مترا من الشمال إلى الجنوب، وتقدر مساحته بنحو ٣٥١ كيلو مترا مربعا، تنحدر أرضه تدريجيا من منتصفه قرب العفولة نحو الشرق إلى وادي الأردن (غور بيسان) حيث يجري وادي جالود الذي تصب مياهه في نهر الأردن، كما تنحدر أيضا نحو الغرب إلى سهل عكا حيث يجري نهر المقطع ليصب في خليج عكا.

تربته في الغالب صلصالية تناسب زراعة الحبوب، وهي من الترب الخصبة في فلسطين، لذا تركز الإستعمار الإستيطاني اليهودي في المرج منذ أوائل فترة الانتداب البريطاني.

ب- السلسلة الجبلية الوسطى: تمتد هذه المرتفعات الجبلية ما بين مرج ابن عامر شمالا ومنطقة بئر السبع جنوبا، وتقدر مساحتها، بما فيها جبل الكرمل، بنحو ٥٢٩ كيلو مترا مربعا، وتتألف من هضبة مرتفعة تتخللها بعض السهول المغلقة التي تنحصر بين الجبال، كما أن سطحها غير منتظم ، ويتفاوت ما بين الأرض المتموجة إلى الأرض الجبلية الوعرة، وتمكنت الأودية الجافة التي تنحدر نحو البحر المتوسط غربا ووادي الأردن شرقا من تقطيع هذه الهضبة وتعميق مجاريها في التكوينات الكلسية بهذه الهضبة. وتطل الهضبة بجروف وعرة وحواف شديدة الانحدار على وادي الأردن الأدنى نذكر منها الجبل الكبير ورأس أم الخروبة وأم حلال وقرن سرطبة وجبال الواقعة في الجنوب الشرقي من بئر السبع فإن ارتفاعها يتراوح ما بين ٨٤٤-٥٠٠ مترا، ويمكن أن نذكر من بينها جبل أو علاليق (٨٤٤م) وجبال حثيرة (٧١٦م)، ورأس ارديحة (٧١٣م)، وجبل حليقيم (٦٢٥م)، وجبل أم طرفة (٥٢٥م).

وقد تعرضت الهضبة الصحراوية لتصدع الأرض في بعض جهاتها القديمة الصلبة، وبخاصة في النقب الأوسط، ونتج عن وجود هذه الإنكسارات هبوط الأرض في أحد جوانبها وارتفاعها في الجانب الثاني منه.

وقد شقت كثير من الأودية الجافة طريقها على طول امتداد هذه الإنكسارات، كما تتعرض الهضبة إلى عوامل التعربية المائية والريحية، ونتج عنها نحت السيول والرياح لكميات كبيرة من التكوينات الرسوبية ، كالطين والرمال الحصباء، ونقلها إلى مسافات بعيدة حيث يتم ترسيبها في مناطق شاسعة من النقب الشمالي سواء في حوض بئر السبع أو في الجهات الشرقية والشمالية الغربية من النقب، وتكونت عن هذه الترسبات المنقولة ما يعرف بتربة القوس الصحرواية التي تتألف من الرمال والحصى أساسا.

الفصل السابع

الجمهورية العراقية

نبذة تاريخية:

أطلق عليها قديما اسم بلاد ما بين النهرين وبلاد الرافدين قامت فيها حضارات بابلية وآشورية وكلدانية وإسلامية، فتحها المسلمون عام ٦٣٣م.

قامت في بغداد عاصمة دولة الخلافة الإسلامية العباسية.

قام المغول بغزوها واحتلالها.

واحتلها الإنجليز في ١١ مارس ١٩١٧ بعد الحرب العالمية الأولى تحت اسم تنفيذ القرارات الدولية الصادرة من (عصبة الأمم).

استقلت البلاد عام ١٩٣٢ تحت نظام ملكي (١) والذي تأسس في ٢٣ اغسطس ١٩٢١. اندلعت فيها عدة ثورات ومعارك وانقلابات أشهرها ثورة العشرين ضد الإنجليز في ٣٠ يونيو ١٩٢٠. وثورة رشيد عالي الكيلاني ضد الإنجليز في ٢مايو ١٩٤١ وثورة ١٤ تموز ١٩٥٨ ضد الملكية وإعلان الجمهورية.

وفي ٨ فبراير ١٩٦٣ حدثت ثورة ١٤ رمضان ضد حكم الزعيم الركن عبد الكريم قاسم.

وفي ١٨ نوفمبر ١٩٦٣ حدث انقلاب بقيادة عبد السلام محمد عارف.

وفي ١٧ تموز ١٩٦٨حدثت الثورة البيضاء ضد حكومة عبد الرحمن عارف.

استلم المهيب الركن أحمد حسن البكر وبقي الى عام ١٩٧٩م لكنه لاشتداد مرضه تنازل عن الحكم للرئيس صدام حسين المجيد التكريتي.

وفي أواخر العام ٢٠٠٣ تم الإطاحة بصدام حسين بغزو أمريكي بذريعة مكافحة الإرهاب، واحلال حكم محلي بعد لفترة من الزمن إلى أن يتم أنتخاب رئيس جديد.

في العام ٢٠٠٤ تم تنصيب الشيخ غازي عجيل الياور رئاسة الجمهورية بينما السلطة الفعلية تبقى في يد الأميركان.

ثم جرت انتخابات في ظل الاحتلال الامريكي وتم انتخاب جلال الطالباني لرئاسة الجمهورية العراقية.

التركيب الاجتماعي

الإسم الرسمي: الجمهورية العراقية – العاصمة: بغداد.

اللغة الرسمية: اللغة العربية – تعتبر اللغة الكردية في المناطق الكردية هي اللغة الرسمية.

الدين: ٩٧% مسلمون – ٢.٧% مسيحيون – ٠.٣% غير ذلك.

الأعراق البشرية: العرب ٧٧.١% الأكراد ١٩% الأذربيجانيون ١.٧% ، الآشوريون ٠.٨%، ١.٤٠ غيرهم.

التقسيم الإداري:

المحافظات	المركز	المساحة كم٢	السكان%
الأنبار	الرمادي	١٣٨٥٠٠	٣.٧
بابل	الهلال	٦٤٦٨	٤.٧
بغداد	بغداد	٧٣٤	٣٠.٢
البصرة	البصرة	١٩٠٧٠	٨.٤
الدهيكار	الناصرية	١٢٩٠٠	٤.٦
ديالي	بعقوبة	١٩٠٧٦	٤.٤

كربلاء	كربلاء	٥٠٣٤	٢.١
ميسان	العمارة	١٦٠٧٢	٢.٦
المثنى	السماوة	٥١٧٤٠	١.٦
النجف	النجف	٢٨٨٢٤	٣
نينوى	الموصل	٣٧٣٢٣	٨.٦
القادسية	الديوانية	٨١٥٣	٣.٣
صلاح الدين	تكريت	٢٤٧٥١	٢.٨
التأميم	كركوك	١٠٢٨٢	٤.٢
واسط	الكوت	١٧١٥٣	٣.١
داهوك	داهوك	٦٥٥٣	٢.١
اربيل	-	١٤٤٧١	٤.٨
السليمانية	السليمانية	١٧٠٢٣	٥.٧

المساحة الإجمالية: ٤٣٨٣١٧كم٢.

مساحة الأرض: ٤٣٧٣٥٧كم٢.

الموقع:

تقع العراق في منطقة الشرق الأوسط في القسم الفرعي مـن قـارة آسـيا، يحـده مـن الغـرب الأردن وسوريا، ومن الشمال تركيا ومن الشرق إيران، ومـن الجنوب الكويـت والسعودية والخلـيج العربي.

حدود الدولة الكلية: ٣٤٥٤كم منها ١٤٥٨كم مع إيـران و ٤٩٥كـم مـع السعودية (منطقـة محايدة) و ١٣٤ مع الأردن و ٢٤٠كم مع الكويت و ٦٠٥ كم مع سوريا و ٣٣١كم مع تركيا.

طول الشريط الساحلي ٥٨كم.

أهم الجبال:

١) جبال زاغروس.

٢) جبال كروستان.

٣) جبال سنجار.

أعلى قمة : قمة بيجان (٣٦٦٠كم)

أهم الأنهار:

١- نهر دجلة والفرات (٢٧٤٠كم)

٢- نهر قارون.

(أرض الرافدين)

يحتل العراق منخفضا من الأرض تحف به السلاسل الجبلية الألتوائية من الشمال والشرق، وتحف به بادية الشام في الغرب، وينتهي في الجنوب إلى جبهة بحرية ضيقة على رأس الخليج العربي لا يتناسب عرضها مع مساحة المنخفض. وقد امتلأ المنخفض بالرواسب التي حملتها مياه الأنهار، وألقت بها في هذه الطية المقعرة الواسعة ، ولكن الرواسب لم تملأ المنخفض بدرجات متساوية، فهي في بعض الجهات سميكة يتجاوز سمكها عدة مئات من الأمتار، وهي في جهات آخرى رقيقة للغاية حتى لا تزال مناطق واسعة من المنخفض تشغلها مياه الأهوار والبحيرات.

ويجري في المنخفض نهران من أهم الأنهار العربية هما دجلة والفرات، وكلاهما ينبع من خارج أراضي الوطن العربي، ويقع الجزء الأكبر من حوضيهما في الأراضي غير العربية.

وتبلغ مساحة حوض نهر دجلة نحو ٣٤٠ ألف كيلو متر مربع تتوزع بين دول ثلاث هي: العراق ولها ٤٥% وإيران ولها ٣٤% وتركيا ونصيبها ١٢%، ويبلغ طول النهر زهاء ١٧٠٠ كلم يقع منها في خارج الأراضي العراقية نحو ٣٠٠ كيلومتر.

أما الفرات فأوسع حوضا من دجلة، إذ تبلغ سعة حوضه نحو ٤٤٤ ألف كيلو متر مربع منها ٤٦.٣% في الأراضي العراقية، و٢٧.٤% في تركيا، و١٦% في سورية، ١٠.٣% في المملكة العربية السعودية. وهو أيضا أطول من دجلة، فطوله نحو ٢٣٥٠ كيلو مترا يقع منها في تركيا ٥٥٠كيلومتر وفي سورية ٧٠٠ كيلو متر . أما الجزء الباقي وطوله ١١٠٠ كيلو متر فيقع في العراق. والفرات بهذه الصورة هو ثاني الأنهار العربية طولا بعد النيل.

وينبع النهران من مرتفعات أرمينيا في أسيا الصغرى وتغديهما الثلوج التي تتوج هذه المرتفعات في فصل الشتاء. ويجري النهران في طرق غير منتظمة حول الإلتواءات الأناضولية التي تأخذ الاتجاه الغربي - الشرقي بصفة عامة, ولكن النهرين في النهاية يميلان نحو الجنوب الشرقي. وقد تعترض جريانهما طفوح اللابة فتغير من الإتجاه, وتبدو هذه الظاهرات بوضوح في نهر الفرات جنوب شرقي ملطية حيث توجد اللابة التي قذف به بركان كركالي وهنا نجد الفرات ينثني فجأة نحو الجنوب الغربي. ويعد حوله طويلة في هضاب الأناضول يهبط النهران إلى الهضاب القليلة الإرتفاع في شمالي الجزيرة ثم يحافظان على الاتجاه الجنوبي الشرقي حتى الخليج العربي.

وأثناء اجتياز الفرات الأراضي السورية يتلقي على الجانب الأيسر رافدان مهمان هما البليخ والخابور وكلاهما ينبع من هضاب الأناضول. ولا يتصل بالنهر على جانبيه الأيمن منذ دخوله الأراضي العربية أي رافد بل أن آخر روافده على هذا الجانب يلتقي به في الأراضي التركية عند قرقميش ولكن يوجد عدد من الأودية الفارغة منحدرة من بادية الشام مثل وادي الصواب ووادي حوران ووادي الخريمي

ووادي الأبيض وهي تمد النهر بالماء ولكن وجودها دليل على أنها كانت في القديم من الروافد التي تغذيه. والخابور هو آخر الروافد التي تصب في الفرات على جانبيه. ومن ثم فإن تصرف النهر مـن بعد التقائه بالخابور يقل بالتدريج

المناخ:

يختلف المناخ من منطقة إلى أخرى، فالمناطق الغربية والغربية الجنوبيـة مناخهـا صـحرواي قاري شديد الحرارة صيفا وبارد قليل الأمطار شتاء، والمناطق الوسطى والجنوبية ذات منـاخ حـار صيفا معتدل الحرارة شتاء وأمطاره أكثر غزارة من سابقتها، أما المناطق الشمالية فمعتدلـة الحـرارة صيفا وغزيرة الأمطار شتاء مع تساقط الثلوج فوق المرتفعات وأحيانا تسقط في فصل الصيف.

طبوغرافية السطح:

يتألف سطح العراق من سهول دجلة والفرات، كما توجد مستنقعات في الجنـوب الشرقي ، وتقع المرتفعات الجبلية في شمال شرقي البلاد على الحدود مع إيران وتركيا.

المواصلات:

دليل الهاتف: ٩٦٤.

سكك الحديد: ٢٩٦٢كم.

طرق رئيسية: ٢٥٤٧٩كم.

ممرات مائية:١٠١٥كم.

أهم المرافئ : أم قصر، خور الزبير، والبصرة.

المطارات: مطار بغداد الدولي، ومطار البصرة، والموصل، ومطار الحبانية.

الاستقلال: ٣ تشرين الأول عام ١٩٣٢م (من إنكلترا).

تاريخ الإنضمام إلى الأمم المتحدة: ١٩٤٥م.

مؤشرات سياسية

كان العراق جزءا من الدولة العثمانية وفي عام ١٩٢٠ أقام الملك فيصل بن الحسين مملكة في العراق من خلال معاهدة مع بريطانيا وفي عام ١٩٣٢ استقل العراق شارك في عصبة الأمم.

حكم العراق من ١٩٢١ إلى ٢٠٠١.

الحاكم	مدة الحكم	الخروج من السلطة
فيصل الاول	١٩٢١-١٩٣٣	وفاة طبيعية
غازي الأول	١٩٣٣-١٩٣٩	وفاة بحادث سيارة
فيصل الثاني	١٩٣٩-١٩٥٨	انقلاب عسكري أدى إلى قتله
عبد الكريم قاسم	١٩٥٨-١٩٦٣	انقلاب عسكري
عبد السلام عارف	١٩٦٣-١٩٦٦	اغتيال
عبد الرحمن عارف	١٩٦٦-١٩٦٨	انقلاب سياسي عنيف
أحمد حسن البكر	١٩٦٨-١٩٧٩	أجبر على الاستقالة
صدام حسين	١٩٧٩-٢٠٠٣	احتلال عسكري
الشيخ غازي اليارو	٢٠٠٣-٢٠٠٤	إجراء انتخابات
جلال الطالباني	٢٠٠٥	

طالب الملك فيصل الأول بالإلغاء الإنتداب البريطاني مع التوقيع على تحالف مع بغداد، وقد وافقت بريطانيا وظهر التحالف البريطاني العراقي إلى الوجود عام ١٩٢٢ وفي عام ١٩٢٥ أجريت أول انتخابات برلمانية.

توفي الملك فيصل سنة ١٩٣٣ وخلفه ابنه غازي الأول الذي ألغى الأحزاب وفرض نوعا من الحكم الشمولي في البلاد، مما أدى إلى ثورة القبائل الكردية وعزز من مكانه الجيش. واستمر الملك غازي في الحكم حتى توفي في حادث سيارة سنة ١٩٣٩.

تولى فيصل الثاني ابن الملك غازي الحكم تحت الوصاية وهو لم يبلغ الثالثة من عمره، وكان نوري السعيد هو الذي يدير الدولة، واندلعت في هذه الأثناء (١٩٤١) ثورة رشيد عالي الكيلاني، واستمرت حالة من عدم الإستقرار تخيم على الأوضاع السياسية في العراق تخللتها ثورة القبائل الكردية عامي ١٩٤٥/ ١٩٤٦ ثم معاهدة التعاون العسكري المشترك بين العراق والأردن عام ١٩٤٧، وانتفاضه أكتوبر / تشرين الأول ١٩٢٥ التي طالبت بانتخابات مباشرة والحد من صلاحيات الملك، وفي عام ١٩٥٨ وقع العراق والأردن على اتحاد فيدرالي فيما بينهما إلا أن الإنقلاب العسكري الـذي قاده عبد الكريم قاسم عجل بسقوط الملكيـة بعد أن قتل الملـك فيصل الثاني وخاله عبد الإلـه ورئيس الوزراء نوري السعيد ثم أعلنت الجمهورية.

قاد حزب البعث انقلابا على عبد الكريم قاسم في ٨ فبراير/ شباط ١٩٦٣، وأصبح عبد السـلام عارف الذي لم يكن بعثيا رئيسا للعراق، وبعد موت عبد السلام عارف في عام ١٩٦٦ تولى الحكم من بعده أخوه عبد الرحمن عارف.

وفي ١٧ يوليو/ تموز ١٩٦٨ قاد حزب البعث بالتنسيق مع بعض العناصر غير البعثيـة انقلابا ناجحا بقيادة أحمد حسن البكر الذي أصبح رئيسا جديدا للبلاد. استمر حكم البكر حتى عام ١٩٧٩ حينما أجبر على الاستقالة ليخلفه الرئيس الحالي صدام حسين.

الباب الثالث

الفصـل الثامن

بلاد شبه الجزيرة العربية

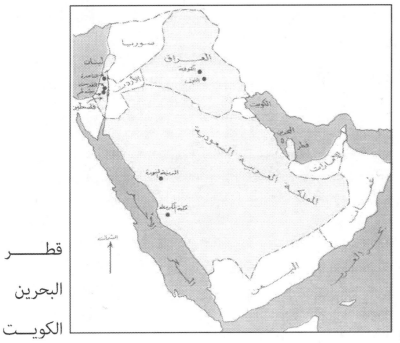

قطــر	السعودية
البحرين	اليمــن
الكويــت	عُمــان

الإمارات العربية المتحدة

تضاريس شبه جزيرة العرب

هي كتلة مترامية الأطراف تمتد من البحر الأحمر حتى الخليج العربي، والمحيط الهندي، وتصل في أمتدادها شمالا حتى نواحي حلب، ويحددها في كل الجهات عدد من الصدوع واضحة المعالم يمكن تتبعها من وادي نهر الأردن ثم على طول ساحل البحر الأحمر حتى عدد في الجنوب، وعلى طول ساحل البحر العربي حتى عُمان في الشرق، ثم في أجزاء من الخليج العربي، ثم يمكن أن نراها أخر الأمر، ولكن بشكل أقل وضوحا في الحافة الغربية لوادي الفرات حتى العراق الأوسط.

ولعل المنطقة الوحيدة التي تخلو من هذه الظاهرة هي الجهات الشمالية حيث تتدرج هضبة جزيرة العرب إلى أراضي الحماد السورية، ثم بعض الأجزاء في الشمال الشرقي حيث تنتهي الهضبة إلى سهول الخليج العربي، وبسبب وجود هذه الصدوع يذهب بعض الكتاب إلى ان شبه جزيرة العرب هي (هورست) كبير للغاية تحيط به أحواض منخفضة غارقة في الجنوب والشرق والغرب، أما في الشمال فيوجد جزء من السطحية المقعرة القديمة التي كان يحتلها بحر تيش الجيولوجي.

ويقع معظم وسط الجزيرة وغربها على ارتفاع يتروح بين ٦٠٠م و ٩٠٠م فوق سطح البحر وأن تكون هناك جروف تزيد عن ذلك كثيرا، ولكن الهضبة قد حالت حتى أصبحت حافات الجانب الغربي أكثر ارتفاعا من حافات الجانب الشرقي، ووجود الصخور النارية هو الظاهرة السائدة على طول الجانب العربي من شبه الجزيرة، من جنوب غربي سورية حتى عدن، وقد أدى تدفق الطفوح على طول خطوط الإنكسارات إلى رفع مستوى السطح في بعض الجهات ، وتكوين هضاب بازلتية واسعة تعلوها أحيانا مخروطات بركانية قد يتجاوز ارتفاعها

١٥٠٠ متر ولكن هـذه الآثـار البركانيـة تقل في اليابس حتـى تكـاد تختفـي تمامـا في القسـم الشرقي من شبه الجزيرة.

ومع أن الهضبة العربية خالية الآن مـن الانهار الجاريـة فهـي مقطعـة إلى حـد كبـير بفعل التعرية المائية كما يدل على ذلك وجود الأودية العميقة العديدة والتي لا يزال الكثير منها تبطنه طبقات من الصلصال، وأكثر هذه الأودية نضجا هي التي تتبع ميل الهضبة في الشرق وفي الشمال الشرقي ومن ثم تنفتح على الخليج العربي وحوض الفرات، ويلوح أن بعض هـذه الأوديـة قد نشـا نشأة تكتونية في أول الأمر ثم عملت فيه عوامل التعرية المائية فوسعته وعمقته، ومـن ثم عملـت فيه وادي الباطن ووادي السرحان.

ويمكن أن نقسم شبه الجزيرة العربي، إلى عدة أقسام تتميز عن بعضها البعض وهي:

١- المرتفعات والسواحل الغربية.

٢- المرتفعات والسواحل الجنوبية.

٣- إقليم عمان.

٤- السهول الساحلية الشرقية.

٥- الهضاب والصحاري الوسطى.

١- المرتفعات والسواحل الغربية.

العمود الفقري لهذه المنطقة هو سلسلة جبال السراة التي تمتد من أقصى شمال شبه الجزيرة حتى بوغاز باب المندب في أقصى الجنوب ، وتمثل الحافة الشرقية للأخدود الإفريقي العظيم وهي مقسم المياه بين الأودية التي تنحدر غربا إلى البحر الأحمر والأودية ذات التصريف الداخلي التي تنحدر في اتجاه الهضبة نحو الشرق.

وتنتهي جبال السراة في الغرب إلى سهل ساحلي رملي منخفض يختلف اتساعه من جهة إلى أخرى ويعرف باسم " تهامة" أما في الداخل فتنتهي إلى هضبة مرتفعة تنحدر انحدارا بطيئا نحو الشرق، وتكسوها (الحرارة) في جهات متعددة.

١- إقليم مدين في شمال خط عرض ٢٤° شمالا.

٢- إقليم الحجاز فيما بين خطى عرض ٢٤° و ٢٠° شمالا.

٣- إقليم عسير فيما بين خطى عرض ٢٠° و ١٨° شمالا.

٤- إقليم اليمن إلى الجنوب من خط عرض ١٨° شمالا.

١- إقليم مدين:

هو منطقة عالية تكونها حافة الهضبة، تنتمي صخورها إلى ما قبل الكمبرى، وتحمل السلسلة الجبلية أسماء مختلفة عرفت بها منذ القدم وظلت لها حتى اليوم. فهي عند معان ونواحيها تحمل اسم جبال الشراه ثم يليها إلى الجنوب جبال الحسمة التي ترتفع في المتوسط إلى الألفي متر.

وإلى الغرب من الجبال يوجد عدد من الإنكسارات السلمية التي تنحدر فجائيا إلى سهل ساحلي ضيق للغاية يتقطع في كثير من الجهات، وتنحدر إليه الأودية التي حفرت مجاريها العميقة في الحافة الغربية للمرتفعات والتي تجري أحيانا بالماء، ومع أن هذا الماء لا يدوم طويلا فإن اندفاعه الشديد جعل منه عامل تعرية واسع النشاط، مما أدى إلى أن تتغطى بطون الأودية برواسب غير متدرجة يختلط فيها الصلصال بالحصى والحصباء.

٢- الحجاز.

ولا يختلف الحجاز عن مدين في بنائه الجيولوجي، ولا في مظاهره الطبوغرافية غير أن نطاقات تضاريسه يختلف مظهرها وإن لم يختلف ترتيبها، فإلى الجنوب من خط عرض ٢٤° ش. يقل ارتفاع النطاق الجبلي بالتدريج فلا

يتجاوز التسعمائة متر في المتوسط وقد يتجاوز هذا المعدل في جهات متفرقة وبخاصة في الداخل كما هي الحال حول مكة المكرمة.

وتنتهي الجبال في الشرق إلى الهضبة الداخلية حيث يوجد عدد من الحرات أو فر من حرات الشمال ومنها حرة خيبر أعظم حرات الجزيرة العربية وأكبرها مساحة ويفصلها عن المدينة المنورة المجرى الأعلى لوادي الحمض. وإلى الجنوب منها منطقة سهلية تفصلها عن حرة بني سليم التي تسمى أحيانا حرة المدينة وهي لا تقل كثيرا في مساحتها عن حرة خيبر ولكنها أكثر منها ارتفاعا في بعض جهاتها. وفي جنوب المدينة عدد أخر من الحرات منها حرة النواصف وعندها يبدأ وادي الدواسر الذي ينحدر إلى قلب شبه الجزيرة.

أما في الغرب فتنتهي الجبال إلى سهل ساحلي أوسع كثيرا مما كان عليه في الشمال في أرض مدين، وقد أد انخفاض الحاجز الجبلي إلى أن أصبح اتصال السهل بالداخل ميسورا، وتعرف هذه المنطقة باسم (تهامة الحجاز) وهي بداية وسط شبه الجزيرة، ولا يرجع هذا إلى انخفاض سطحها فحسب بل وإلى موقعها المتوسط من جزيرة العرب مما يجعلها تقع على أقصر طريق يربط البحر الأحمر بالخليج العربي. ومن هنا كانت أهمية جدة ومكة لوقوعها على هذا الطريق.

٣- عسير:

وإلى الجنوب من الحجاز أي إلى الجنوب من خط ٢٠° ش، تعود الأرض إلى الإرتفاع بشكل واضح مرة أخرى, وتكون كتلة جبلية كبيرة تعرف باسم عسير. ولا يمكن أن نخطئ المظهر العام للتضاريس فهو هنا لا يزال هضبة مائلة متقطعة مع حافات إنكسارية شديدة الإنحدار تواجه الغرب. ولكن معظم جهات عسير يقع على ارتفاع أكثر من ١٥٠٠ متر فوق سطح البحر، بل وتصل بعض القمم إلى الثلاثة آلاف متر. وقد أدى ارتفاع جبال عسير عن جبال الحجاز أن أصبح يصيبها قسط أكبر من المطر الذي يسقط في فصل الصيف، ونتج عن ذلك وجود عدد

من المجاري المائية القصيرة، تجري لبضعة شهور من السنة ولكن لا يصل أحدها إلى البحر إلا في حالات نادرة.

ويفصل بين الجبال والبحر (تهامة عسير) وهي سهل يمتد لمسافة ٣٥٠ كيلو متر على عرض ٧٥ كيلو متر تقريبا ويصل تهامة الحجاز بتهامة اليمن. وقد تقطعه الحراث فتمتد حتى تصل إلى البحر، وينحدر إليه عدد من الأودية القصيرة، ولكن أهم أودية عسير هي التي تنحدر إلى الداخل، ومنها وادي بيشة الذي ينبع في السفوح الشرقية والشمالية والشرقية ويجري إلى الشمال والشمال الشرقي حتى ينتهي إلى واد أخر كبير هو وادي الدواسر الواقع إلى الجنوب من نجد والذي تجري في اتجاهه معظم الأودية الرئيسية كوادي بيشة ووادي رانية ووادي شهران وفي أقصى الجنوب من ساحل عسير توجد مجموعة من الجزر الكبيرة والصغيرة هي جزر فرسان.

٤- اليمن:

وإلى الجنوب من عسير توجد اليمن ، وهي من الناحيتين البنيوية والطبوغرافية شبيهة بعسير إلى حد كبير، فبنية الهضبة المائلة تستمر كما هي ، ولكن توجد مساحات واسعة يتراوح ارتفاعها بين ألفين وثلاثة آلاف متر فوق سطح البحر، وتوجد أعلى قمة في جزيرة العرب كلها وهي جبل النبي شعيب على بعد نحو ٥٠ كيلو مترا إلى الجنوب الغربي من صنعاء، ويبلغ ارتفاعه نحو ٤٢٠٠م.

وقد تأثرت الهضبة اليمنية بالعوامل البركانية بشكل واضح وهي في هذا شبيهة بالهضبة الأثيوبية على الجانب الآخر من البحر الأحمر، ويتراوح سمك التكوينات البركانية بين ٣٠٠م و ١٠٠٠م . وهي لا تنتمي إلى عصر واحد بل أن بعضها قديم أثرت فيه عوامل التحات تأثيرا بالغا، وبعضها أحدث لم يتأثر بعوامل التعرية إلا بقدر، وبعضها أحدث لم يتأثر بعوامل التعرية إلا بقدر، فتشققت المخروطات البركانية ولكن ظلت فوهاتها سليمة تملؤها الرمال، وبعض

البراكين أكثر حداثة فلا يزال له شكله المخروطي، وقد ملأت حممه الأودية، ولا يزال وجود الينابيع الحارة في الجنوب مما يدل على أن النشاط البركاني لم ينته بعد.

وقد عرت المجاري المائية سطح هضبة اليمن تعرية عميقة ولكن لا تزال هناك مناطق واسعة مستوية السطح كثير منها مزروع زراعة كثيفة. وتنحدر الهضبة انحدارا شديدا نحو البحر الأحمر، وتترك بينها وبينه سهلا ساحليا هو امتداد للأراضي الساحلية في عسير ولكنه هنا أكثر اتساعا. ونجد نفس المجاري المائية التي تنحدر من السفوح العليا للهضبة ولكنها تستطيع أن تجتاز السهل الساحلي لتصل إلى البحر. وتمثل مجاريها الدنيا مناطق إستقرار بشري، وعلى جروفها تقوم المدن الكبرى كصنعاء (٢٤٠٠م) وتعز (١٣٥٠م) ويقع بالقرب من ساحل تهامة اليمن عدد كبير من الجزر الصغيرة أهمها جزيرة بريم التي تتحكم في مدخل بوغاز باب المندل ، وجزر ذقر وحنش شمال ميناء المخا وجزر القمران جنوب ميناء اللحية.

أما انحدار الهضبة إلى الداخل فتدريجي، وينحدر على سفوحها عدة أودية طويلة غير عميقة تنحدر شرقا وشمالا بشرق ومن أهمها وادي بيحان ووادي نجران.

٢- المرتفعات والسواحل الجنوبية.

وأهم ما يميزها انخفاضها التدريجي نحو الشرق، ففي أقصى الغرب تبدو وكأنها جزء من هضبة اليمن العالية حتى إذا وصلنا إلى خط طول ٥١° شرقا عند سيحوت نجد أن متوسط ارتفاع الحافة الجبلية لم يعد يتجاوز ٢٧٠ مترا فوق سطح البحر فإذا بلغنا خليج صوقرة عند خط عرض ٥٧° شرقا لم يعد ارتفاع الهضبة ليزيد على ٦٠ مترا فوق سطح البحر.

وخلف هذه المنطقة الساحلية حافة عالية تنخفض هي أيضا في اتجاه الشرق فبعد ان كان ارتفاعها ألفي متر في حضر موت تصبح نحو ١٥٠٠ متر في جبل القمر في ظفار. وهي من ناحية أخرى تتدرج في الإنخفاض نحو الداخل إلى رمال الأحقاف والربع الخالي.

وهناك ظاهرة طبوغرافية مميزة للجزء الجنوبي الغربي من بلاد العرب وهي وادي حضر ـ موت الواضح المعالم، والذي يجري موازيا للساحل الجنوبي وعلى بعد نحو مائتي كيلو متر منه ويمتد لمسافة ٣٢٠ كيلو متر قبل أن ينحرف انحرافا فجائيا نحو الجنوب الشرقي مخترقا المرتفعات الساحلية لينتهي إلى المحيط الهندي عند سيحوت. ويلاحظ على هذا الوادي أن الجزء الأعلى من حوضه أكثر اتساعا من الجزء الأدنى، وأن مستوى انحداره في أعاليه أقل منه في أسافله، مما يبعث على الظن بأن الوادي تكون نتيجة أسر نهري حدث في المنطقة بين نهرين أحدهما صغير يحفر متراجعا في المرتفعات الساحلية الجنوبية حتى استطاع آخر الأمر أن يحول إلى المحيط الهندي نهر أخر كبير كان يتجه من الغرب إلى الشرق على طول خط ميل الهضبة العربية حتى يصب في خليج عمان.

وتمثل الحافة العالمية الأساس قبل الكمبري للهضبة العربية حيث يوجد الجرانيت والصخور المتحولة تعلوها صخور رسوبية من الحجر الجيري الأيوسينية وهي تشغل أكثر السطح، ويتدخل في هذه الصخور كتل من البازلت، وتعلوها بعض المخروطات البركانية، فقد تعرضت المنطقة لكثير من التصدع في أواخر الزمن الثالث. وبالقرب من الساحل تصبح الظاهرات الدالة على الاضطراب واضحة فتوجد الفوالق والانكسارات السليمة، ولكن الصخور في الداخل تكاد تكون أفقية في وضعها وتأخذ هذه الصدوع بصفة عامة اتجاها من الجنوب الغربي إلى الشمال الشرقي ويقل عددها وعمقها كلما اتجهنا نحو الشرق. والواقع أن الظاهرات البركانية في غربي حضر موت أكثر منها في أي جهة

أخرى في الإقليم . وتظهر بصفة خاصة في مخروطين كبيرين في شبه جزيرة عدن وفي عدد من المخروطات البركانية الأصغر في المنطقة بين عدن والشيخ سعيد وفي الجزر الصغيرة القريبة من الساحل.

والواقع أن المنطقة كلها متأثرة بالحركات الإنكسارية التي كونت خليج عدن والبحر العربي وهي تكملة للإنكسارات الموجودة في الصومال والتي تختفي تحت مياه الخليج مكونة وهادا عميقة في القاع يصل عمقها أحيانا إلى أكثر من خمسة آلاف متر.

وفي غرب المنطقة يترك السهل الساحلي الذي يتراوح عرضه بين ١٠ و١٥ كيلو متر مكانه لهضبة يتروح ارتفاعها بين ١٢٠٠ و ٢١٠٠ متر فوق سطح البحر،وقد قطع هذه الهضبة عدد كبير من الأودية الجافة تخلو في الغالب من الحياة النباتية. وإلى الشمال من الهضبة يجري وادي حضر-موت.

ج- إقليم عمان:

تقع عمان في أقصى جنوب شرقي الجزيرة العربية وتختلف في بنيتها عن سائر أجزاء الجزيرة بل وتفصلها عنها صحراء الربع الخالي، مما أعطاها نوعا من العزلة أكسبتها شخصية جغرافية متميزة.

وتتكون عمان من مجموعة من الصخور الالتوائية تنتمي إلى عدد من العصور وترجع نواتها إلى ما قبل الكمبري وتعلو النواة طبقات أحدث معظمها من الصخور الجيرية كما يوجد كثير من الصخور البركانية تنتمي إلى الزمن الثاني . وتتمثل الصخور الأيوسينية والميوسينية في الجبل الأخضر . وقد حدثت تصدعات كثيرة على نطاق واسع مما أوجد اضرابا في نظام الطبقات في الشمال في منطقة شبه جزيرة مسندم، ونتج عن هذه الاضطرابات ظهر أودية تكتونية وهورست مرتفعة، كذلك غمر البحر المناطق الساحلية فكثرت فيها الخلجان الطويلة

العميقة جوانبها من الصخور العالية شديدة الإنحدار مما يجعلها شبيه بفيوردات غربي النرويج.

هذه الخلجان العميقة أو المصبات الخليجية تمثل جهات صالحة لقيام المرافئ الطبيعية ولكن يحول دون قيامها عدم وجود اتصال سهل بينها وبين الداخل، إذ أن الكثير منها ينتهي بحوائط صخرية عالية وهذا هو شأن مسقط، لها مرفأ جيد من الناحية الطبيعية ولكن يقلل من قيمتها صعوبة اتصاله بالداخل.

أما داخل عمان فمعظمه هضبة مرتفعة متوسط ارتفاعها نحو ١٢٠٠ متر ولها سلسلة فقرية هي الجبل الأخضر الواقع إلى الجنوب الغربي من مسقط والذي ترتفع قممه إلى نحو الثلاثة آلاف متر . وقد عملت عوامل التعرية على تسوية سطح هذه القمم فأصبحت شبيهة بالقباب الضخمة.وتكثر في الهضبة الأودية العميقة ذات الجوانب الشديدة الأنحدار ويتعاقب معظمها في اتجاه من الشمال الشرقي إلى الجنوب الغربي , ويتجه بعض هذه الأودية إلى خليج عمان وبحر عمان مثل وادي سمائل في غرب مسقط ووادي حلفين في الجنوب الشرقي. وينتهي البعض الآخر إلى الصحراء الربع الخالي مثل وادي العين ووادي الأسود ووادي العميري ووادي مسلم.

ويظن أن المطر في عمان أقل منه في اليمن ولا توجد أرقام نستطيع أن نتخذها أساسا للحكم ، ولكن كمية المطر الساقط سمحت بظهر الينابيع، وكثير منها تحتوي مياهه على أملاح معدنية. وتعتمد واحات الإقليم على مياه هذه الينابيع وعلى ما يخزن من مياه الأمطار.

د- السهول الساحلية الشرقية.

تطل شبه جزيرة العرب على مياه الخليج العربي في الشرق بجبهة لا يزيد ارتفاعها في أي جهة من جهاتها على المائتي متر . وذلك في الأقليم الممتد من رأس مسندم حتى شط العرب والإقليم في جملته سهل مموج تقطعه في بعض الأحيان

تلال قليلة الإرتفاع وتغطيه الرمال والحصى- في الجزء الشمالي الغربي منه، وعلى جانبه البحري منطقة من البحيرات الساحلية والسبخات المالحة، وأكبرها سبخة مطي التي تكون جدا طبيعيا بفصل ساحل الإحساء عن ساحل عمان. ويلقي شط العرب برواسبه فيبنى الساحل ويؤدي إلى تكوين كثير من الجزر والشطوط الرملية والحواجز المختلفة مما تترتب عليه تكوين المناقع الساحلية التي أشرنا إليها.

ويتميز هذا الجانب الشرقي من الجزيرة العربية وبخاصة في جزيرة البحرين وفي الإحساء بموارده الوفيرة من المياه الجوفية، بل وربما تفجرت الينابيع من قاع الخليج العربي نفسه فتندفع مياهها العذبة فوق مياهه المالحة. ويكاد يجمع الكتاب على ان مصادر هذه المياه لا يمكن أن تكون من حوض محلي له حدود معينة كحوض فلسطين مثلا ويرجعون بها إلى المرتفعات الغربية وهضاب نجد.

ولما كانت كمية المطر الساقط أقل من ١٠٠ ملليمتر فإن الزراعة يتعذر وجودها إلا حيث توجد الينابيع أو يمكن حفر الآبار. وأوسع المناطق التي يتوافر فيها الماء بالقدر الذي يسمح بالزراعة هي جزيرة البحرين واليابس المواجه لها في الإحساء. وهناك منطقة أخرى للمياه الجوفية تمتد لمسافة ١٥ كيلو متر تقريبا في إمارة الشارقة. أما المنطقة من رأس مسندم حتى قاعدة شبه جزيرة قطر فقليلة الإنتاجية ولهذا كاد الإقليم الساحلي من أبو ظبي حتى شبه جزيرة قطر يخلو من السكان.

وإذا تتبعنا هذه المنطقة بدءا من مضيق هرمز فنحن أولا في ساحل عمان الذي قد يسمى أحيانا ساحل الصلح البحري وهي تسمية لم يعد لها ما يبررها في الوقت الحاضر، ويتكون هذا الساحل من أرض رملية منخفضة، وكثيرا ما تقترب منه أطراف الربع الخالي حتى تقطعه وتشرف مباشرة على مياه الخليج. ويأخذ الساحل في مجموعة اتجاها من الشمال الشرقي إلى الجنوب الغربي من

رأس مسندم حتى نواحي أبي ظبي ثم يتحول إلى الغرب حتى قاعدة شبه جزيرة قطر . وتفصل رأس مسندم الخليج العربي عن خليج عمان ويؤدي بروزها إلى تكوين مضيق هرمز وتتكون من كتلة جبلية تعرف باسم جبل حازم وتنتهي ببروز يحمل اسم رأس الخيمة.

وعلى طول الساحل وإلى الشرق من قطر تمتد هضبة حصوية هي هضبة المجن ويمدها في الشرق سبخة مطى وهي مستنقع ملحي واسع يبلغ اتساعه زهاء ٦٠ كيلو مترا ويتوغل في الداخل حتى رمال الربع الخالي.

هـ- الهضاب والصحاري الوسطى

ليست المنطقة الوسطى من شبه الجزيرة العربية على شاكلة واحدة، ففي الشمال تقع "بادية الشام" وهي منطقة مستوية مكشوفة بعضها صحراء محضة والبعض الآخر يغطيه نوع من عشب الاستبس، والى الجنوب من ذلك فيما بين الجوف وحائل يمتد "النفوذ الكبير" وهو منطقة رمال مفككة أو صخور عارية يتفرع منها نحو الجنوب شريطان رمليان يتخذان الشكل الهلالي ثم ينتهيان الى "الربع الخالي". وبين النفوذ والربع الخالي يمتد "اقليم نجد" بهضابه وواحته. ومعنى هذا أن لدينا في الاقليم الاوسط من شبه الجزيرة العربية أربعة أقاليم ثانوية متميزة هي:

- بادية الشام.
- صحراء النفوذ.
- الربع الخالي.
- نجد.

بادية الشام:

ومعظمها أرض سهلة تأخذ في الارتفاع التدريجي نحو الشمال. فبينما لا يزيد ارتفاع الجوف على ٦٠٠ متر فوق سطح البحر يصل ارتفاع الارض الى ٩٠٠ متر

فيما بين الرطبة ودمشق ثم تأخذ الارض في الانحـدار البطيء في شمال تـدمر نحـو حـوض الفرات.

ويبدو الجزء الشمالي من بادية الشام كسهل واسع يقطعه عـدد مـن الاوديـة الضـحلة التي تنحدر بصفة عامة نحو الشمال الشرقي، والتي امتلأت جزئيا بالرسابات التي حملتها التعرية المائية. وقد ترتفع هذه السهول فتبدو وكأنها الهضاب، وهنا وهناك تـبرز بعض الجبـال المنعزلـة المتفرقة، وقد تتخللها بعض التكوينات البركانية كما هي الحال في منطقة جبل الـدروز (جبل العرب) التي تمتد على طول الاخدود حتى غوطة دمشق، وكما هي الحال في المرتفعات الاخرى الصغيرة القريبـة منها مثل الصفاة واللجاة وغيرهما.

والى الشرق من حمص تتفرع بعض الجبال من أهمها جبـل بلعـاس (١٠٩٨م) وجبـل الشعـر (١٢٧٩م) وجبل البويضة (١٣٢٦م) وتلتقي هذه الجبال بالجبال المتفرعة من عند دمشق مكونة مـا يعرف بالسلاسل التدمرية ثم يستمر الارتفاع ممثلا في جبل البشرى (٨٦٠م) الذي يمتد حتى حافة حوض الفرات.

وتنتهي بادية الشام في الشمال الغربي الى سهول حلب وسهول حـماة وحمص وتنتهـي في الشمال الشرقي الى أرض الجزيرة وسهول الفرات.

صحراء النفوذ:

معنى النفوذ الرمال الكثيفة الصعبة المسالك، تسفيها الرياح فتكون منها كثبانا متسلسلة. وكانت هذه المنطقة تعرف قديما باسم "رملة عالج" وتمتد على طول ٢٥٠ كيلومترا تقريبا من الشمال الى الجنوب. وأقصى امتداد لها من الشرق الى الغرب زهاء ٦٠٠ كيلومتر. وتتكون من تلال صخرية من الحجر الرملي الصلب في الغالب، وقد نشأ عن عوامل التعرية سلسلة من الحافات القائمة عرتها الرياح فكونت منها قننا وأبراجا عجيب الاشكال. وبين الحافات احواض منخفضة تتغطى في الغالب برمال غير متماسكة قد تتجمع أحيانا في شكل

كثبان هلالية (برخان) مرتين في السنة وأحيانا ينحبس لعدة سنوات، وتؤدي طبيعة الاحواض المقفولة الى زيادة مدى الحرارة، وتتميز المنطقة بالرياح العنيفة التي تنشأ بسرعة وتنتهي بسرعة كذلك. ونظرا لمحلية هذه الرياح واختلاف اتجاهاتها فإن الكثبان الرملية تصطف في اتجاهات مختلفة وهي في هذا تختلف عن كثبان الصحارى المصرية مثلا حيث تتميز الرياح بثبات نسبي في الاتجاه.

ويتفرع من النفوذ الكبير في طرفه الشرقي شريط من الرمال الحمراء يمتد نحو الجنوب مكونا قوسا فتحته الى الشرق ويعرف بصحراء الدهناء أو النفوذ الصغير وتمتد الدهناء نحو ١٣٠٠ كيلومتر حتى تنتهي الى رمال الربع الخالي ويتراوح اتساعها بين ٢٥ و ٨٠ كيلومترا ومتوسط ارتفاعها ٤٥٠ مترا فوق سطح البحر.

ورمال النصف الشمالي من الدهناء من النوع الثابت ويندر وجود الكثبان التي تدل على الرمال المتحركة وعلى العكس من ذلك القسم الجنوبي الذي تظهر فيه الكثبان الرملية في الجانب الغربي من الصحراء وتزداد هذه الظاهرة وضوحا كلما توغلنا نحو الجنوب. ورمال الدهناء بعامة من النوع الدقيق أو المتوسط، ويميل لونها الى الحمرة بسبب وجود أكاسيد الحديد.

وتنتهي الدهناء في الشرق الى هضبة الصمان التي يتراوح عرضها بين ٨٠ و ٢٥٠ كيلومترا. وفي كثير من جهات الصمان قريبا من الدهناء تصبح الارض مستوية، ولكن التعرية المائية وغيرها من عوامل التعرية قد قطعتها فجعلت شكلها غير منتظم وتتدرج هضبة الصمان في الانحدار شرقا حتى تنتهي الى سهول الاحساء.

وتتدرج هضبة الصمان في الانحدار شرقا حتى تنتهي الى سهول الانفاذ الطويلة الضيقة تنتهي هي أيضا الى الربع الخالي وتحمل أسماء مختلفة في أجزائها المختلفة فمنها نفوذ الثويرات ونفوذ السر ونفوذ قنيفدة ونفوذ الدحى

وغيرها. ويفصل هذه الانفاد عن الدهناء الجزء الشرقي من نجد وهو جبال اليمامة التي تتكون من العارض والطويق والعرمة.

الربع الخالي:

وهو اسم حديث لمنطقة واسعة كانت تعرف فيما مضى باسم "رملة يبرين". ويحتل الربع الخالي منطقة حوضية ضخمة تحف بها جبال عمان في الشرق، ومرتفعات ظفار وحضرموت في الجنوب، وحضيض هضبة اليمن ومرتفعات عسير في الغرب، أما في الشمال فينتهي الى هضاب نجد. ويبلغ طول الحوض نحو ١٢٠٠ كيلومتر ويصل أقصى اتساعه الى ٦٥٠ كيلومتر ويغطي مساحة تقدر بنحو ٦٠٠ ألف كيلومتر مربع أي نحو ربع شبه الجزيرة العربية كلها. ويقدرون أن نحو ٨٠% من مساحة الحوض تغطيه الرمال، وهو بهذا يمثل أكبر منطقة رملية متصلة الاجزاء في العالم كله. وتغطي الكثبان الرملية نحو نصف هذه المساحة. أما النصف الاخر فتكسوه الرمال المموجة.

وينتهي الربع الخالي في الجنوب الى نجاد جيرية ايوسينية خفيفة الميل، ويعرف القسم الممتد منه بين حضرموت واليمن باسم "صحراء الاحقاف" وكانت ديار قوم عاد. أما في الشرق فيختلف امتداد الرمال من جهة إلى أخرى ويتمثل أقصى امتداد شرقي له في صحراء الجافورة التي تشرف مباشرة على مياه الخليج العربي أو تكاد.

والربع الخالي هو منطقة الانتقال بين البنية الافريقية والبنية الاسيوية، فما كان في غربه وشماله الغربي فهو ينتمي الى افريقية في بنائه، وما كان في شرقه وشماله الشرقي فهو آسيوي الجيولوجية والتركيب.

ويمكن بصفة عامة أن نقسم الربع الخالي قسمين: شرقي وغربي. وتكثر في القسم الشرقي الآبار غير العميقة التي تتميز بأن مياهها مالحة غير مستساغة ولكن ربما وجدت بعض الآبار العميقة التي تصلح مياهها للشرب. أما القسم

الغربي الذي يمتد حتى وادي الدواسر ونجران فصحراء مقفرة فلما يسقط فيها شيء من المطر ولا تنبت تربتها سوى القليل من النبات الصحراوي الذي يستطيع أن يتحمل مثل هذا الجو القاسي مثل العلقة والعبل وغيرهما.

نجد:

النجد هو ما ارتفع من الارض، ويطلق في الجزيرة العربية على الاراضي العالية التي تشغل القسم الأوسط منها، ممتدة بين جبال السراة في الغرب، وصحراء الدهناء في الشرق، وبين النفوذ الكبير في الشمال وصحراء الربع الخالي في الجنوب. ويظهر أنه قد حدث اضطراب في الصخور القاعدية لبلاد العرب إذ يمكن أن نتتبع منطقة ضعف تمتد الى شرق الشمال الشرقي من تهامة جنوب الحجاز حيث ينخفض الحاجز الجبلي كما لاحظنا، عبر الرياض والهفوف حتى ساحل الاحساء. وثمة دليل اخر على حدوث مثل هذا الاضطراب يتمثل في وجود طفوح اللابة على طول خطوط الانكسارات، وفي عدد من المناطق تظهر القاعدة الجرانيتية على السطح في شكل سلسلة من الهضاب العالية يصل ارتفاعها أحيانا إلى نحو ١٥٠٠ متر. كذلك توجد سلسلة من الحافات تمتد من الشمال الى الجنوب كونتها التعرية المتتابعة للصخور الرسوبية التي كانت أفقية في وقت ما، ولكن خط ميلها الآن نحو الشرق.

وأقدم الطبقات الرسوبية - من الجوراوي بصفة عامة - معراة في الغرب، وتظهر الصخور الاحدث حتى الزمن الثالث في عدد متعاقب من الحافات والأودية. وأكبر هذه الحافات جبل طويق ويرتفع نحو ٣٠٠ متر تقريبا فوق سطح الهضبة المحيطة به، ويتكون أساسه من الحجر الرملي النوبي، تعلوه طبقة من الجير والطفل الجوراوي يبلغ سمكها نحو مائة متر.

ويمكن أن نتبين في نجد نطاقين رئيسيين للواحات هما منطقة جبل شمر في الشمال ومنطقة العارض في الشرق.

أما منطقة جبل شمر فتمتد بين النفوذ الكبير في الشمال ووادي الرمة في الجنوب ومن واحة تيماء في الغرب الى رمال الدهناء في الشرق. وتتكون من سلسلتين من الجبال متوازيتين تقريبا هما أجا وسلمى وكانت تعرفهما العرب باسم جبلي طيء. وتأخذ السلسلتان اتجاها من الجنوب الشرقي الى الشمال الغربي ولا تزيد المسافة الفاصلة بينهما على ٣٠ كيلومترا من الارض السهلة المنخفضة. وقد ارتفعت السلستان نتيجة لعدد من الانكسارات المحلية حتى وصلت الى ارتفاع ١٣٥٠ مترا فوق سطح البحر. وأدى ارتفاع السطح الى أن أصبحت المنطقة تجتذب كمية طيبة من مطر اعاصير الشتاء مما وفر الماء لعدد من الواحات أهمها واحة حائل التي تقع في سفح جبل أجا.

والى الجنوب من منطقة جبل شمر يوجد اقليم القصيم، وفيه تتوافر المياه الجوفية قريبة من السطح وتتخلله بعض السنة النفوذ، ويمر به وادي الرمة أكبر اودية شمال نجد وقيل أن يفقد صورته في منطقة من النفوذ تقع الى الشمال من جبل طويق وتقوم على الوادي عنيزة وبريدة وهما أهم مدن نجد الشمالية.

والى الشرق من جيل طويق يقع اقليم العارض الذي عرف قديما باسم العروض واليمامة، وتفصله عن رمال الدهناء حافة مرتفعة نسبيا هي هضاب سدير والعرمة والعارض. وينقسم اقليم العارض الى عدد من الاقسام الثانوية هي من الشمال الى الجنوب السدير والوشم والعروض والخرج والحريق والافلاج ووادي الدواسير ويقطعه عدد من الاودية التي تجري في اتجاهات مختلفة وأهمها وادي حنيفة وهو قلب العروض وتقوم على جانبه مدينة الرياض عاصمة المملكة العربية السعودية ويصل الى واحة الخرج باسم وادي السهباء.

وبين واحات وادي حنيفة في الشمال ووادي الدواسر في الجنوب توجد مجموعة من الواحات في الوادي الطويل الممتد بين منحدرات جبل طويق وحافة البياض ويظهر أن هذه الواحات تعتمد في مواردها المائية على ما يتسرب في باطن

الاودية الجافة منحدرا مباشرة من الحافة الشرقية للطويق التي أدت ارتفاعها عـن الجهـات المحيطة بها من الهضبة الى أن تتمتع بقسط أوفر من المطر.

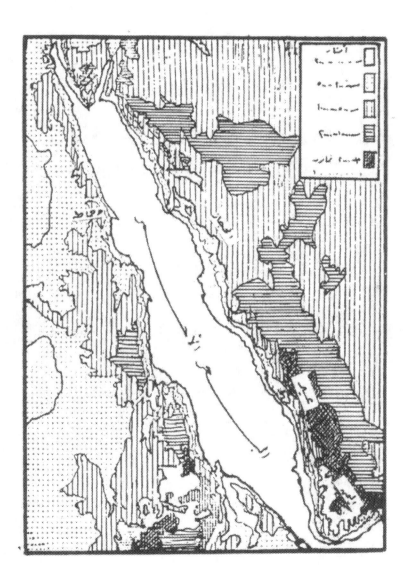

الفصل التاسع ───────── المملكة العربية السعودية

نبذة تاريخية:

سميت المملكة العربية السعودية نسبة إلى مؤسسها لآل سعود بان محمد بن مقرن ثم تلاه أولاده من بعده، وقد بدأت هذه الدولة بقبول محمد بـن سعود لـدعوة الشيخ محمد بـن عبد الوهاب حيث وفد على الأمير محمد بن سعود في الدرعية (العاصمة القديمة) وتعاهدا على تطهير شبه جزيرة العرب من البدع والخرافات القديمة ونشر كلمة التوحيد فيها.

فأصبحت العاصمة الدرعية مركزا قويا لأنطلاق الدعوى الإسلامية وقد لقيت هـذه الـدعوى، صراعا عنيفا من الداخل والخارج وكانت أشد المعارك الداخلية التي واجهها الأمير محمد بـن سعود تلك التي كانت ضد دهام بن دواس أمير الرياض وبعد وفاة الأمير محمد بن سعود سقطت الرياض عام ١٧٧٣ وتلاها سقوط عنيزة وبريدة ومعظم منطقة القصيم.

ثم اتسعت الدولة سريعا في عهد الأمير عبد العزيـز بن محمد حيث دانـت لـه المـدن والإمارات الواحدة تلو الأخرى، وفي عام ١٧٩١م توفي الشيخ محمد بن عبد الوهاب وكانت نجد في هذا العام كلها تقريبا خاضعة لآل سعود ثم شملت طموحات الأمير عبد العزيز المناطق المحيطة بنجد واستولى على الإحساء والقطيف ثم وصل إلى مدينة كربلاء في العراق عام ١٨٠٢م ونازل أهلها واستولى على الحجاز بعد أن وقع على الصلح بينه وبين الشريف سرور بن مسـاعد. ثـم تـوفي الأمـير الثاني عبدالعزيز بن محمد في عام ١٨٠٢ م بعد ان حقق العديد من الإنتصارات والتوسعات.

ثم خلفه الأمير سعود الكبير فاتسع سلطان الدولة السعودية في عهده وامتدت إلى معظم بلاد الحجاز وخضعت له اليمن وعمان وأبقى الشريف غالب في مكانه حاكما على الحجاز.

وقد لاقت الدولة السعودية الأولى مقاومة عنيفة أبرزها مقاومة العثمانيين ، حيث وجه العثمانيون قوة كبيرة مزودة بمختلف الأسلحة ضد الدعوى الإصلاحية للشيخ محمد عبد الوهاب تليها مقاومة البريطانيين الذي كانوا يخشون على مصالحهم ونفوذهم في منطقة الخليج العربي، ولعل أخطر ما واجه هذه الدعوى، وقد استمرت المعارك بين الجيش المصري والجيش السعودي من عام ١٨١١م - وانتهت بإستسلام عبد الله ابن سعود لقائد الجيش المصري إبراهيم باشا الذي تولى قيادة الجيش المصري خلفا لأخيه طوسون. وأرسل عبد الله بن سعود إلى مصر وأرسله محمد علي إلى الأستانة حيث حكم عليه بالإعدام هناك وسقطت الدولة السعودية الأولى. ثم انسحب الجيش المصري من منطقة نجد كلها عام ١٨٢١م وبقي في الحجاز حتى عام ١٨٤٠م ثم انسحب فيها تاركا في نجد اضطرابات كثيرة وفي هذه الفترة حاول السعوديون استعادة سلطانهم مستغلين الإضطرابات، وقد واجهتهم صعوبات كثيرة أهمها قوة آل رشيد والخلافات التي دارت بين أمرائهم.

وقد أستعاد الأمير تركي بن عبد الله آل سعود وابنه فيصل الرياض والكثير من ملك أبائه وبعد مقتل الأمير تركي من قبل ابن عمه مشاري بن عبد الرحمن وتولي الحكم ابنه فيصل بن تركي، عام ١٨٣٤م إلى ١٨٤٨م واستطاع الأمير فيصل بن تركي خلال فترة حكمه من استعادة نجد كلها ونشر الأمن والسلام فيها، لكنه ظل يتطلع إلى الحجاز التي كانت وقتذاك تحت الحكم المصري وقد شعر المصريون بذلك فأرسلت مصر حملة خورشيد باشا تمكنت من التغلب على الأمير فيصل بعد مقاومة بسيطة، وقد أرسل الأمير فيصل مع أخيه

جلوي وولديه عبد الله ومحمد إلى مصر وعين بدلا منه خالد بن سعود في عام ١٨٤٠م، ثم خلعه أهل نجد وولوا عبد الله بن ثنيان خلافا له ثم عاد فيصل إلى نجد مع طموحاته واستطاع السيطرة عليها مرة أخرى وعاد إليهم السلطة، وطوال فترة حياته وبعد وفاته كان الصراع على السلطة بين أبنائه على أشده مما أضعف جانب السعوديين فقوى ابن رشيد مستغلا هذا الضعف وسيطر على نجد وولى عليها عبد الرحمن بن فيصل والد الملك عبد العزيز آل سعود، ولكن الأمير عبد الرحمن بن فيصل لم يرض بالخضوع لسلطة ابن رشيد مما أدى إلى حدوث عدة معارك بينهما انتهت برحيل الأمير عبد الرحمن إلى الكويت حيث نزل في ضيافة آل الصباح في عام ١٨٨١م وبذلك انتهت الدولة السعودية الثانية.

وبعد وفاة الأمير عبد الرحمن بن فيصل بن تركي أصر ولده عبد العزيز على استعادة ملك آبائه وأجداده فتوجه إلى الرياض وخاض أولى معاركه آل رشيد بجيش جهزه له أمير الكويت، ولكنه خسر هذه المعركة وعاود الكرة مرة أخرى معتمدا على نفسه وبعض أبنائه فخرج في ستين رجلا من أصحابه الأشداء المخلصين وكان من بينهم أخوه محمد وابن عمه عبد الله بن جلوي وعبد العزيز بن مساعد فحاصروا الرياض وتمكن عبد العزيز من اقتحام الأسوار وبعد صراع عنيف بين أتباعه وعجلان حاكم الرياض من قبل آل رشيد انتهى بمقتل عجلان وعدد كبير من آل الرشيد ولما عرف الناس بعودة الملك عبد العزيز التفوا حوله وساعدوه على استعادة أملاك آبائه وتوالت انتصاراته ففي عام ١٩٠٣م استولى على الخروج والإفلاج وفي عام ١٩٠٤م استولى على سدير والوشم، وفي عام ١٩٠٥م استولى على عنيزة وبريدة.

واصل الملك عبد العزيز جهاده حتى خضعت له الاحساء ومدن أخرى فاتصلت بريطانيا به وكانت مقبلة على الحرب العالمية الأولى وعقدت معه معاهدة العقير، وتحسنت علاقات الملك عبد العزيز مع الإنجليز، ولما انتهت

الحرب بهزيمة تركيا وجلائها عن أرض الجزيرة العربية حل الشريف حسين محل العثمانيين ،
وتوتر العلاقة بين الملك عبد العزيز والشريف حسين بسبب النزاع على منطقتي تربة وخرمة
الواقعتين على الحدود الفاصلة بين نجد والحجاز إذ أن كل منهما كان يسعى إلى توسيع سلطانه
وامتداد ملكه، وتفاقم النزاع بينهما فاقترحت بريطانيا عقد مؤتمر لتسوية الأوضاع بينهما وعقد
المؤتمر في الكويت في ديسمبر ١٩٢٣م وفشل المؤتمر بسبب تعارض طموحات الشريف حسين مع
طموحات الملك عبد العزيز وواجه الشريف حسين اضطرابات داخلية وخارجية أفادت الملك عبد
العزيز فأرسل حملة عسكرية تمكنت من دحر قوات الشريف حسين في ٢٦ سبتمبر عام ١٩٢٤م
ودخلت القوات السعودية إلى مكة في شهر اكتوبر من العام نفسه ثم توالت الانتصارات للملك
عبد العزيز فدخل الحجاز وأعلن نفسه ملكا للحجاز ونجد وما يتبعهما من أراضي ثم وحد أجزاء
المملكة المختلفة في ٢٢ سبتمبر عام ١٩٣٢ تحت اسم المملكة العربية السعودية، وتوفي الملك عبد
العزيز عام ١٩٥٣ فخلفه ابنه الملك سعود ثم الملك فيصل من بعده ثم الملك خادم الحرمين
الشريفين فهد بن عبد العزيز ثم جاء بعده الملك عبد الله .

التركيب الاجتماعي

الإسم الرسمي: المملكة العربية السعودية، العاصمة - الرياض .

اللغة : اللغة العربية هي اللغة الرسمية في المملكة.

الدين: جميع السكان مسلمون ويشكلون ١٠٠%.

الأعراق البشرية: العرب ويشكلون ٩٠% من السكان و١٠% افراسيوبين.

التقسيم الإداري:

السكان%	المدن	المناطق
٢٧.٦	الباحة ، المدينة المنورة، مكة المكرمة	الغربية
٥.٧	أبها، جيزان، نجران	الجنوبية
٦.٢	سكاكا، عرعر، تبوك، النبك	الشمالية
٣٣	حائل، الرياض، بريدة،	الوسطى
٢٧.٥	الدمام الخبر	الشرقية

المساحة الإجمالية: ٢١٤٩٦٩٠كم٢.

مساحة الأرض: ٢١٤٩٦٩٠ كم٢

الموقع:

تقع المملكة العربية السعودية في الجزء الجنوبي الغربي لقارة آسيا، ويحدها الخليج العربي وقطر والإمارات العربية المتحدة شرقا وسلطنة عمان واليمن جنوبا والبحر الأحمر غربا والعراق والكويت والأردن شمالا.

حدود الدولة الكلية:

طول الحدود ٤٤١٠كم ومنها ٤٨٨كم مع العراق و١٩٨كم مع المنطقة المحايدة بين السعودية والعراق و ٧٤٢كم مع الأردن و ٢٢٢كم مع الكويت، و ٦٧٦كم مع سلطنة عمان و ٤٠ كم مع قطر و ٥٨٦كم مع الإمارات العربية المتحدة و ١٤٥٢ كم مع اليمن.

طول الشريط الساحلي: ٢٥١٠كم.

أهم الجبال:

١) سلاسل جبال عسير.

٢) سلاسل جبال الحجاز.

٣) جبال شمر.

٤) جبال طويق.

أعلى قمة: هي قمة جبل الرازق (٣٦٥٨متر).

أهـم الأنهـار والوديـان: وادي نجـران، ووادي جيـزان، وادي ينبـع، وادي الـدواسر، والرقـة والباطن.

أهم الصحاري: صحراء النفود، وصحراء الدهناء، وهضبة نجد، وصحراء الربع الخالي.

المناخ:

صحراوي شديد الحـرارة صـيفا وبـارد شـتاء، أمـا الأمطـار فمنعدمـة في المنـاطق الصـحراوية ومتوسطة في الشمال وعلى المرتفعات، تتميز المناطق الساحلية برطوبة عالية يسقط الصقيع ليلا في الشمال والمرتفعات..

طبوغرافية السطح:-

يتألف سطح المملكة في الغرب من سهل ساحلي ضيق على البحر الأحمر ويسمى سهل تهامة وعند حافته سلسلة جبلية هي جبال الحجاز في الشمال وجبال عسير في الجنوب، وتمتـد عـلى طـول الساحل وتزداد ارتفاعا كلما اتجهت نحو الجنوب، وفي الوسط هضبة نجد القاحلـة الهائلـة وتنحـدر تدريجيا ناحية الخليج، ويغطي الربع الخالي جزء من هـذه الهضبة في جنـوب شرق المملكـة: وهـو أكبر امتداد صحراوي رملي في الجزيرة العربية، وتوجد صحراء رملية أخرى في الشـمال هـي صـحراء النفوذ، أما في المنطقة الشرقية فيوجد سهل الإحساء الغني بالبترول حيث توجد حقوله على امتـداد الخليج العربي.

الموارد الطبيعية:

النفط الخام، والغاز الطبيعي، الحديد، الذهب، النحاس.

المواصلات:

دليل الهاتف ٩٦٦.

سكك حديدية: ١٣٩٠كم.

طرق رئيسية: ١٥٩٠٠٠كم (المعبدة منها يقدر بـ ٤٢.٧%).

أهم الموانئ:

ميناء جده والدمام، ورأس التنورة، وجيزان، والجبيل، وينبوع البحر، وينبوع الصنايا.

عدد المطارات: ٢٥ مطار أهمها الرياض وجدة.

أهم المناطق السياحية:

١) المدن المقدسة مكة المكرمة والمدينة المنورة.

٢) البحر الأحمر.

الاستقلال: ٢٣ أيلول ١٩٣٢ (يوم الاتحاد).

تاريخ الانضمام إلى الأمم المتحدة ١٩٤٥م.

سلسلة حكام السعودية.

الحاكم	مدة الحكم
محمد بن سعود	١٧٦٥-١٧٤٦
عبد العزيز الأول	١٨٠٣-١٧٦٥
سعود بن عبد العزيز	١٨١٤-١٨٠٣
عبد الـلـه الأول بن سعود	١٨١٨-١٨١٤
الحكم العثماني	١٨٢٢-١٨١٨
تركي بن عبد الـلـه	١٨٣٤-١٨٣٢
خالد بن سعود	١٨٣٧-١٨٣٤

عبد اللـه الثاني بن ثنيان (نائبا لمحمد علي)	١٨٤١-١٨٣٧
فيصل الأول (المرة الثانية)	١٩٤٣-١٨٤١
عبد اللـه الثالث بن فيصل (المرة الأولى)	١٨٦٥-١٧٤٣
سعود بن فيصل	١٨٧١-١٨٦٥
عبد اللـه الثالث (المرة الثانية)	١٨٧٤-١٨٧١
غزو محمد بن رشيد حاكم حائل، مع بقاء عبد اللـه حاكما للرياض من قبل ابن رشيد حتى ١٨٨٩	١٨٨٧-١٨٧٤
عبد الرحمن بن فيصل	١٨٩١-١٨٨٩
محمد بن فيصل (المطوع) (نائب حاكم تحت سلطة آل رشيد)	١٩٠٢-١٨٩١
عبد العزيز الثاني	١٩٥٣-١٩٠٢
سعود بن عبد العزيز	١٩٦٤-١٩٥٣
فيصل الثاني بن عبد العزيز	١٩٧٥-١٩٦٤
خالد بن عبد العزيز	١٩٨٢-١٩٧٥
فهد بن عبد العزيز	٢٠٠٥-١٩٨٢
عبد اللـه بن عبد العزيز	منذ ٢٠٠٥

ملاحظة:

- تنازل عبد الرحمن بن فيصل لأبنه الأمير عبد العزيز عن الحكم.
- أجبر الملك سعود بسبب مرضه على التنازل عن العرش لأخيه الأمير فيصل.
- اغتيل الملك فيصل بن عيد العزيز على يد ابن أخيه الأمير فيصل بن مساعد بن عبد العزيز وانتقلت السلطة بطريقة سليمة إلى ولي عهده خالد بن عبد العزيز.

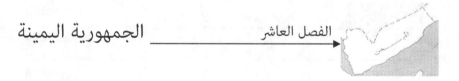

الفصل العاشر

الجمهورية اليمنية

نبذة تاريخية:

أطلق عليها العرب اسم (بلاد العرب السعيدة) قامت فيها عدة ممالك وحضارات سادت ثم بادت ومنها مملكة سبأ ومملكة حمير.

احتلها الأتراك في الفترة من ١٥٣٨ إلى ١٩١١ وقامت فيها المملكة المتوكلة اليمينية وكان آخر ملوكها المنصور بالله الإمام البدر بن أحمد بن يحيى محمد حميد الدين الذي قام ضده انقلاب بقيادة المشير عبد الله السلال سنة ١٩٦٢ وأعلن النظام الجمهورية وقامت حرب أهلية بين رجال الإمام ورجال السلاسل. وجرى انقلاب عام ١٩٦٧ أعقبه انقلاب آخر عام ١٩٧٤ قام به إبراهيم الحمدي ولكنه اغتيل عام ١٩٧٧.

بعد إنهاء احتلال بريطانيا لليمن عملت على إقامة دولة يمنية في الجنوب عام ١٩٦٧ فقامت دولة شيوعية عاصمتها عدن تحت اسم اليمن الديمقراطية الشعبية مما جعل الكثير يهربون إلى اليمن الشمالي.

بعد سقوط الشيوعية عام ١٩٩٠ لجأ حكام الجنوب إلى الوحدة مع الجمهوري العربية اليمنية عام ١٩٩٠.

حكم الأئمة الزيديون اليمن على نحو متصل منذ عام ١٥٩٢م/ ١٠٠٠هـ إلى عام ١٣٨٢هـ/ ١٩٦٢، وقد حكموا اليمن على فترات متقطعة منذ منتصف القرن الثالث الهجري وتخلل هذه الفترة حكم الأيوبيين والعثمانيين والإسماعيليين الصليحيين. وكان نظام انتقال السلطة وراثيا لكنه لم يخل من العنف، وفي عام ١٩١٨ تخلى العثمانيون عن اليمن نهائيا وكان يحكمه الإمام يحيى الذي لقب نفسه بالملك.

وفي عام ١٩٤٨ قاد عبد الله بن أحمد الوزير وهو من الأشراف الهاشميين ثورة مسلحة على الإمام يحيى الذي قتل وتولى الوزير الحكم، ولكن أسرة الإمام إستعادت الحكم بعد فترة لم تتجاوز الأسابيع الثلاثة، فقد تمكن سيف الإسلام أحمد بن يحي حميد الدين من تأليب القبائل وحشد قوة مسلحة من مقر إقامته الحصين في "حجة" واستطاع استعادة حكم أبيه في صنعاء وفي عام ١٩٥٥ استولى على العرش عبد الله بن يحيى شقيق الإمام أحمد ولكن استعاد العرش بعد خمسة عشر يوما، وتعرض أحمد لمحاولة اغتيال عام ١٩٦١ نجا منها لكنه أصيب إصابات بالغة توفي على أثرها عام ١٩٦٢ وخلفه ابنه الإمام محمد البدر الذي لم يمكث في السلطة سوى ثمانية أيام، فقد أطاح به انقلاب عسكري بقيادة السلال.

وانتقلت السلطة في اليمن الشمالي من النظام الملكي (الأئمة الزيديون) إلى النظام الجمهوري عام ١٩٦٢ بعد ثورة مسلحة قادها المشير عبد الله السلال بمساعدة مصر- وشهدت اليمن منذ ثورة ١٩٦٢ إضرابات وصراعات سياسية داخلية بين شطري اليمن، وفي عام ١٩٦٧ نحي عبد الله السلال بالقوة عن طريق انقلاب سياسي وكون مجلس رئاسي برئاسة عبد الرحمن الأرياني . وفي عام ١٩٧٤ تمكن إبراهيم الحمدي من القيام بانقلاب عسكري عزل به عبد الرحمن الأرياني من السلطة، وأعلن عن تشكيل مجلس عسكري للحكم، وفي عام ١٩٧٧ دبر أحمد حسين الغشمي انقلابا استولى به على السلطة بعد أن قتل إبراهيم الحمدي. ولم يطل المقام بالغشمي إذا اغتيل في عام ١٩٧٨، وانتخب اللجنة الدستورية (الهيئة التشريعية) في السابع عشر من يوليو/ تموز ١٩٧٨ العقيد علي عبد الله صالح رئيسا للجمهورية، ولا يزال في الحكم حتى الآن.

وفي عام ١٩٩٠ قامت وحدة بين دولتي اليمن بقيادة رئيس اليمن الشمالي علي عبد الله صالح، ولكن في عام ١٩٩٤ دبت الخلافات مرة أخرى وحاول قادة

اليمن الجنوبي الانفصال، ونشبت حرب بين الطرفين انتهت بهزيمة الجنوبيين وتأكيد الوحدة اليمنية.

كان الطابع العام لانتقال السلطة على مدى القرن الماضي هو العنف سواء داخل الأسرة الحاكمة أو مع أسر منافسة مثل " الوزير" أو الانقلابات العسكرية على الأسرة ثم داخل مؤسسة الحكم الجمهورية، وشهدت فترة الرئيس علي عبد الله صالح استقرار نسبيا وإن شهدت صراعات عسكرية مع اليمن الجنوبي انتهت بتوحيد اليمن، ولم تحسم مسألة الخلافة بعد في اليمن ويبدو أن الرئيس صالح يمهد لأنتقالها من بعده إلى ابنه أحمد.

سلسلة الحكام في اليمن:

١-   الأئمة الزيديون:

الحاكم	سنوات الحكم
القاسم المنصور	١٥٩٢-١٦٢٠
محمد المؤيد الأول	١٦٢٠-١٦٥٤
إسماعيل المتوكل	١٦٥٤-١٦٧٦
محمد المؤيد الثاني	١٦٧٦-١٦٨١
محمد الهادي	١٦٨١-١٦٨٦
محمد الهادي	١٦٨٦-١٧١٦
القاسم المتوكل	١١٢٨/١٧١٦
الحسين المنصور (للمرة الأولى)	١٧٢٦-١٧٢٦
محمد الهادي المجيد	١٧٢٦-١٧٢٨
الحسين المنصور (للمرة الثانية)	١٧٢٨-١٧٤٧
العباس المهدي	١٧٤٧-١٧٧٦
علي المنصور	١٧٧٦-١٨٠٦

أحمد المهدي	١٨٠٦	
علي المنصور للمرة الثانية	-	
القاسم المهدي	١٨٤١-١٨٤٥	
محمد يحيى	١٨٤٥-١٨٧٢	
إستيلاء العثمانيين على صنعاء	١٨٧٢-١٨٩٠	
حميد الدين يحيى	١٨٩٠-١٩٠٤	
يحيى حمود المتوكل	١٩٠٤-١٩٤٨	
سيف الإسلام أحمد	١٩٤٨-١٩٦٢	
محمد البدر	١٩٦٢-١٩٦٢	

ملاحظة:

• غير معلوم الفترة التي تولى فيها الحكم للمرة الثانية علي المنصور

• قامت الثورة عام ١٩٦٢ بقيادة المشير عبد الله السلال وألغت النظام الإمامي وأعلنت الجمهورية.

٢- رؤساء الجمهوريات:

الحاكم	مدة الحكم	الخروج من السلطة
عبد الله السلال	١٩٦٢-١٩٧٦	عزل بالقوة
عبد الرحمن الأرياني	١٩٦٧-١٩٧٤	عزل بالقوة
إبراهيم الحمدي	١٩٧٨-١٩٧٧	اغتيال
أحمد الغشمي	١٩٧٧-١٩٧٨	اغتيال
علي عبد الله صالح	١٩٧٨	

٣- رؤساء اليمن الجنوبي (١٩٦٧-١٩٩٠)

الحاكم	مدة الحكم	الخروج من السلطة
قحطان الشعبي	١٩٦٧-١٩٦٩	تولي الرئاسة عند الإستقلال عن بريطانيا بقيادة جبهة التحرير الوطنية ثم أعفي من منصبه
سالم ربيع علي	١٩٦٩-١٩٧٨	العزل بالقوة
علي ناصر محمد	٦-١٢/١٩٧٨	الإعفاء من المنصب
عبد الفتاح إسماعيل	١٩٧٨-١٩٨٠	تنازل عن الحكم طوعيا
علي ناصر محمد	١٩٨٠-١٩٨٦	العزل بالقوة
علي سالم البيض	١٩٨٦-١٩٩٠	ترك الرئاسة بعد إعلان الوحدة

التركيب الاجتماعي

أصل التسمية: اليمن يعني (اليمن) لأن البلاد واقعة إلى يمين الكعبة، الحجر الأسود المقدس الموجود في مكة المكرمة.

الإسم الرسمي: الجمهورية اليمنية.

العاصمة : صنعاء.

ديموغرافية اليمن:

عدد السكان: ١٨٠٧٨٣٥ نسمة.

الكثافة السكانية: ٣٤ نسمة / كلم٢.

عدد السكان بأهم المدن:

- صنعاء: ٩٨١٠٠٠ نسمة.
- عدن: ٥٦٠٠٠٠ نسمة.
- تعز: ١٨٣٠٠٠ نسمة.

- الحديد: ١٥٨٣٣٠ نسمة.

نسبة عدد سكان المدن: ٣٧%.

نسبة عدد سكان الأرياف: ٦٣%.

معد الولادات: ٤٣.٣٦ ولادة لكل ألف شخص.

معدل الوفيات الإجمالي: ٩.٥٨ حالة وفاة لكل ألف شخص.

نسبة وفيات الأطفال: ٣٨.٥٣ حالة وفاة لكل ألف طفل.

نسبة نمو السكان: ٣.٣٨%.

معدل الإخصاب (الخصب): ٦.٩٧ مولود لكل امرأة.

توقعات مدى الحياة عند الولادة:

١)   الإجمالي: ٦٠.٢ سنة.

٢)   الرجال: ٥٨.٥ سنة.

٣)   النساء: ٦٢.١ سنة.

نسبة الذين يعرفون القراءة والكتابة:

- الإجمالي: ٤٥.٢%.

- الرجال: ٦٦.٥%.

- النساء: ٢٣.٩%.

اللغة : اللغة العربية هي اللغة الرسمية.

الديانة: الإسلام مع وجود أقلية مسيحية.

الأعراق البشرية: عرب، إضافة إلى بعض الهنود. والصوماليين.

التقسيم الإداري:

المحافظات	المركز	المساحة(كلم٢)	السكان%
البيضاء	البيضاء	١١١٧٠	٣.٣
الحديدة	الحديدة	١٣٥٨٠	١١.٢
المهويط	المهويط	٢١٦٠	٢.٨
دهامار	دهامار	٨٨٧٠	٧.١
حجة	حجة	٩٥٩٠	٧.٨
ايب	ايب	٦٤٣٠	١٣.١
الجوف	الجوف	-	٠.٨
مأرب	مأرب	٣٩٨٩٠	١.١
صعدة	صعده	١٢.٨١٠	٣
صنعاء	صنعاء	٢٠.٣١٠	١٦.٣
تعز	تعز	١٠.٤٢٠	١٤.٣
أبيان	زنجبار	٢١٤	٣.٨
عدن	عدن	٦٩٨٠	٣.٥
حضر موت	المقلّة	١٥٥.٣٧٦	٦٠

جغرافية اليمن

المساحة الإجمالية: ٥٢٧٩٧٠كلم٢.

مساحة الأرض: ٥٢٧٩٧٠كلم٢.

الموقع:

تقع اليمن في الجزء الجنوبي الغربي من شبه الجزيرة العربية، وجنوب القارة الآسيوية يحدّها من الشمال السعودية ومن الشرق سلطنة عمان ومن الغرب البحر الأحمر ومن الجنوب بحر العرب.

حدود الدولة الكلية: ١٧٤٦ كلم، منها ٢٨٨ مع دولة عمان و ١٤٥٨ مع المملكة العربية السعودية.

طول الشريط الساحلي: ١٩٠٦كلم.

أهم الجبال: جبال السرات، منار ، ديمة ، وصابور.

أعلى قمة: جبل النبي شعيب (٣٧٦٠كلم).

أهم الأنهار: وادي مريد، زبيد، الجوف، يلكا، ومور.

المناخ:

معتدل في المرتفعات وحار صيفا في الصحاري والمناطق الساحلية، وبارد في المناطق الصحراوية شتاء ودافئ في المناطق الساحلية، أمطاره موسمية.

الطبوغرافيا: سطح اليمن عبارة عن مناطق جبلية وعرة تحجز سهولا ساحلية، تقع خلفها هضاب وجبال. وفي الوسط؛ تقع المنطقة الصحراوية التي تمتد حتى داخل شبه الجزيرة العربية.

الموارد الطبيعية: النفط ومشتقاته، كميات قليلة من الفحم الحجري، النحاس ، الذهب، الرصاص النيكل، زيت خام، سمك، رخام، التربة غنية في غرب البلاد.

إستخدام الأرض: تشكل الأرض الصالحة للزراعة ٦% من المساحة الكلية. المحاصيل الدائمة قليلة جدا. تغطي الأراضي الخضراء والمراعي ٣٠% من المساحة

الإجمالية، الغابات والإحراج ٧٣% وأراضي أخرى ٥٧% من ضمنها الأراضي المروية القليلة جدا.

النبات الطبيعي: تنمو الغابات الموسمية في المرتفعات والحشائش في الهضاب.

المؤشرات الإقتصادية:

- **الوحدة النقدية:** الريال اليمني – ١٠٠ فلس.

- **إجمالي الناتج المحلي:** ١٤.٤ بليون دولار.

- **معدل الدخل الفردي:** ٤٠٠ دولار.

المساهمة في إجمالي الناتج المحلي:

- **الزراعة :** ١٧.٥%.

- **الصناعة:** ٤٠.٥%.

- **التجارة والخدمات:** ٤٣%.

القوة البشرية العاملة:

- **الزراعة:-**

- **الصناعة:-**

- **التجارة والخدمات:-**

- **معدل البطالة:** ٣٤%.

- **معدل التضخم:** ١٠%.

أهم الصناعات : إنتاج الزيت الخام، تكرير البترول، منسوجات وجلديات، تعدين، إسمنت، تعليب المواد الغذائية، صناعات يدوية وحرفية.

المنتجات الزراعية: الحبوب، البن، الخضار والفواكه، القات، الكروم، القطن، البلح والموز.

الثروة الحيوانية: الضأن ٣.٧ مليون رأس، الماعز ٣.٢ مليون، الماشية ١.١ مليون.

المواصلات:

- دليل الهاتف: ٩٦٧.

- طرق رئيسية: ١٥٥٠٠كلم.

المرافئ الهامة: عدن، الحديدة، الخلف، رأس خطيب، صليف، موشى.

عدد المطارات : ١٢.

المؤشرات السياسية

شكل الحكم: جمهورية اتحادية تخضع لنظام تعدد الأحزاب.

الاستقلال: تأسست جمهورية اليمن الحالية في ٢٢ أيار ١٩٩٠.

العيد الوطني: يوم إعلان الجمهورية (٢٢أيار).

حق التصويت: لمن بلغ ١٨ سنة.

الانضمام إلى الأمم المتحدة: ١٩٤٧.

الفصل الحادي عشر

إمارة الكويت

نبذة تاريخية:

كانت الكويت قبل الإسلام وبعده منطقة تتجول فيها أعداد كبيرة من القبائل العربية يضربون الخيام فيها لأشهر عديدة في الواحات في موسم الأمطار ونمو العشب ويعودون بعد إنتهاء فترة الرعي، وكان اسمها القديم القرين ثم الكوت، تأسست حوالي عام ١٦٣٠، ولم يكن في الكويت قبل عام ١٧٠٠م إلا عدد قليل من السكان المستقرين وكانوا أفراد من أفخاذ قبائل عنزة العربية على الشاطئ الجنوبي لخليج الكويت نحو عام ١٧١٠م حيث اكتشفوا مياها نقية، وقد بنى أفراد هذه القبيلة ميناء هناك عرف فيما بعد باسم مدينة الكويت.

وفيما بين عامي ١٧٥٦ و١٧٦٢م انتخبت هذه القبيلة زعيما لها من بين أسرة الصباح أطلق عليها اسم "الصباح الأول" وهذه الأسرة كانت قد أسست في الكويت بواسطة الشيخ صباح العوميل حكم في عام ١٧٥٦ إلى عام ١٧٧٢م.

وقد كانت الكويت نقطة البداية لخدمات بريطانيا البريدية الصحراوية إلى حلب في سوريا منذ عام ١٧٧٥م. وهذا الطريق كان يشكل جزءا من شبكة الطرق التي تحمل البضائع والرسائل من الهند إلى انجلترا لذلك زاد اهتمام بريطانيا بالكويت عبر السنين.

في عام ١٨٩٩م عقد الشيخ مبارك الصباح معاهدة مع بريطانيا تكون بموجبها الكويت تحت الحماية البريطانية مقابل تعهد الكويت بعدم التعاون مع أحد إلا بالرجوع إلى بريطانيا، وقد اعترفت بريطانيا بالكويت كدولة مستقلة تحت الحماية البريطانية في عام ١٩١٤م، وفي عام ١٩٣٤ منح حاكم الكويت امتيازا لشركة الزيت الكويتية (شركة بريطانية - أمريكية) للتنقيب عن

الزيت وبدأ الحفر في عام ١٩٣٦م وتمخض عن وجود كميات كبيرة من النفط في أسفل صحراء الكويت. ثم أصبحت الكويت موردا رئيسيا للنفط في نهاية الحرب العالمية الثانية عام ١٩٤٥ وحولت عائدات النفط الكويت من بلد فقير إلى دولة غنية.

نالت الكويت استقلالها الكامل عام ١٩٦١ وانضمنت إلى جامعة الدول العربية سنة ١٩٦١ كما أصبحت عضوا في الأمم المتحدة عام ١٩٦٣.

وفي الثاني من أغسطس عام ١٩٩٠ دخلت القوات العسكرية العراقية أراض الكويت بسبب انتهاك الكويت لحدود إنتاج النفط التي وضعتها منظمة الأوبك مما تسبب في انخفاض أسعار النفط في الأسواق الدولية كما اعتبر العراق الكويت محافظة عراقية وقد ضمها إلى بلاده لكن الأمم المتحدة رفضت هذه التطورات واعتبرتها باطلة.

ولما ارتأت المملكة العربية السعودية أن هناك خطرا يهدد أمنها وسيادتها استدعت قوات من دول صديقة لتساعدها في مهام الدفاع عن أرضيها فأرسلت الولايات المتحدة الأمريكية قواتها المسلحة إلى المملكة العربية السعودية وكونت من غيرها من دول المنطقة والدول الأوروبية والآسيوية تحالفا عسكريا وفي ليلة ١٦-١٧ يناير عام ١٩٩١م بدأت الحرب بين القوات العسكرية المتحالفة والعراق انتهت بتحرير الكويت.

ويرأس الكويت حاليا الشيخ جابر الأحمد الصباح.

التركيب الاجتماعي

أصل التسمية: من كوت إي القصر الصغير، وكانت البلاد تسمى في القرن الثامن عشر القرين من قرن.

الإسم الرسمي: دولة الكويت والعاصمة - الكويت.

اللغة : العربية هي اللغة الرسمية ، معظم السكان يحسنون التكلم بالإنجليزية.

الدين : ٨٥% مسلمون و١٥% مسيحيون وهندوس.

الأعراق البشرية: ٤٥% كويتيون ، ٤٠% عرب غير الكويتيين ، ٥% إيرانيون، و٥% هنود وباكستانيون.

التقسيم الإداري:

المحافظات	مركز المحافظة	المساحة كم^2	السكان%
العاصمة	مدينة الكويت	٩٨	٧.١
الأحمدي	الأحمدي	٥١٣٦	١٩.٣
الجهراء	الجهراء	١١٣٢٤	١٩.١
حولي	حولي	٣٥٨	٥٤.٥
الجزر (بوبيان ووربة وغيرها)	-	-	-

المساحة الإجمالية: ١٧٨١٨كم٢.

مساحة الأراضي: ١٧٨١٨كم٢.

الموقع:

تقع الكويت في الجزء الشمالي الغربي من الخليج العربي والقسم الغربي من قارة آسيا، ويحدها من الشرق الخليج العربي، ومن الغرب والشمال العراق، ومن الجنوب المملكة العربية السعودية.

حدود الدولة الكلية: طول الحدود ٤٦٢كم منها ٢٤٠ كم مع الواحد و ٢٢٢كم مع المملكة العربية السعودية.

طول الشريط الساحلي ٤٩٩كم وأعلى قمة جبل الشقاية (٢٩٠كم).

المناخ:

صحراوي حار جدا في فصل الصيف مع ارتفاع في نسبة الرطوبة تصل إلى ١٠٠% بسبب ساحل الخليج العربي وتقل الرطوبة في المناطق الداخلية أما في فصل الشتاء فهو بارد جدا في المناطق الداخلية ودافئ في المناطق الساحلية، وتكثر فيه العواصف الرملية، وأمطاره قليلة.

طبوغرافية السطح:

سطحها عبارة عن سهول ساحلية شبه منبسطة واسعة تشغل ثلاثة أرباع مساحة البلاد وتزداد اتساعا في الشمال، والربع الباقي تشغله هضبة تسمى الدبدبة وتقع غرب البلاد.

جغرافية النقل:

المواصلات:

دليل الهاتف: ٩٦٥

طرق رئيسية: ٣٠٠٠ كم.

أهم المرافئ: الشوابية، الشواريخ، الأحمدي.

عدد المطارات واحد وتم إنشائه عام ١٩٩١م.

مناطق اجتذاب السياح: متحف الكويت، ومتحف العلوم الطبيعية، والصحراء،

الاستقلال في ١٩ يونيو عام ١٩٦١.

مؤشرات سياسية

نشأت الكويت في الطرف الغربي للخليج العربي في عام ١٦١٣م حينما توافدت مجموعة من الأسر والقبائل إلى هذه المنطقة قادمة من شبه الجزيرة

العربية، وبعد فترة اختارت القبائل حاكما لها من أسرة آل الصباح وظلت هذه الأسرة تحكم الكويت منذ منتصف القرن الثامن عشر.

سلسة حكام الكويت.

الحاكم	مدة الحكم
صباح الأول بن جابر	(-)-١٧٧٦
عبد اللـه الأول بن صباح الأول	١٨١٤-١٧٧٦
جابر بن عبد اللـه الأول	١٨٥٩-١٨١٤
صباح بن جابر بن عبد اللـه	١٨٦٦-١٨٥٩
عبد اللـه بن صباح	١٨٩٢-١٨٦٦
محمد بن صباح	١٨٩٦-١٨٩٢
مبارك الصباح (مبارك الكبير)	١٩١٥-١٨٩٦
جابر المبارك الصباح	١٩١٧-١٩١٥
سالم المبارك الصباح	١٩٢١-١٩١٧
أحمد لاجابر الصباح	١٩٥٠-١٩٢١
عبد اللـه السالم الصباح	١٩٦٥-١٩٥٠
صباح السالم الصباح	١٩٧٧-١٩٦٥
جابر الأحمد الصباح	منذ ١٩٧٧

ملاحظة:

- غير معلوم تحديدا متى تولى صباح الأول الحكم.
- قتل محمد بن صباح علي يد أخيه مبارك عام ١٨٩٦ وانتقل العرش إليه.

أجريت أول انتخابات تشريعية في الكويت عام ١٩٣٨ ووضعت مسودة للدستور كانت أهم بنوده تنص على التخلص من التبعية للاحتلال البريطاني إلا

أن الحرب العالمية الثانية أخرت الحياة النيابية الكويتية، واكتفى فقط بمجلس استشاري آنذاك.

وفي عام ١٩٦٠ وافقت بريطانيا للحكومة الكويتية على إقامة علاقات دبلوماسية مع عدد من الدول العربية، كما تخلت لتلك الحكومة عن حق حماية الأجانب المقيمين على أرضها، وتفاوض الشيخ عبد الله الصباح مع بريطانيا من أجل الاستقلال، وتوصل الجانبان إلى معاهدة وقعت في ١٩ يونيو/ حزيران ١٩٦١ ألغت بريطانيا بموجبها معاهدة ١٨٩٩ ووقعت بدلا منها اتفاقية " الدفاع والصداقة" واعترفت بالتالي باستقلال الكويت.

وفي عام ١٩٦٢ أعلن الدستور الكويتي المؤقت الذي يجعل من الأمير عبد الله سالم الصباح رئيسا للدولة والحكومة، وينص الدستور على أن الكويت إمارة روائية محصورة في الذكور من خط مبارك من عائلة الصباح وذلك عن طريق ولاية العهد، ويعين ولي العهد بتزكية من أحد أعضاء الأسرة، ثم تعرض التزكية على مجلس الأمة في جلسة خاصة، وتتم مبايعة ولي العهد بموافقة أغلبية الأعضاء، ثم يصدر مرسوم أميري بهذا التعيين، وتتم الإجراءات خلال سنة من توليته.

الفصل الثاني عشر

الإمارات العربية المتحدة

التركيب الاجتماعي

الإسم الرسمي: الإمارات العربية المتحدة.

العاصمة : أبو ظبي.

ديموغرافية: الإمارات العربية المتحدة:

عدد السكان: ٢٤٠٧٤٦٠ نسمة.

الكثافة السكانية: ٢٩ نسمة/ كلم٢.

عدد السكان بأهم المدن:

- **أبو ظبي:** ٦٦٦٢٥٠.
- **دبي:** ٦٨٦٠٠٠.
- **الشارقة:** ٤٤١٠٠٠.

جغرافية الإمارات العربية المتحدة.

المساحة الإجمالية: ٨٣٦٠٠كلم٢.

مساحة الأرض: ٨٣٠٠٠كلم.

الموقع:

تقع الإمارات العربية المتحدة على ساحل الخليج العربي في القسم الجنوبي الغربي من قارة آسيا، وفي القسم الجنوبي الشرقي من شبه الجزيرة العربية وتضم سبع إمارات يحدها من الشمال قطر وبحر الخليج ومن الجنوب والغرب السعودية ومن الشرق الخليج العربي ومن الجنوب الشرقي سلطنة عمان.

حدود الدولة الكلية: ١٠١٦ كلم منها: ٤١٠ كلم مع سلطنة عمان، ٥٨٦ كلم مع المملكة العربية السعودية، ٢٠كلم مع دولة قطر.

طول الشريط الساحلي: ١٤٤٨ كلم.

أعلى قمة : جبل حفيب ١١٨٩م.

الأنهار: توجد فيها بعض المجاري التي تجف صيفا.

المناخ:

شديد الحرارة صيفا مع ارتفاع الرطوبة في المناطق الساحلية التي قد تصل في بعض أيام فصل الصيف إلى أكثر من ٩٠% أما فصل الشتاء فهو دافئ وقليل الأمطار.

طبوغرافية السطح:

سطحها عبارة عن سهول ساحلية ضيقة تحصرها مناطق صحراوية رملية من الجنوب والغرب وهي امتداد لصحراء شبه الجزيرة العربية، بينما توجد مرتفعات في أقصى الشرق والشرق الجنوبي، حيث حدود سلطنة عمان، توجد فيها السبخات مثل سبخة أبو ظبي والسعديات.

الموارد الطبيعية : البترول ، الغاز الطبيعي، الزيت.

استخدام الأرض: لا وجود للغابات، المروج والمراعي ٢.٤%، الأراضي الزراعية التي تزرع بشكل دائم ٠.٢% الأراضي المبنية وغير المستغلة وغير ذلك ٩٧.٤%.

المؤشرات الإقتصادية.

- **الوحدة النقدية:** الدرهم الإماراتي – ١٠٠ فلس.

- **إجمالي الناتج المحلي:** ٥٤.٢ مليار دولار.

- **معدل الدخل الفردي:** ٢٤٠٠٠ دولار.

المساهمة في إجمالي الناتج المحلي.

- الزراعة: ٣%.

- الصناعة: ٥٢%.

- التجارة والخدمات: ٤٥%.

القوة البشرية العاملة:

- الزراعة: ٨%.

- الصناعة: ٣٢%.

- التجارة والخدمات: ٦٠%.

- معدل البطالة:-

- معدل التضخم: ٤.٥%.

رأس الخيمة: ١٥٧٠٠٠.

عجمان: ١٣٩٠٠٠.

الفجيرة: ٨٧٠٠٠.

أم القيوين: ٤٢٠٠٠.

نسبة عدد سكان المدن: ٨٥%.

نسبة عدد سكان الأرياف: ١٥%.

معدل الولادات: ١٨.١١ ولادة لكل ألف شخص.

معدل الوفيات الإجمالي: ٣.٧٩ لكل ألف شخص.

معدل الوفيات الأطفال: ١٦.٦٨ حالة وفاة لكل ألف طفل.

نسبة نمو السكان: ١.٥٩%.

معدل الإخصاب (الخصب): ٣.٢٣ مولود لكل امرأة.

توقعات مدى الحياة عند الولادة.

- **الإجمالي:** ٧٤.٣ سنة.

- **الرجال:** ٧١.٨ سنة.

- **النساء:** ٧٦.٩ سنة.

نسبة الذين يعرفون القراءة والكتابة:

- **الإجمالي:** ٩٠.٦%.

- **الرجال:** ٩٥.٣%.

- **النساء:** ٨٦.٥.

اللغة: العربية هي اللغة الرسمية مع استخدام واسع للفارسية والإنكليزية والهندية والأوردية.

الدين: ٩٨% من السكان مسلمون، ٢% ديانات أخرى.

الأعراق البشرية: أغلبية السكان من العرب مع وجود فارسي.

التقسيم الإداري:

الإمارة	العاصمة	المساحة كلم٢	السكان%
أبو ظبي	أبو ظبي	٧٣٠٦٠	٤١.٣
عجمان	عجمان	٢٦٠	٤
الشارقة	الشارقة	٢٦٠٠	١٦.٥
دبي	دبي	٣٩٠٠	٢٥.٨
الفجيرة	الفجيرة	١٣٠٠	٣.٤
أم القيوين	أم القيوين	٧٨٠	١.٨
راس الخيمة	راس الخيمة	١٧٠٠	٧.٢

أهم الصناعات: مشتقات النفط، مواد بتروكيميائية، مواد البناء، صناعة الزوارق، صناعة الؤلؤ، صناعات كهرومنزلية.

المنتجات الزراعية: الخضار، التمور، الفواكه.

المواصلات:

- **دليل الهاتف:** ٩٧١.
- **سكك حديدية:** ٢٠٠٠م.
- **طرق رئيسية:** ٤٧٥٠كلم.

أهم المرافئ: ميناء جبل علي، الفجيرة، زايد، راشد، خالد، خورفاكان، صقر.

عدد المطارات:٦.

أهم المناطق السياحية: المناطق الحرة، المتاحف ، الشواطئ و المسابح، حديقة الحيوان.

المؤشرات السياسية.

شكل الحكم: اتحاد فدرالي.

الاستقلال: ٢ كانون الأول ١٩٧١.

العيد الوطني: يوم الاستقلال (٢ كانون الأول).

تاريخ الانضمام إلى الأمم المتحدة : ١٩٧١.

نبذة تاريخية

كانت دولة الإمارات العربية المتحدة إمارات متفرقة لا يربطها كيان سياسي واحد قبل عام ١٩٧١، وكانت ترتبط بمعاهدات حماية مع بريطانيا، وفي اليوم التالي لإنسحاب القوات البريطانية من الإمارات المتصالحة في الخليج وافق حكام تلك الإمارات على الإتحاد فيما بينهم تحت اسم الإمارات العربية المتحدة،

واختاروا حاكم إمارة أبو ظبي الشيخ زايد بـن سلطان آل نهيـان رئيسـا والشيخ راشـد بـن سعيد المكتوم حاكم دبي نائبا للرئيس. ولا يزال الشيخ زايد يتولى مقاليد السلطة ويعاونه ابنه وولي عهده الشيخ خليفة.

وفي عام ١٩٧٦ أعيد انتخاب الشيخ زايد رئيسا للبلاد مـن قبل المجلس الـوطني الاتحادي، ووافق المجلس كذلك على مـنح الحكومـة الفيدراليـة سلطات أوسـع فيمـا يتعلق بتنظيـم شـؤون المخابرات والهجرة والجوازات والجنسية والأمن العام والإشراف على الحدود.

تحكم كل إمارة من الإمارات السبع أسرة حاكمة ينتقل فيها الحكم وراثيا، آل نهيـان في أبـو ظبي، وآل مكتوم في دبي، والقاسمي في الشارقة ورأس الخيمـة، والنعيمـي في عجمـان، والمعـلا في أم القيوين، والشرقي في الفجيرة.

الدستور ومؤسسات الحكم.

في عام ١٩٧١ أقر الدستور المؤقت للاتحاد الذي بموجبه أنشئت هيئاتـه الاتحاديـة والسلطة العليا بموجب هذا الدستور هي المجلس الأعلى الذي يضم حكام الإمـارات السبع، والـذي ينتخـب رئيسا ونائب رئيس من بين أعضائه، ويعين رئيس البلاد رئيس الوزراء ، كما يوجد مجلس تشريعي متمثلاً في المجلس الوطني الاتحادي مكون من ٤٠ عضوا تعينهم الإمارات لمدة عامين يتمتع بصفة استشارية.

الأسر الحاكمة في الإمارات:

١- أبو ظبي:

تأسست مشيخة أبو ظبي عام ١٧٦١ تحت حكم قبيلة بني ياس برئاسة ذياب بن عيسى بـن نهيان، وما زالت تحكم أبو ظبي ثم الإمارات منذ ذلك الوقت حتى الآن.

حكام آل نهيان في أبو ظبي:

الحاكم	مدة الحكم	الخروج من السلطة
ذياب بن عيسى بن نهيان	١٧٦١-١٧٩٣	الاغتيال
شخبوط بن ذياب	١٧٩٣-١٨١٦	سلمي (نقل الحكم لابنه)
محمد بن شخبوط	١٨١٦-١٨١٨	الوفاة الطبيعية
طحنون بن شخبوط	١٨١٨-١٨٣٣	الاغتيال
خليفة بن شخبوط	١٨٣٣-١٨٤٥	الاغتيال
سعيد ين طحنون	١٨٤٥-١٨٥٥	عزل بإرادة شعبية
زايد بن خليفة	١٨٥٥-١٩٠٩	وفاة طبيعية
طحنون بن زايد	١٩٠٩-١٩١٢	وفاة طبيعية
حمدان بن زايد	١٩١٢-١٩٢٢	اغتيل على يد أخيه سلطان بن زايد
سلطان بن زايد	١٩٢٢-١٩٢٦	اغتيل على يد أخيه صقر
صقر بن زايد	١٩٢٦-١٩٢٩	اغتيل على يد ابن أخيه شخبوط
شخبوط بن سلطان	١٩٢٨-١٩٦٦	تنازل لأخيه زايد
زايد بن سلطان	منذ ١٩٦٦.	

٢- دبي:

تأسست أسرة آل مكتوم في دبي عام ١٨٣٣ وهي فرع من قبيلة بني ياس التي ينتمي إليها أيضا آل نيهان.

حكام آل مكتوم في دبي.

الحاكم	مدة الحكم
مكتوم بن بطي بن سهيل	١٨٥٢-١٨٣٣
سعيد بن بطي	١٨٥٩-١٨٥٢
حشر بن مكتوم	١٨٨٦-١٨٥٩
راشد بن مكتوم	١٨٩٤-١٨٨٦
مكتوم بن حشر	١٩٠٦-١٨٨٤
بطي بن سهيل (اخو حشر) بن مكتوم	١٩١٢-١٩٠٦
سعيد بن مكتوم	١٩٥٨-١٩١٢
راشد بن سعيد	١٩٩٠-١٩٥٨
مكتوم بن راشد	منذ ١٩٩٠

حكام القاسمي في الشارقة ورأس الخيمة.

الحاكم	مدة الحكم
سلطان بن صقر القاسمي (حاكم الإمارتين)	١٨٦٦-١٨٠٣
خالد بن سلطان بن صقر (الشارقة فقط)	١٨٦٨-١٨٦٦
حميد بن عبد الله بن سلطان (رأس الخيمة)	١٩٠٠-١٨٦٦

ملاحظة:

- أسس أسرة القاسمي في الشارقة ورأس الخيمة الشيخ سلطان بن صقر القاسمي، وحكم المشيختين حتى عام ١٨٦٦، وبعد وفاته انفصلتا وحكم ابنه الشيخ خالد الشارقة وحفيده الشيخ حميد رأس الخيمة على النحو التالي:

رأس الخيمة

الحاكم	مدة الحكم
رحمن القاسمي	-
مطر بن رحمن القاسمي	-
راشد بن مطر القاسمي	(-)-١٧٧٧
صقر بن راشد القاسمي	١٧٧٧-١٨٠٣
سلطان بن صقر القاسمي (المرة الأولى)	١٨٠٣-١٨٠٨
الحسين بن علي القاسمي	١٨٠٨-١٨١٤
الحسن بن رحمن	١٨١٤-١٨٢٠
سلطان بن صقر القاسمي(المرة الثانية)	١٨٢٠-١٨٦٦
إبراهيم بن سلطان القاسمي	١٨٦٦-١٨٦٧
خالد بن سلطان القاسمي	١٨٦٧-١٨٦٨
سالم ين سلطان القاسمي	١٨٦٨-١٨٦٩
حميد بن عيد الـلـه القاسمي	١٨٦٩-١٩٠٠
سلطان بن سالم القاسمي	١٩٢١-١٩٤٨
صقر بن محمد القاسمي	منذ ١٩٤٨

الشارقة

الحاكم	مدة الحكم
سلطان بن صقر (المرة الأولى)	(-)-١٨٤٠
سقر بن سلطان	١٨٤٠-(-)
سلطان بن صقر (المرة الثانية)	١٨٤٠-١٨٦٦
خالد بن سلطان القاسمي	١٨٦٦-١٨٦٨

سالم بن سلطان القاسمي(بالاشتراك مع الحكام الآتي أسماءهم)	١٨٦٨-١٨٨٣
إبراهيم بن سلطان القاسمي	١٨٦٩-١٨٧١
صقر بن خالد القاسمي	١٨٨٣-١٩١٤
خالد بن أحمد القاسمي	١٩١٤-١٩٢٤
سلطان بن صقر القاسمي	١٩٢٤-١٩٥١
محمد بن صقر القاسمي	أوائل ١٩٥١- مايو/ أيار من العام نفسه
صقر بن سلطان القاسمي	١٩٥١-١٩٦٥
خالد بن محمد	١٩٦٥-١٩٧٢
صقر بن محمد القاسمي	١-١٩٧٢/٥
سلطان بن محمد القاسمي	١٩٧٢-١٩٨٧
عبد العزيز بن محمد القاسمي	١٧-١٩٨٧/٥/٢٣
سلطان بن محمد القاسمي (المرة الثانية)	منذ ١٩٨٧/١/٢٣

حكام النعيمي في عجمان

راشد بن حميد النعيمي	**١٨٢٠-١٨٣٨**	**الوفاء الطبيعية**
حميد بن راشد بن حميد النعيمي (المرة الأولى)	١٨٣٨-١٨٤١	العزل بالقوة
عبد العزيز بن راشد بن حميد النعيمي	١٨٤١-١٨٤٨	القتل
حميد بن راشد ين حميد النعيمي (المرة الثانية)	١٨٤٨-١٨٧٣	الوفاء الطبيعية

راشد بن حميد بن راشد بن حميد النعيمي	١٨١٩-١٨٧٣	الوفاء الطبيعية
حميد بن راشد بن حميد بن راشد بن حميد النعيمي	١٨٩١-١٩٠٠	القتل
عبد العزيز بن حميد بن راشد	١٩٠٠-١٩٠٨	وفاة طبيعية
حميد بن عبد العزيز	١٩٠٨-١٩٢٨	وفاة طبيعية
راشد بن حميد بن عبد العزيز	١٩٢٨-١٩٨١	وفاة طبيعية
حميد بن راشد	منذ ١٩٨١	

ملاحظة:

- أسس الأسرة الشيخ راشد بن حميد النعيمي عام ١٨٢٠ حتى وفاته عام ١٨٣٨ ثم خلفه ابنه حميد حتى عام ١٨٤١ إلى أن عزلة بالقوة أخوه عبد العزيز وتولى الحكم حتى عام ١٨٤٨ حيث قتل وعاد مرة أخرى حميد إلى الحكم حتى وفاته عام ١٨٧٣، granted وورث الحكم ابنه الشيخ راشد وخلفه بعد وفات ابنه الشيخ حميد إلى عام ١٩٠٠ وهو العام الذي اغتيل فيه على يد عمه الشيخ عبد العزيز الذي تولى الحكم منذ ذلك التاريخ وحصر الحكم في أبنائه حتى الآن.

٤- أسرة آل معلا في أم القوين

الحاكم	مدة الحكم
ماجد آل معلا	١٧٧٥-(-)
راشد بن ماجد آل معلا	(-)-١٨١٦
عبد الله بن راشد بن ماجد آل معلا	١٨١٦-١٨٥٣
علي بن عبد الله	١٨٥٣-١٨٧٣

أحمد بن عبد الـلـه	١٩٠٤-١٨٧٣
راشد بن أحمد	١٩٢٢-١٩٠٤
عبد الـلـه بن راشد	١٩٢٣-١٩٢٢
أحمد بن إبراهيم آل معلا	١٩٢٩-١٩٢٣
أحمد بن راشد	١٩٨١-١٩٢٩
راشد بن أحمد	منذ ١٩٨١

ملاحظة:

* غير معلوم لدينا متى انتهت فترة حكم الشيخ ماجد آل معلا وكذلك غير معلوم أيضا متى تولى الشيخ راشد بن ماجد الحكم خلفا لأبيه.

٥- حكام الفجيرة

الحاكم	مدة الحكم
محمد بن أحمد الشارقي	١٩٧٤-١٩٤٢
أحمد بن محمد الشارقي	منذ ١٩٧٤

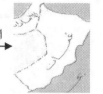

الفصل الرابع عشر

سلطنة عمان

نبذة تاريخية:

عرفت منطقة عمان تاريخيا باسم مجان. وتدل الأثريات التي عثر عليها أنها كانت جزءا من الحضارة القديمة التي شملت بلاد فارس امتدادا إلى أفغانستان وشرقي الهند في القرن الثالث قبل الميلاد.

زحف الإسكندر الأكبر بعد احتلاله لمصر بجيشه لمهاجمة إمبراطورية فارس، وبذلك تخلصت عمان ومنطقة الخليج من سيطرة الفرس في منتصف القرن الثالث قبل الميلاد. ولم تستقر هذه المنطقة إلا بمجئ الإسلام.

وخلال ثمانية قرون هاجرت بعض القبائل العربية إلى عمان على أثر انهيار سد مأرب وعرف هؤلاء باليمنيين أو القحطانيين كما وصلت عمان قبائل من خارج الجزيرة العربية كالهنود والباكستانيين وغيرهم.

وفي عام ٦٢٩م أرسل الرسول صلى الله عليه وسلم إلى الملك جيفر الجنلدي الأزدي حاكم عمان يدعوه للإسلام ولما وصل عمرو بن العاص أعلن جيفر إسلامه وتبعه أخوه عبد الله.ولما رفض الفرس المقيمون في عمان دعوة الإسلام حاربهم جيفر بمن معه وانتصر عليهم وأمرهم بمغادرة عمان.

ولما توفي رسول الله صلى الله عليه وسلم ذهب عبد الله مع عمرو بن العاص إلى أبي بكر الصديق (رضي الله عنه) ليختار من يراه واليا على عمان وقد ولى جيفر وأخاه ولاية عمان.

وعين في عهد عمر بن الخطاب (رضي الله عنه) عثمان بن أبي العاص على صدقات عمان.

شهدت عمان نشاط الخوارج الذين وصلوا عقب هزيمتهم أمام جيش الإمام علي بن أبي طالب (كرم الله وجهه) في موقعه النهروان.

وأعلن أهل عمان استقلالهم عن الخلافة الأموية وظلت عمان بعيدة عن السلطة المركزية في دمشق حتى عهد عبد الله بن مروان حيث تمكن الحجاج بن يوسف الثقفي من إستعادة عمان لسلطة الأمويين وفر آل الجلندي إلى زنجبار واستعمل الحجاج الحبار بن صبر المجاشعغي واليا على عمان.

وقد تولى عدد من ولاة الأمويين على عمان وفي عهد الخليفة عمر بن عبد العزيز (رضي الله عنه) عين عمر بن عبد الله الأنصاري واليا على عمان.

ثم تنحى عمر عن الولاية وأعاد السلطة إلى زياد بن المهلب.

وقد عاش الأباضيون في عمان وكان لهم دور كبير في الصراع العسكري في الكفاح والاستقلال واستقل العمانيون عن الخلافة العباسية وعقدت الإمامة للجلفدي بن مسعود جيفر بن جلندي عام ١٢٥ هـ.

أرسل أبو العباس السفاح جيشا بقيادة حازم بن خزيمة لقتال العمانيين وانتصر عليهم وقتل أمامهم في معركة رأس الخيمة.

وبعد موت السفاح بقيت عمان بدون واليا حتى عام ١٤٥هـ.

وكانت الإمامة الإباضية بالإنتخاب ثم تحولت إلى النظام الوراثي ثلاث مرات في عهد بني تيهان واليعاربة والبوسعيديين.

واستمر حكم أئمة الإباضية حتى الاحتلال البرتغالي لعمان عام ١٥٠٧ حتى ١٦٢٤، ثم انتقل الحكم إلى اليعاربة عام ١٦٢٤ بعد أن طردوا المستعمر البرتغالي.

وعادت عمان للمذهب الإباضي تحت قيادة الإمام ناصر بن مرشد. وفي عام ١٧٤١ جاء آل سعيد إلى حكم عمان.

ويعود تزويج بور سعيد إلى أحمد بن سعدي المستشار لسيف بن سلطان آخر من حكم عمان من اليعاربة.

وتوالى الأئمة من آل بور سعيد حتى آل الأمر الآن للسلطان قابوس ابن سعيد منذ عام ١٩٧٠ ومازال في الحكم.

التركيب الاجتماعي

أصل التسمية: من اسم الزعيم عُمان ين قحطان (القرن الثاني الميلادي) الذي هاجر إلى عُمان بعد انهيار سد مأرب. وقد عرفت البلاد حتى العام ١٩٧٠ بإسم مسقط وعُمان.

الإسم الرسمي: سلطنة عمان.

العاصمة : مسقط.

ديموغرافية عُمان.

عدد السكان: ٢٦٢٢١٩٨ نسمة.

الكثافة السكانية: ٨.٥ نسمة/ كلم٢.

عدد السكان بأهم المدن:

مسقط: ٦٧٨٠٠٠ نسمة.

نيوزى: -

صلالة: -

صحار: -

نسبة عدد سكان المدن: ٨٢%.

نسبة عدد سكان الأرياف: ١٨%.

معدل الولادات: ٣٧.٩٦ ولادة لكل ألف شخص.

معدل الوفيات الإجمالي: ٤.١ وفيات لكل ألف شخص.

معدل وفيات الأطفال: ٢٢.٥٢ حالة وفاة لكل ألف طفل.

نسبة نمو السكان: ٣.٤٣%.

معدل الإخصاب (الخصب): ٦.٠٤ مولود لكل امرأة.

توقعات مدى الحياة عند الولادة:

- الإجمالي: ٧٢ سنة.

- الرجال: ٦٩.٩ سنة.

- النساء: ٧٤.٣ سنة.

نسبة الذين يعرفون القراءة والكتابة:

- الإجمالي: ٧٠.٣%.

- الرجال: ٨١%.

- النساء: ٥٩.٦%.

اللغة: العربية الرسمية، يتكلم بعض السكان أيضا الإنكليزية، وبعض اللهجات الهندية.

الديانة: ٨٦% مسلمون، ١٣% هندوس، ١% غير ذلك.

الأعراق البشرية: ٧٣.٥% عرب، ١٨.٧% باكستانيون معظمهم من البلوش، غيرهم ٧.٨%.

التقسيم الإداري:

السكان%	المساحة(كلم٢)	المراكز	المناطق
٢٧.٢	١٣٧٧٠	الرستاق، صحار	الباطنة
١٢.٩	٧٧١١٠	نزوى، إسماعيل	الداخلية
٩.٦	١١٧٥١٠	صلالة	الجنوبية
٢٦.٨	٣٦٧٠	مسقط	مسقط
١.٤	١٥٣٠	كساب	مضرم
١٣.٥	٤١٩٢٠	إيبرا، صور	الشرقية
٨.٦	٥٠٤٩٠	اليريمي، إيبري	الزاهرة

جغرافية عُمان.

المساحة الإجمالي: ٢١٢٤٦٠كلم٢.

مساحة الأرض: ٢١٢٤٦٠كلم٢.

الموقع:

تقع سلطنة عمان في الجزء الجنوبي الشرقي من شبه الجزيرة العربية ويحدها من الجنوبي الغربي اليمن ومن الغرب السعودية ومن الشمال الإمارات والخليج العربي ومن الشرق خليج عمان ومن الجنوب بحر العرب.

حدود الدولة الكلية: ١٣٧٤ كلم، منها : ٦٧٦ كلم مع السعودية، و ٢٨٨ كلم مع اليمن و ٤١٠ مع الإمارات العربية المتحدة.

طول الشريط الساحلي: ٢٠٩٢كلم.

أهم الجبال: الجبل الأخضر، جبل الشام، جبال ظفار.

أعلى قمة: قمة جبل الشام (٣١٧٠متر).

الأنهار: لا أنهار في عُمان.

المناخ:

صحراوي وجاف؛ شديد الحرارة صيفا ودافئ شتاء، حار ورطب على طول الشاطئ، حار وجاف في الداخل؛ وتهب رياح موسمية في الصيف.

الطبوغرافيا: سطحها بوجه عام صحراوي تتخلله الرمال التي تمتد إلى داخل عمان والتي تعتبر امتداد الصحراء الربع الخالي. وفي الجنوب تمتد السهول الشبه الصحراوية.

الموارد الطبيعية: بترول، غاز طبيعي، زيت خام، نحاس ، كروم ، مواد البناء، رخام.

استخدام الأرض: مساحة الأرض الصالحة للزراعة صغيرة جدا والمحاصيل الدائمة كذلك أما الأراضي الخضراء والمراعي فتشكل ٥% من المساحة الكلية، الغابات والإحراج تكاد تكون معدومة. الأراضي المروية قليلة جدا.

النبات الطبيعي: تنمو بعض أشجار النخيل في الواحات وتنمو فوق المرتفعات أشجار الغابات المعتدلة الحارة.

المؤشرات الإقتصادية:

- **الوحدة النقدية:** الريال العماني= ١٠٠٠ بيزة.
- **إجمالي الناتج المحلي:** ١٦.٩ بليون دولار.
- **معدل الدخل الفردي:** ٦٥٠٠ دولار.

المساهمة في إجمالي الناتج المحلي:

- **الزراعي:** ٣.٣%.
- **الصناعة:** ٤٠.٤%.
- **التجارة والخدمات:** ٥٦.٣%.

القوة البشرية العاملة:

- **الزراعة :** -
- **الصناعة:** -
- **التجارة والخدمات:** -
- **معدل البطالة:** -
- **معدل التضخم:** ٠.٨%.

أهم الصناعات : تسييل الغاز الطبيعي، الإسمنت ومواد البناء، تكرير النفط، الصناعات النحاسية.

أهم الزراعات : النخيل، الحبوب، التبغ، الموز، الفواكه والخضرات.

الـثروة الحيوانيـة: الماعز ٧٢٥ ألـف رأس، الأبقـار ١٤٦ ألـف رأس، الضـأن ١٥٥ ألـف رأس،
الدواجن ٣ مليون.

المواصلات:

- دليل الهاتف: ٩٦٨.

- طرق رئيسية: ٩.٦٧٣ كيلو متر.

- أهم المرافئ: ميناء قابوس، ميناء ريصوت.

- عدد المطارات : ٦ (١٩٩٢).

المؤشرات السياسية:

شكل الحكم: نظام ملكي.

الاستقلال: عام ١٦٥٠ (طرد البرتغاليين).

العيد الوطني: ١٨ تشرين الثاني.

تاريخ الانضمام إلى الأمم المتحدة: ١٩٧١.

سلطنة عمان:

تحكم أسرة آل بو سعيد عمان منذ عام ١٧٤٦ حتى اليوم وكان حكمها يشمل أيضا شرق
أفريقيا، وفي عام ١٨٥٦ انقسمت السلطنة البوسعيدية إلى دولتين منفصلتين إحداهما في مسقط
والأخرى في زنجبار ولكن حكم الأسرة انتهى في زنجبار عام ١٩٦٤ بعد انقلاب عسكري.

تحكم أسرة آل بو سعيد عمان بدون دستور مكتوب حتى اليوم ولكن السلطة عمليا تنتقل
من الأب إلى الأبن منذ عام ت١٨٨٨ وقد عزل السلطان سعيد والده تيمور عام ١٩٣٢ وظل يحكم
حتى عام ١٩٧٠ عندما عزله ابنه قابوس الذي يحكم عمان حتى اليوم، حصلت سلطنة عمان على
عضوية جامعة الدول العربية عام ١٩٧١، وعلى عضوية منظمة الأوبك العالمية عام١٩٨١، وأصبحت
عضوا في مجلس التعاون الخليجي منذ إنشائه عام ١٩٨١.

وفي نوفمبر/ تشرين الثاني ١٩٩٦ صدر مرسوم سلطاني يحدد النظام الأساسي للدولة العمانية، ورئاسة مجلس الوزراء وتعيين نواب رئيس مجلس الوزراء والوزراء، ويمنع النظام الجديد من امتلاك حصص في الشركات التي تقوم بأعمال مع الحكومة ، كما ينشئ هيئة تشريعية عمانية من مجلسين.

وبذلك فالسلطان هو رئيس الدولة ورئيس الحكومة في الوقت نفسه، ومجلس الوزراء يعينه السلطان.

وبالنسبة للهيئة التشريعية في عمان فتتكون من مجلسين، الأول الهيئة التشريعية وتتكون من ٤١ عضوا يعينهم السلطان ولهم سلطة استشارية فقط. والثاني مجلس الشورى ويتكون من ٨٢ عضوا ينتخبهم مجموعة محددة من المقترعين، ولكن الاختيار الأخير يكون للسلطان ويحق له إلغاء نتائج الانتخابات، ولهذا المجلس سلطات محدودة تتمثل في اقتراح القوانين، وغير ذلك فسلطاته استشارية فقط، ومدة العضوية به أربع سنوات.

سلسلة حكام سلاطنة مسقط ثم سلاطنة زنجبار

في عمان وزنجبار.

أولا: السلطنة المتحدة.

مدة الحكم	الحاكم
١٧٨٣-١٧٤١	أحمد بن سعيد
١٧٨٦-١٧٨٣	سعيد بن أحمد
١٧٩٢-١٧٨٦	حمد بن سعيد
١٨٠٦-١٧٩٢	سلطان بن أحمد
١٨٥٦-١٨٠٦	سعيد بن سلطان

ملاحظة:

● بعد وفاة السلطان سعيد بن سلطان اقتسمت السلطنة بين عمان وزنجبار.

ثانيا: في عمان

مدة الحكم	الحاكم
١٨٥٦-١٨٦٦	ثويني بن سعيد
١٨٦٦-١٨٦٨	سالم بن ثويني
١٨٦٨-١٨٧٠	عزان بن قيس
١٨٧٠-١٨٨٨	تركي بن سعيد
١٨٨٨-١٩١٣	فيصل بن تركي
١٩١٣-١٩٣٢	تيمور بن فيصل
١٩٣٢-١٩٧٠	سعيد بن تيمور
منذ ١٩٧٠	قابوس بن سعيد

ثالثأً: في زنجبار

مدة الحكم	الحاكم
١٨٥٦-١٨٧٠	ماجد بن سعيد
١٨٧٠-١٨٨٨	برعش بن سعيد
١٨٩٠-١٨٩٣	علي بن سعيد
١٨٩٣-١٨٩٦	حمد
١٨٩٦-١٩٠٢	حمود
١٩٠٢-١٩١١	علي بن حمود
١٩١١-١٩٦٠	خليفة
١٩٦٠-١٩٦٣	عبد الله بن خليفة
١٩٦٣-١٩٦٤	جمشيد بن عبد الله

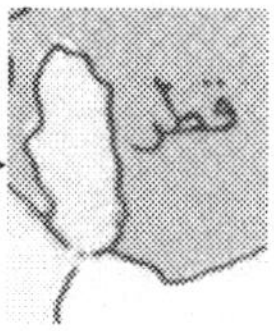

الفصل الرابع عشر

قطـــــــر

التركيب الاجتماعي

الإسم الرسمي: دولة قطر.

العاصمة: الدوحة.

ديمغرافية قطر:

عدد السكان: ٧٦٩١٥٢ نسمة.

الكثافة السكانية: ٦٧ نسمة/ كلم٢.

عدد السكان بأهم المدن:

- **الدوحة:** ٣٨٤٣٩٦ نسمة.
- **الريان:** ١٢٧١٦٧ نسمة.
- **الوكرة:** ٨٩١٣٥ نسمة.

نسبة عدد السكان المدن: ٩٢%.

نسبة عدد سكان الأرياف: ٨%.

معدل الولادات: ١٥.٩١ ولادة لكل ألف شخص.

معدل الوفيات الإجمالي: ٤.٢٦ لكل ألف شخص.

معدل وفيات الأطفال: ٢١.٤٤ حالة وفاة لكل ألف طفل.

نسبة نمو السكان: ٣.٤٨%.

معدل الإخصاب (الخصب): ٣.١٧ مولود لكل امرأة.

توقعات مدى الحياة عند الولادة:

- **الإجمالي**: ٧٢.٦ سنة.

- **الرجال**: ٧٠.٢ سنة.

- **النساء**: ٧٥.٢ سنة.

نسبة الذين يعرفون القراءة والكتابة:

- **الإجمالي**: ٨٠.٨%.

- **الرجال**: ٧٩%.

- **النساء**: ٨٢.٦%.

اللغة: اللغة العربية هي اللغة الرسمية، تعتبر الإنكليزية اللغة الثانوية في البلاد.

الدين: يدين ٩٥% من السكان بالدين الإسلامي.

الأعراق البشرية: يشكل العرب ٤٠% باكستانيون، ١٨% هنود، ١٠% إيرانيون، ١٤% أعراق أخرى.

التقسيم الإداري:

السكان%	المساحة كلم٢	المركز	البلديات
٥٨.٩	١٣٢	الدوحة	الدوحة
٠.٥	٦٢٢	الغويرية	الغويرية
٠.٧	٣٧١٥	جريان الباطنة	جريان الباطنة
٢.٠	٢٥٦٥	الجميلة	الجميلة
٢.٤	٩٩٦	الخور	الخور
٢٤.٩	٨٨٩	الريان	الريان
١.٢	٩٠١	مدينة الشمال	الشمال
٣.٠	٤٩٣	أم صلال محمد	أم صلال
٦.٤	١٢١٤	الوكرة	الوكرة

جغرافية قطر:

المساحة الإجمالية: ١١٤٣٧ كلم٢.

مساحة الأرض: ١١٤٣٧كلم٢.

الموقع:

تقع قطر في الجزء الجنوبي الشرقي لشبه الجزيرة العربية والجزء الجنوبي الغربي للقارة الآسيوية، وهي شبه جزيرة في سواحل الخليج العربي على شكل قوس مستطيل يتجه نحو الجنوب ويحدها من جهات الشرق والغرب والشمال الخليج العربي أما من الجهة الجنوبية فتحدها المملكة العربية السعودية.

حدود الدولة الكلية : ٦٠ كلم مع المملكة العربية السعودية.

طول الشريط الساحلي: ٥٦٣ كلم.

المناخ:

صحراوي ساحلي حار صيفا مع ارتفاع في نسبة الرطوبة ودافئ شتاء يميل إلى البرودة في المناطق الداخلية، وأمطار قليلة شتوية موسمية.

الطبوغرافيا:

سطح قطر عبارة عن سهل منبسط يتراوح ارتفاعه ما بين مستوى سطح البحر إلى ٢٠٠ متر فوق سطح الأرض. وتغلب عليه المناطق الصحراوية الرملية، وتوجد بعض الواحات الزراعية القليلة.

الموارد الطبيعية: النفط الخام، الغاز الطبيعي، السمك، الحديد.

استخدام الأرض: تشكل الأرض الصالحة للزراعة نسبة ضئيلة من المساحة الكلية، نسبة المحاصيل الدائمة ضئيلة، المروج والمراعي ٥%، الغابات والأراضي الحرجية معدومة.

النبات الطبيعي: توجد بعض الواحات الزراعية بشكل بسيط.

المؤشرات الإقتصادية.

الوحدة النقدية: الريال القطري = ١٠٠ درهم.

إجمالي الناتج المحلي: 15.1 مليار دولار.

معدل الدخل الفردي ٢٠٣٠٠ دولار.

المساهمة في اجمالي الناتج المحلي:

- **الزراعة :** ١%.

- **الصناعة:** ٤٩%.

- **التجارة والخدمات:** ٥٠%.

القوة البشرية العاملة:

- **الزراعة:** ١%.

- **الصناعة:** ٤٩%.

- **التجارة والخدمات:** ٥٠%.

- **معدل البطالة:** ٢.٧%.

- **معدل التضخم:** ٢.٥%.

أهم الصناعات: صناعات بتروكيماوية، تكرير النفط، سمدة، فولاذ وصلب، مواد البناء.

المنتجات الزراعية: خضر وفاكهة وتمور.

الثروة الحيوانية: الضأن ٢٠٠رأس، الماعز ١٧٢ ألف رأس، الدواجن ٣.٧٥مليون راس.

المواصلات:

دليل الهاتف: ٩٧٤.

طرق رئيسية: ١٢٣٠كلم.

المرافئ الرئيسية: الدوحة، أمسعيد.

عدد المطارات: ٤.

المؤشرات السياسية.

شكل الحكم: ملكي ويحكم البلاد الأمير، لا توجد أحزاب سياسية ويوجد رئيس للوزراء ومجلس شورى.

الاستقلال: ٣ أيلول ١٩٧١.

العيد الوطني: ٣ أيلول.

تاريخ انضمام إلى الأمم المتحدة: ١٩٧١.

نبذة تاريخية

١- عصر العبيديين.

شهدت شبه جزيرة قطر ثقافات وحضارات مختلفة على مر مراحل التاريخ البشري، حتى في العصر الحجري الأول والمتأخر. ودلت الاكتشافات التي تمت مؤخرا عند أطراف إحدى الجزر في غرب قطر وجودا بشريا خلال عصور ما قبل التاريخ. ولقد أظهر موقع أثري يعود إلى الألف السادس قبل الميلاد في منطقة شقرة جنوب شرق قطر الدور الرئيسي الذي لعبة البحر- الخليج - في حياة سكان شقرة. كذلك بينت أعمال الحفر التي تمت في منطقة الخور في شمال شرق قطر وفي بير زكريت ورأس ابروق، إلى اكتشاف آنية فخارية ملونة ومعدات حجرية وصوان وأدوات حجرية تتألف من كاشطات ومثاقب، تبين أن قطر كانت على اتصال بحضارة العبيديين التي ازدهرت في بلاد الرافدين خلال

الفخارية والسمك المجفف، بين التجمعات السكانية في قطر العبيديين في بلاد الرافدين.

منظر عام لتلال الخور تعود للعصر الحجري الحديث، كما ثبت من دراسة البقايا العضوية التي جمعتها البعثة الفرنسية للتنقيب، مما برهن أن الإنسان كان يعيش في هذا الموقع إبان الفترة الواقعة أواسط الألف الخامس قبل البلاد.

٢- العصر البرونزي: أثر بلاد الرافدين.

برزت شبه جزيرة قطر كواحدة من أكثر المناطق ثراء في الخليج من ناحية التجارة وذلك خلال الألف الثالث والثاني قبل الميلاد، وهي الفترة التي شهدت انتشار حضارات العصر- البرونزي من بلاد الرافدين إلى التجمعات السكانية في وادي الإندوس بالهند. وكانت التجارة بين بلاد الرافدين ووادي الإندوس تمر عبر الخليج، حيث لعب الساحل الغربي لقطر دورا جوهريا في نقل السلع التجارية بواسطة السفن، كما يتبين من اكتشاف أجزاء من الفخار اليوناني في منطقة رأس ابروق، تدل أن شبه جزيرة قطر قد اجتذبت مهاجرين موسميين خلال ذلك العصر.

٣- عصر الكاستين

سيطر كاساتيو جبال زاغروس على مقاليد الأمور ببابل في أواسط الألف الثاني قبل الميلاد، وامتد نفوذهم إلى كامل منطقة الخليج ومن ضمنها إحدى الجزر الصغيرة في خليج الخور شمال الدوحة، هذا وتدل الأواني الخزفية التي تم العثور عليها في منطقة الخور على الصلات الوثيقة بين قطر وبابل خلال هذه الفترة.

٤- الأثر الإغريقي والروماني.

كانت التجارة الإغريقية – الرومانية بين أوروبا والهند تمر عبر الخليج العربي خلال سنة ١٤٠ ق.م. وتدل الشواهد الأثرية التي وجدت في قطر، خاصة في

رأس ابروق على نفوذ إغريقي وروماني في شبه الجزيرة القطرية حيث وجدت آثار تشمل دارا سكنية، معلما حجريا، تنورا ورابية منخفضة تحتوي على كميات كبيرة من عظام السمك.

ولقد أظهرت الحفريات التي عملت في الدار وجودا حجرتين متصلتين بجدار فاصل بحجرة أخرى ثالثة تطل على البحر . مما يدل بدون شك أن رأس ابروق كانت محطة صيد موسمية ينزل فيها الصيادون لتجفيف أسماكهم خلال هذه الفترة، وفي الحقيقة فإن أهم سلعتين كانت تصدرهما قطر خلال الفترة الإغريقية – الرومانية هما اللآلئ والسمك المجفف.

٥- عصر الساستنين.

برزت منطقة الخليج العربي بأكملها كأهم مركز تجاري يربط الشرق والغرب خلال عهد الإمبراطورية الفارسية الساسانية في القرن الثالث الميلادي.

كان يتم مقايضة السلع التي تأتي من الشرق، وأهمها: النحاس والتوابل وأنواع من الأخشاب(الصندل – التيك – الساج – المهقوني)، بحمولات السفن من : الأصباغ، المنسوجات، اللآلئ، التمور، والذهب والفضة، ولقد لعبت قطر دورا بارزا في هذه الحركة التجارية الساسانية وكانت تساهم على الأقل بأثنتين من السلع وهما الأصباغ الإرجوانية واللآلئ الثمينة.

٦- العصر الإسلامي.

اكتسح الإسلام كامل جزيرة العرب في القرن السابع الميلادي. وبانتشار الإسلام في المنطقة أرسل الرسول (صلى الله عليه وسلم) أول مبعوث له وهو العلاء الحضرمي إلى حاكم البحرين(الساحل الممتد من الكويت شمالا وحتى قطر جنوبا بما في ذلك الإحساء وجزر البحرين) المنذر بن ساوى التميمي في عام ٦٢٨م، يدعوه فيها إلى الإسلام فاستجاب له وأعلن إسلامه وتبعه في ذلك كل سكان

قطر من العرب وكذلك بعض الفرس الذين كانوا يقطنون فيها وبذلك بدأ العهد الإسلامي في قطر.

وقد ولى الرسول (صلى الله عليه وسلم) العلاء الحضرمي البحرين وفرض الجزية على من لم يدخل في الإسلام. وخلال هذه الفترة المبكرة من العصر الإسلامي كانت قطر تشتهر بالمنسوجات التي كانت تغزل فيها ويتم تصديرها إلى مناطق مختلفة. ويقال أن الرسول (صلى الله عليه وسلم) وزوجته أم المؤمنين السيدة عائشة رضي الله عنها قد لبسا بردتين قطريتين، وكذلك فعل سيدنا عمر بن الخطاب الذي كان يملك عباءة قطرية موشاة بالريش.

بقايا أثر حصن قديم في الحويلة على الساحل الشمالي الشرقي لقطر بين رأس قرطاس والجساسية. وتعود إلى بداية العصر الإسلامي ويصف لوريمر الحويلة في كتاب (دليل الخليج) بأنها المدينة الرئيسية في قطر، وكانت عامرة ومعروفة تاريخيا قبل مدينتي الزبارة والدوحة.

نقش على تل الجساسية يشبه هيئة سفينة بمجاديف ونقش آخر يمثل صفين من الدوائر، ويبدو أنها بقايا مستوطنة بالقرب من الحويلة والجساسية. وهي من أهم وأعجب النقوش الصخرية إذ يقرب عددها من تسعمائة نقش مفرد ومركب.

٧- العصر الأموي والعباسي.

خلال حكم الأمويين والعباسيين في دمشق وبغداد على التوالي تعزز نمو التجارة في قطر. وقد اعتبر المؤرخ العربي ياقوت الحموي المتوفي في عام ١٢٢٩م قرية قطر مركزا لتربية الجمال والخيول حكم الأمويين. وخلال فترة صعود العباسيين في بغداد تطورت صناعة اللؤلؤ من الشرق وامتد ذلك إلى الصين.

وبتوسع هذه الأنشطة التجارية على الساحل العربي، بدأت التجمعات السكانية في شمال قطر بالنمو وبالاخص في مروب بمنطقة يوغبي بين الزبارة وأم الماء، حيث وجد أكثر من مائة دار صغيرة مبنية من الحجر.

٨- فترة البرتغاليين.

في بداية القرن السادس عشر أصبحت شبه جزيرة قطر، مع باقي الجزء الغربي من الخليج العربي، تحت سيطرة البرتغاليين . وبإحكام سيطرة هؤلاء على مضيق هرمز وهي أهم نقطة استراتيجية في الخليج، تمكن البرتغاليون من السيطرة على قطر في عام ١٥١٥م. وفي حين أن الجيوش البرتغالية الغازية حصرت نشاط أساطيلها البحرية حول هرمز إلا أن إمبراطوريتهم التجارية ظلت تصدر: الذهب والفضة، المنسوجات الحريرية، القرنفل، اللؤلؤ بأنواعه، العنبر والخيول، عبر مختلف موانئ الخليج بما فيها قطر، ويبدو أن الفيالق البحرية البرتغالية ومن أجل المحافظة على مصالحهم التجارية قد هاجمت قرى الساحل القطري في يناير ١٦٢٥م، إلا أن هذا العدوان والظلم البرتغالي قد وصل إلى نهايته عندما طردهم إمام مسقط عنوة من الخليج في عام ١٦٥٢م.

٩- فترة بني خالد.

سيطر بنو خالد على الجزء الشرقي من الجزيرة العربية، وتوسع نفوذهم إلى منطقة تمتد من قطر إلى الكويت في النصف الأول من القرن الثامن عشر ـ الميلادي. واتخذ بنو خالد الزبارة التي كانت قد اشتهرت كإحدى أهم الموانئ البحرية في الخليج، مركزا إداريا لهم وذلك بعد أن ازدادت صادرات اللؤلؤ إلى مناطق مختلفة من العالم ، وأصبحت الزبارة ميناء العبور الرئيسي ـ لأقاليم بني خالد الشرقية والوسطى في جزيرة العرب.

كانت السلع التي ترد من ميناء سورات في الهند إلى ميناء الزبارة تشمل : الأقمشة القطنية والخشنة والشال الصوفي والشادور، الخيزران، القهوة، السكر، الفلفل والتوابل، الحديد، الصفيح، الزيت، السمن والرز.

ولقد كان يتم الاحتفاظ بجزء من هذه الواردات في الزبارة لتستهلك محليا وفي المناطق المجاورة لها، ثم يتم نقل ما تبقى من هذه السلع عن طريق الجمال إلى

الدراعية في نجد، وإلى منطقة الأحساء التي كانت تابعة لحكم بني خالد، وكذلك إلى الأقاليم الآخرى.

١٠- الحكم البريطاني.

بدأت علاقات بريطانيا بالخليج بصفة عامة بما في ذلك قطر بتأسيس محطة البصرة التجارية التي تتبع شركة الهند الشرقية الإنجليزية في عام ١٦٣٥م، وذلك بهدف اكتشاف التجارة في جزيرة العرب، لكن بمرور الزمن أخلت الأنشطة التجارية الرئيسة السبيل إلى فعاليات سياسية رسمية. وفي النهاية أحكمت الإمبراطورية البريطانية سيطرتها على الخليج تحت مسمى حماية خطوطها البحرية في الخليج وطرقها البرية المؤدية إلى الهند.

وبحلول عام ١٨٢٠م، تمكنت بريطانيا من توقيع معاهدة عامة للسلام مع الحكام العرب في ساحل الخليج. ومع أن قطر لم تنضم أبدا إلى ما أسميت بمعاهدة السلام إلا أن بريطانيا قد أجبرت قطر لكي تلتزم بشروط تلك الإتفاقية، ولكن وعلى الرغم من ذلك فإن قطر قد أدرجت في الهدنة الملاحية عام ١٨٣٥م التي تحظر عليها وتحرمها من جميع فوائد وأرباح موسم صيد اللؤلؤ. وفي عام ١٨٣٦م تم مد خط الحظر الملاحي من جزيرة صير بونعير ليمر بجزيرة حالول القطرية.

حكام دولة قطر.

الشيخ محمد بن ثاني(١٨٥٠-١٨٧٨)

الشيخ قاسم بن محمد آل ثاني (١٨٧٨-١٩١٣)

الشيخ عبد الله بن قاسم آل ثاني (١٩١٣-١٩٤٩)

الشيخ علي بن عبد الله آل ثاني (١٩٤٩-١٩٦٠)

الشيخ أحمد بن علي بن عبد الله آل ثاني (١٩٦٠-١٩٧٢)

الشيخ خليفة بن حمد آل ثاني (١٩٧٢-١٩٩٥)

الشيخ حمد بن خليفة آل ثاني (الحاكم الحالي لدولة قطر منذ سنة ١٩٩٥.)

قطر الحديثة.

بدأ التاريخ الحديث لقطر في أوائل القرن الثامن عشر الميلادي عندما وصلت إلى الجزء الجنوبي من قطر أسرة آل ثاني الحاكمة في قطر، والتي ترجع أصولها إلى قبيلة المعاضيد (فرع بني تميم) في أشقير في منطقة الوشم بنجد. وفي منتصف القرن الثامن عشر أنتقلب الأسرة إلى الجزء الشمالي من قطر الذي يضم الزبارة والرويس وفويرط.

ويعود استطيان شبه جزيرة قطر إلى العصر الحجري الحديث (٨٠٠٠-٤٠٠٠) ق.م مما يؤكد علاقتها بالحضارة العبيدية في جنوب العراق.

عرفت قطر قبل طهور الإسلام بقرون عديدة ووردت في مؤلفات المؤرخ الروماني بلانيوس وفي أطلس بطليموس. وكانت قطر في الجاهلية موطن إستقرار ورعي وترحل لقبائل بني بكر بن وائل وعبد قيس وغيرهما. وقد دخلت الإسلام في عهد الرسول صلى الله عليه وسلم ومنها انطلقت بعض بعوث الفتح الإسلامي إلى جنوبي فارس وكرمان والسند.

وفي فترة الفتن في العباسي ترعرع فيها الفرنج وراجت دعوتهم ثن القرامطة حتى تلاشى أمرهم في القرن السابع للهجرة.

وفي القرن الثامن الهجري استولى بنو نبهان العمانيون على قطر وتناوت بعدهم عليها كثير من البحرينيين . وفي عام ١٥١٧ استولى البرتغاليون على قطر. وفي عام ١٥٣٧ أرسل السلطان العثماني سلمان القانوني أسطولا بقيادة باشا والي مصر لطرد البرتغاليين استولى على البحرين وقطر والقطيف.

ويعد الشيخ قاسم بن محمد بن ثاني المؤسس الحقيقي لهذه الدولة فقد كان من كبار الساسة عمل نائبا لوالده في تلك الفترة.

وفي عام ١٨٧٨ تولى إمارة قطر رسميا الشيخ قاسم بن محمد بعد وفاة والده وقد حاولت الدولة العثمانية القضاء على الشيخ قاسم إلا أنه انتصر ـ عليهم وأرسى دعائم الإستقرار في قطر. تنازلت الدولة العثمانية لبريطانيا عـن حقوقها في قطر وعلى أن يبقى الشيخ قاسم وأولاده في الحكم.

وقد تدخلت بريطانيا في النزاع بين قطر والبحرين عقدت على أثرها معاهدة عدم اعتداء بين الطرفين وثم استلام كل السفن من حاكم البحرين إلى القائد البحرية البريطاني فأحرقها ودمر قلعة أبو ماهر في مدينة المحرق وطلب المقيم من حاكمي البحرين وأبو ظبي بدفع غرامة مالية لحاكم قطر. وفي عام ١٨٦٨ وقع القائد البريطاني معاهدة سلام مع محمد آل ثاني في الدوحة. وفي عـام ١٩١٥ وقع الإنجليز مع حاكم قطر اتفاقية تكون فيها قطر تحت الحماية البريطانية حتى عـام ١٩١٧ وهو العام الذي نالت فيه قطر استقلالها.

وفي عام ١٩١٧ انضمت إلى جامعة الدولة العربية والأمم المتحدة وفي عـام ١٩١٨ اشـتركت قطر مع جاراتها في تكوين مجلس التعاون لدول الخليج.

وتعمل الحكومة القطرية على تحقيق مزيد من الرخاء والتقدم للشعب تحت رئاسة الشيخ حمد بن خليفة آل ثاني.

قطر بدأت قطر الحديثة في منتصف القرن التاسع عشر عندما أسس الشيخ محمد بـن ثاني إمارة تابعة للدولة العثمانية، كما عقد معاهدة مع بريطانيا عام ١٨٦٨ وظلت تبعية قطر للدولة العثمانية قائمة حتى عام ١٩١٣ وهو العام الذي تنازلت فيه الدولة العثمانية قبيل الحرب العالمية الأولى عن هذه التبعية الشكلية لأهل قطر.

وظلت معاهدة الحماية البريطانية قائمة حتى عام ١٩٧١ حيث اسـتقلت قطر وانضمت إلى هيئة الأمم المتحدة وجامعة الدول العربية.

نظام الحكم في قطر وراثي في أسرة آل ثاني وهم من المعاضيد من آل بني علي / قبيلة عيسى بن مطرف، وهي من قبائل بني تميم من نجد، وقد أنتقل الحكم من محمد بن ثاني إلى أبنائه وأحفاده سلميا حتى عام ١٩٧٢ عندما قام الشيخ خليفة بن حمد ولي العهد بعزل الشيخ أحمد استنادا إلى أنه صاحب الحق في الحكم.

سلسلة حكام قطر.

الحاكم	مدة الحكم
محمد آل ثاني	١٨٥٠-١٨٧٨
قاسم بن محمد	١٨٧٨-١٩١٣
عبد الله بن قاسم	١٩١٣-١٩٤٩
علي بن عبد الله	١٩٤٩-١٩٦٠
أحمد بن علي	١٩٦٠-١٩٧٢
خليفة بن حمد بن عبد الله	١٩٧٢-١٩٩٥
حمد بن خليفة	منذ ١٩٩٥.

ملاحظات:

- عزل الشيخ أحمد بن حمد بن عبد الله ليتولى الحكم ولي عهده الشيخ خليفة بن حمد.
- عزل الشيخ خليفة بن حمد ليتولى الحكم ابنه وولي عهده الشيخ حمد بن خليفة.

الفصل الخامس عشر

مملكة البحرين

التركيب الاجتماعي:

الاسم الرسمي: مملكة البحرين.

العاصمة: المنامة.

ديمرغرافية البحرين:

عدد السكان : ٦٤٥٣٦١ نسمة.

الكثافة السكانية: ٩١٣ نسمة كلم^{2}.

عدد السكان بأهم المدن:

- **المنامة:** ١٥٥٠٠٠ نسمة.
- **المحرق:** ٧٩١٢٠ نسمة.
- **الرفاع:** ٣٥٠٩٠ نسمة.

نسبة عدد سكان المدن: ٩٢%.

نسبة عدد سكان الأرياف:٨%.

معدل الولادات: ٢٠.٧ ولادة لكل ألف شخص.

معدل الوفيات الإجمالي: ٣.٩٢ لكل ألف شخص.

معدل الوفيات الأطفال دون سن الخامسة: ١٩.٧٧ حالة وفاة لكل ألف طفل.

نسبة نمو السكان: ١.٧٣%.

معدل الإخصاب (الخصب): ٢.٧٩ مولود لكل امرأة.

توقعات مدى الحياة عند الولادة:

- **الإجمالي:** ٧٣.٢ سنة.

- **الرجال:** ٧٠.٧ سنة.

- **النساء:** ٧٥.٧ سنة.

نسبة الذين يعرفون القراءة والكتابة:

- **الإجمالي:** ٨٥.٢%.

- **الرجال:** ٨٩.١%.

- **النساء:** ٧٩.٤%.

اللغة : العربية هي اللغة الرسمية، هناك لغات تستخدم بدرجات متفاوتة كالأوردية، والفارسية والإنجليزية.

الدين: يدين معظم الناس بالدين الإسلامي.

الأعراق البشرية: عرب من أصل بحراني ٦٣%، أسيويون ١٣%، أيرانيون ٨%، أجناس أخرى ١٠%، عرب آخرون ٦%.

التقسيم الإداري:

المناطق والمدن	المساحة كلم٢	السكان%
الغربية	١٥٦	٤.١
الحد	٥.٦	٢
جد حفص	٢١.٦	٩.٦
المنامة	٢٥.٦	٣٤.٨
المحرق	١٥.٢	١٧.٦
الرفاع	٢٩١.٦	٨
الشمالية	٢٨.٦	٦.٣
سترا	٢٨.٦	٦.٦
حماد (وضع خاص)	١٣.١	غير معروف
مدينة عيسى	١٣.٤	٦.١
الجزر (حوار وغيرها)	٥٠.٦	٠.١

جغرافية البحرين.

المساحة الإجمالية: ٧٠٧كلم٢.

مساحة الأرض: ٧٠٧كلم٢.

الموقع:

البحرين جزيرة في الخليج العربي وأقرب البلدان إليها قطر والسعودية ويربطها مع السعودية جسر لعبور السيارات، يبلغ طوله حوالي ٢٥كلم.

حدود الدولة الكلية: هي عبارة عن رأس، يحدها الخليج العربي من الشمال والشرق والغرب، وتحدها المملكة العربية السعودية والإمارات العربية المتحدة من الجنوب.

طول الشريط الساحلي: ١٦١ كلم.

أهم الجبال: لا جبال في البحرين، إنما أعلى نقطة هي جبل الدخان ١٣٤ متر.

أهم الأنهار: لا أنهار في البحرين، هناك بعض المجاري التي تجف صيفا.

المناخ:

شديد الحرارة صيفا مع ارتفاع كبير في نسبة الرطوبة قد تصل إلى أكثر من ٩٠% أما فصل الشتاء فهو دافئ ويميل إلى البرودة في الليل في بعض الأحيان، وأمطاره قليلة.

الطبوغرافيا:

سطح البحرين عبارة عن سهول منبسطة يترواح ارتفاعها عن سطح البحر بين ١٠ و٢١٠ متر ونادرا ما توجد تلال أو مرتفعات ، والبحرين عبارة عن جزر صغيرة في الخليج العربي بلغ عددها ٣٣ جزيرة وأكبرها جزيرتا المحرق والبحرين.

الموارد الطبيعية : بترول ،غاز طبيعي، زيوت ، ألومينيوم، الأسماك.

استخدام الأرض: الأرض الصالحة ٢%، المحاصيل الدائمة ٢%، المروج والمراعـي ٦%، لا وجـود للغابات، أراضي أخرى ٩٠%.

النبات الطبيعي: بسب كونها منطقـة صـحراوية فإنها لا تنمـو في البحرين سوى النباتـات الشوكية والحشائش الحولية التي تنمو مع سقوط الأمطار.

المؤشرات الاقتصادية:

الوحدة النقدية : الدينار البحريني = ١٠٠٠ فلس.

إجمالي الناتج المحلي: ١٠.١ بليون دولار.

معدل الدخل الفردي: ٨٣٢٠ دولار.

المساهمة في الناتج الداخلي الخام:

- **الزراعة:** ٠.٩%.

- **الصناعة:** ٣٩.٩%.

- **التجارة والخدمات:** ٥٩.٢%.

القوة البشرية العاملة:

- **الزراعة:** ١%.

- **الصناعة:** ٢٩%.

- التجارة والخدمات: ٧٠%.

- **معدل البطالة:** ١٥%.

- **معدل التضخم:** ٢%.

أهم الصناعات: الصناعات البترولية ومشتقاتها، تسييل الغاز الطبيعي، صناعة الألومينيـوم، صناعة السفن.

المنتجات الزراعية: الخضر والفاكهة.

المواصلات:

دليل الهاتف: ٩٧٣.

سكك حديدية: ٢٠٠ كلم.

المرافئ الرئيسية: ميناء سلمان، المنامة.

المؤشرات السياسية:

شكل الحكم: مملكة دستورية تخضع لنظام تعدد الأحزاب.

الاستقلال: ١٥ آب ١٩٧١.

العيد الوطني: ١٦ كانون الأول.

تاريخ الانضمام إلى الأمم المتحدة : ١٩٧١.

نبذة تاريخية:

استطاع عرب العتوب بقيادة آل خليفة إخراج الإيرانيين من جزيرة البحرين ، وأقاموا فيها إمارة شبه مستقلة، وقد هاجر العتوب من الكويت، واستقروا على ساحل قطر المواجهـة للبحرين (الزبارة) ودخلوا في معارك طويلة مـع الإيرانيين، ولكنهم انتصروا عليهم نهائيا عـام ١٧٨٣، وقـد تحالفت معهم قبائل قطرية، مثل آل مسلم من الحويلة، وآل بن علي من الفويرط، وآل سودان من الدوحة، وآل بو عينين من الوكرة، والقبيسات من العديد وآل السليط من الدوحة، والمنامة من أبـو الظلوف، والسادة من داخل قطر.

وتحولت البحرين مـن مـستعمرة إيرانيـة إلى إمـارة عربيـة يحكمهـا شيوخ آل خليفـة مـن العتوب، وبنوا أسطولا تجاريا مهما، وازدهرت تجارة اللؤلؤ، وحركة نقل البضائع.

في عام١٨٦٨ وقعت بريطانيا معاهدة مع الشيخ عيسى ين علـي آل خليفـة، وكـان شـيخ آل خليفة هو محمد بن خليفة، ولكنه فر إلى قطر خوفا من

البريطانيين، وقد بدأت بريطانيا في تلك الفترة سلسلة من المعاهدات مع شيوخ القبائل المسيطرة على ساحل الخليج حتى أنه كان يسمى الساحل المعاهد.

وفي ١٨٦٩ تولى الشيخ عيسى بن علي الإمارة، وأجرى في عام ١٨٩٧ تنظيما لانتقال الحكم في ذريته، وعين ابنه الشيخ حمد وليا للعهد، ووثق ذلك في وثيقة وقع عليها عدد كبير من وجهاء البحرين، وطلب أيضا مصادقة الحكومة البريطانية على ذلك، واعترفت حكومة الهند البريطانية بنتصيب الشيخ حمد وليا للعهد، وصدقت الحكومة البريطانية المركزية، ولكنها تأخرت في إبلاغ الشيخ عيسى حتى عام ١٩٠١ لأنها كانت تريد من الشيخ عيسى ملاحقة بعض الشيوخ والقبائل المزعجة لبريطانيا. وظل الحكم ينتقل سليما في أبنائه حتى اليوم.

سلسلة حكام البحرين.

الحاكم	مدة الحكم
أحمد بن محمد بن خليفة الفاتح (المؤسس)	١٧٩٤-١٩٨٣
سلمان بن أحمد بن محمد	١٨٢١-١٧٩٤
عبد الله بن أحمد بن محمد	١٨٤٢-١٨٢١
محمد بن خليفة بن سلمان	١٨٦٧-١٨٤٢
علي بن خليفة بن سلمان	١٨٦٩-١٨٦٧
محمد بن عبد الله بن أحمد	خلال ١٨٦٩
عيسى بن علي بن خليفة	١٩٣٢-١٨٦٩
حمد بن عيسى بن علي بن خليفة	١٩٤٢-١٩٣٢
سلمان بن حمد بن عيسى بن علي	١٩٦١-١٩٤٢
عيسى بن سلمان بن حمد بن عيسى	١٩٩٩-١٩٦١
حمد بن عيسى بن سلمان	منذ ١٩٩٩

الباب الرابع

الفصل السادس عشر

حوض النيل

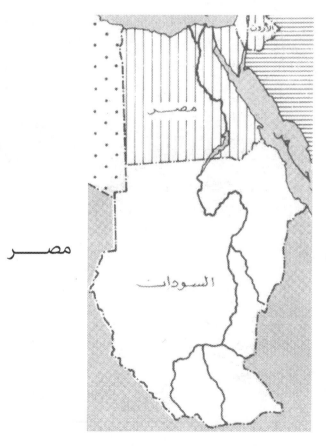

مصر

مصر

السودان

حوض النيل

تبلغ مساحة حوض النيل نحو ٢.٩ مليون كيلو متر مربع، وهو بذلك ثالث الاحواض النهرية في العالم مساحة. ولا يسبقه سوى حوض الأمزون وحوض الكنغو. ولكن النيل في الوقت نفسه هو أطول أنهار العالم جميعا إذ يبلغ طوله من منابع نهر كاجيرا أبعد روافده في الجنوب حتى مصبه في البحر المتوسط نحو ٦٥٠٠ كيلو متر.

وتتفق حدود حوض النيل من الناحية الشرقية مع الحافة الغربية للاخدود الشرقي، وبذلك تدخل هضبة اثيوبيا كلها تقريبا في الحوض، وتسير الحدود الغربية مع الحافة الغربية للأخدود، وتلتزمها حتى ينتهي الاخدود بالقرب من بلدة الرجاف في أعالي بحر الجبل، ثم تصبح حدود الحوض بعد ذلك غير واضحة، ولكنها على أي حال تسير مع خط تقسيم المياه بين روافد بحر الغزال من جهة وروافد الكنغو وحوض بحيرة تشاد من جهة أخرى. وبعد دارفور تقترب الحدود من مجرى النيل شيئا فشيئا، وتزداد اقترابا كلما اتجهنا شمالا، حتى إذا بلغت منطقة دنقلة أصبحت المسافة بينها وبين النهر لا تزيد على بضعة كيلو مترات، وتظل هكذا قريبة من النهر في شمالي السودان، وفي النوبة وصعيد مصر حتى تصل إلى جهات بني سويف فتبتعد مرة أخرى لتضم منخفض الفيوم، فإذا ما وصلنا إلى شمال القاهرة بنحو عشرين كيلو مترا ازدادت اتساعا حتى تشمل دلتا النيل.

ومع أن حوض النيل تتقاسمه عدة دول أفريقية منها تنزانيا وكينيا واوغنده واثيوبيا، فإن الجزء الأكبر منه يقع داخل حدود الوطن العربي حيث يشمل معظم أراضي جمهورية السودان والثلث الشرقي من اراضي الجمهورية العربية المتحدة. ويتميز الجزء العربي من حوض النيل برتابة السطح إلى حد كبير حتى

يكاد لا يوجد فيه مظهر طبوغرافي واضح سوى النهر وروافده العديدة، ومجموعات من الجبال تتوزع بلا نظام عام ولذلك كان من العسير تقسيم حوض النيل العربي الى مناطق مرفولوجية محددة بل إن مناطقه تتداخل الواحدة منها في الأخرى حتى يصعب أن نضع حدودا دقيقة لكل منطقة.

النيل في خارج الوطن العربي:

ينبع النيل من الهضبة الاستوائية في قلب افريقية، حيث يخرج من الساحل الشمالي لبحيرة فكتوريا ثانية بحيرات العالم العذبة مساحة، والتي يغذيها عدد من الأنهار أهمها نهر كاجيرا أبعد منابع النيل نحو الجنوب، فهو ينحدر من مرتفعات رواندا في نواحي خط عرض ٢ جنوبا. وتختلف بحيرة فكتوريا عن البحيرات الأخرى في وسط افريقية، فهي تقع في خارج الأخدود، وتحتل منخفضا قليل العمق نسبيا في هضبة البحيرات، ويسقط في منطقتها قدر كبير من المطر يكاد ينتظم سقوطه على مدار السنة، ومن ثم فهي أشبه بخزان كبير، يخرج منه الماء إلى النيل بحساب. ولكنها بمساحتها الواسعة من جهة (٦٩ ألف كيلو مترا مربعا)، وبموقعها الاستوائي من جهة أخرى تفقد جزءا كبيرا من مائها بالتبخر، يقدر بنحو ٨٠% من جملة ما يسقط عليها من مطر، وما ينحدر إليها من مياه الأنهار.

ويحمل النيل من مخرجه من بحيرة فكتوريا حتى دخوله بحيرة البرت الأخدودية اسم نيل فكتوريا، ويجري لمسافة ٤٠٧ كيلو متر ينحدر فيها نحو ٥١٥ مترا، ويمر في طريقه بأطراف بحيرتين انخفاضيتين أخريين هما بحيرة كيوجا وبحيرة كوانيا، ويختلفان كثيرا على بحيرة فكتوريا في العمق وصغر المساحة وارتفاع الشواطئ. وتعترض النهر كثير من الشلالات منها شلالات أوين عند مخرجه من بحيرة فكتوريا وشلالات مرتشيزون قبل دخوله وبحيرة البرت

ومع أن النهر يغير اتجاهه أكثر من مرة فإنه يتجه بصفة عامة إلى الشمال الغربي حتى يدخل بحيرة ألبرت في طرفها الشمالي الشرقي.

وبحيرة ألبرت بحيرة في الاخدود الغربي مستطيلة الشكل مساحتها نحو ٥.٣٠٠ كيلو متر مربع وتقع على ارتفاع ٦٢٠ مترا فوق سطح البحر، وهي مركز لتجميع مياه المنابع الاستوائية، اذ يدخل اليها نيل فكتوريا، كما يصب فيها نهر السمليكي آتيا من الجنوب حاملا مياه بحيرة أخدودية أخرى هي بحيرة ادوارد. ويجري السمليكي لمسافة ٢٥٠ كيلو مترا الى الغرب من جبال رونزوري وينحدر في هذه المسافة القصيرة نسبيا نحو ٢٩٦ مترا يهبط معظمها في شلالات ومندفعات في الجزء الأوسط من مجراه، ولكنه في المجرى الأدنى نهر بطيء الجريان كثير المنعرجات.

ويخرج النيل من الطرف الشمالي الغربي بحبيرة البرت حاملا اسم نيل البرت، ويبدو هنا كسلسلة من البحيرات المستطيلة يصل بينها مجرى مائي واسع، والنهر هنا بطيء الانحدار، لا يتصل به إلا قليلا من الروافد ذات الأهمية.

وعند نيمولي يدخل النيل الاراضي العربية في جنوب السودان، هابطا اليها من هضبة البحيرات، ويبدو نهرا عنيفا كأنما نكص على عقبيه فعاد الى طفولته، ويدخل النيل الاراضي العربية في منطقة يضطرب فيها باطن الارض، فتتعرض للزلازل والبراكين، وتتفجر فيها الينابيع الحارة يندفع منها الماء في درجة الغليان، وربما سالت بعض مياه الينابيع الى النهر نفسه. وينتهي هذا الاضطراب عند بلدة الرجاف، وربما كان اسمها مشتقا مما تتعرض له من رجفات.

وفي الاراضي العربية يمكن أن نقسم حوضه عدة أقسام هي:

١- سهول جنوبي السودان.

٢- سهول وسط السودان.

٣-	هضاب غربي السودان.

٤-	جبال البحر الأحمر والصحاري المتصلة بها.

٥-	وادي النيل الأدنى ودلتاه.

اولا: سهول جنوبي السودان:

تشمل هذه المنطقة حوض بحر الجبل وبحر الغزال، والحوض الأدنى لنهر السوباط، كما تشمل هضبة الحجر الحديدي التي تفصل بين منابع الكنغو ومنابع النيل، وهي منطقة مستوية السطح في جملتها تبدو أشبه بحوض مغلق تحيط به المرتفعات من كل الجهات.

بحر الجبل:

وبعد الرجاف يعاود النهر هدوءه، ويكون قد حمل اسما جديدا هو بحر الجبل، ويصبح نهرا بطيئا واسع المجرى، تعترضه كثير من الجزر، ويبدو وكأنه في نهاية الطريق. وتكثر على جوانبه نباتات البردى والبوص وأم الصوف، وتنتهي الغابات، فالنهر هنا على أبواب المنطقة المعروفة باسم منطقة السدود. وقبل أن يدخل النيل هذه المنطقة يتصل به عدد كبير من الروافد على جانبيه، بعضها دائم الجريان، والبعض لا يجري بالماء الا في موسم الأمطار.

ولا يقتصر ماء النهر بعد الرجاف على مجرى واحد، وتستمر هذه هي حالته حتى الملكال، ولا يستثني من ذلك الا منطقة منجلا، فعندها يسير النهر في مجرى معين، وبخاصة في فصل انخفاض الماء. ويتعرج النهر في هذه المنطقة وتكثر فيه المنحنيات، وحينما يزداد فيه منسوب الماء يفيض على الجانبين ويكون المناقع التي تزداد اتساعا كلما اتجهنا نحو الشمال، وهذه هي منطقة السدود.

وبعد أن يقطع النهر مسافة ١١٦٦ كيلو مترا من مخرجه من بحيرة البرت، يصل الى بحيرة نو فيحف بطرفها الشرقي دون أن يفقد مجراه بل يستمر تياره

واضحا محسوسا. وليست "نو" في الواقع سوى مستنقع كبير تنتهي اليه مياه بحر الغزال، وعندها يغير النهر اتجاهه فيصبح متجها الى الشرق، ويرجع السبب في هذا ارتفاع الارض بالتدريج نحو الشمال الى مرتفعات النواب. ويستمر النهر في اتجاهه الشرقي في هذه المسافة ١٢٠ كيلو مترا حتى يلتقي بالسوباط أول روافده الاثيوبية.

ويختلف النهر في هذا الجزء عنه في منطقة السدود، فالغدران والمستنقعات والاخوار الجانبية وان تكون لا تزال موجودة الا أنها أقل كثيرا مما كانت عليه من قبل. وعلى بعد ٨٠ كيلو مترا من بحيرة نو يتصل به رافده بحر الزراف .

بحر الغزال:

تبلغ مساحة حوض بحر الغزال نحو ٥١٦ الف كيلو مترا مربعا. ويطلق اسم بحر الغزال بصفة عامة على مجموعة الأنهار التي تنحدر من سلسلة المرتفعات الفاصلة بين مياه نهر الأويلي أحد روافد الكنغو ومياه نهر النيل، ولكن الاسم يطلق على وجه التخصيص على المجرى المائي بين مشرع الرق وبحيرة نو. وروافد بحر العرب الذي ينبع من مرتفعات غربي السودان، وهو أطول الروافد ولكنه لا يسهم في مائية النيل الا بالشيء اليسير، ومنها نهر النعام الذي يتصل بمجموعة الغزال في نواحي رمبيك، ونهر الجور ويلتقي بمجموعة الغزال قريبا من واو، ثم نهر اللول الذي يتحد مع بحر العرب قبل أن يتصلا بالغزال.

وتحتل روافد بحر الجبل وبحر الغزال منخفضا من الارض مستوى السطح، يعتبر منطقة من مناطق الهبوط الحديثة التكوين في قارة افريقية بدليل تشابه بنية الاقاليم التي في جنوبه مع بنية مرتفعات النوبا وكردفان. وليست حافات المنخفض عظيمة الارتفاع الا في جهات محدودة، ولا تظهر القمم العالية الا في الجنوب خط عرض ٥ شمالا، ولا يزيد ارتفاع خط تقسيم المياه بين النيل والأوبنجي وشاري على ٨٠٠ متر في المتوسط. ويطلق على هذه المنطقة المرتفعة

نسبيا اسم هضبة الحجر الحديدي، وتتغطى بتربة حمراء متوسطة الخصب هي تربة اللاتربت، وترتفع في الجزء الجنوبي منها كثير من التلال المنفردة، أما القسم الأوسط فتظهر فيه بعض التكوينات الجرانيتية على السطح، وقد تكون تلالا صغيرة نحو مائة متر فوق مستوى الارض المجاورة، ولكن المنطقة في مجموعها هضبة مموجة السطح، يقطعها كثير من المجاري المائية التي تنحدر نحو الشمال والشرق. وفي الجزء الشمالي الغربي من الهضبة عدد من التلال شبيهة بتلال القسم الجنوبي منها.

نهر السوباط:

والسوباط هو أول ما يحمل الى النيل مياه الهضبة الاثيوبية، ويتكون النهر من رافدين رئيسيين هما البيبور وبارو، ويشمل حوضه معظم السهول الواقعة الى الشرق من بحر الجبل وبحر الزراف.. ويستمد بارو كل مياهه من هضبة اثيوبيا. أما بيبور وان يكن يستمد معظم مياهه من الهضبة الاثيوبية أيضا، فإن له موارد قليلة من الهضبة الاستوائية ومن المرتفعات الواقعة الى الشمال من بحيرة رودلف.

وتبلغ مساحة حوض السوباط نحو ٢٢٠ ألف كيلومترا مربعا، ويمد النيل بنحو ١٤.٥ % من مجموع تصرفه عند الخرطوم. وما زالت المعلومات عن النظام المائي للسوباط قليلة، وما زالت معلوماتنا عن طبوغرافية الاجزاء العليا من حوضه أقل من معلوماتنا عن أي جزء آخر في حوض النيل. وتنحدر من الحافات العليا كثير من المجاري المائية المندفعة الشديدة التيار، والغنية بالرواسب، ولكن الكثير منها يتحول الى برك مستطيلة في فصل الجفاف، وحينما تصل هذه المجاري الى الجهات السهلية تصبح شبيهة الى حد ما بروافد بحر الجبل فتنحني وتتعرج مكونة مساحات واسعة من المستنقعات يضيع فيها جزء كبير من الماء بالتبخر.

والبيبور أقل اسهاما في مائية النيل، فهو وان يكن أكثر روافد، فان مياهه قليلة تجري لمسافات طويلة في أرض قليلة الانحدار مما يؤدي الى تكوين السدود والمستنقعات وبالتالي ضياع نسبة كبيرة من المياه، ولو أن السوباط يعتمد على البيبور وحده لما كان له شأن في مائية النيل.

ويلتقي النهران بعد غمبيلا بنحو ٢٥٠ كيلو مترا، ويتكون من اتحادهما نهر السوباط الذي يخرج من اثيوبيا ليدخل الاراضي العربية في سهول السودان. ويسير النهر في مجرى متعرج حتى يلتقي بالنيل الابيض في منطقة يتسع فيها المسطح المائي وتوجد بعض الجزر.

وللسوباط أهميته الخاصة في نهر النيل، فلولاه لما استطاع النيل الأبيض أن يحفر مجراه الى الخرطوم، ذلك أن مياه بحر الجبل قليلة بطيئة الانحدار، تكاد تكون خالية من الرواسب، ومن ثم فهي أضعف من أن تحفر لنفسها مجرى يمتد الى تلك المسافة الطويلة، وأعجز من أن تكون ضفافا للنهر تحتفظ بمياهه، وتحول دون تسربها الى الاراضي السهلية المجاورة، واذن فليس غريبا أن يعتبر مصب السوباط بداية النيل الأبيض، فهو من عمل مائه ومن صنع رواسبه.

والمورد المائي الرئيسي لسهول جنوبي السودان هو مياه الهضبة الاستوائية، ولما كانت أمطار هذه الهضبة تسقط طول العام فقد أصبح منسوب النيل ثابتا تقريبا وهو يجري في أراضيها خصوصا وأنه لا يعتمد على نظام المطر فحسب، بل ويستفيد من وجود البحيرات التي تلعب دورا مهما في تنظيم المياه.

وتمد بحيرة فكتوريا نهر النيل بمعدل ٦٦٧ مترا مكعبا في الثانية على مدار السنة، وهو قدر لا يزيد على ١٨٪ مما تفقد البحيرة من مائها، أما الباقي وقدره ٨٢٪ فيضيع بالتبخر. ومن ثم فان البحيرة لا تصلح خزانا صناعيا بسبب هذه النسبة العالية للتبخر، وتختلف عن ذلك بحيرة ألبرت، فهي بحيرة عميقة ضيقة المساحة نسبيا، ولهذا فهي أصلح للتخزين لأن مسطحها المائي لا يزيد كثيرا برفع

منسوبها. ومعدل تصريف النيل عند مخرجه من بحيرة ألبرت هي ٧٨٧ مترا مكعبا في الثانية أي أنه يخرج منها أكثر مياها مما كان عليه عند خروجه من بحيرة فكتوريا. ولكن النهر يفقد جزءاً كبيرا من مياهه في منطقة السدود فلا يزيد تصرفه بعد ملتقى بحر الجبل ببحر الزراف على ٤٧٨ مترا مكعبا في الثانية وهو قدر لا يعامل اكثر من ١% من مجموع أمطار المنطقة الاستوائية.

واذا وضعنا في الاعتبار أن جملة تصرف بحر الجبل عند دخوله منطقة السدود هو ٢٦.٦ مليار متر مكعب في السنة، وأن تصرف النيل الأبيض بعد ملتقاه بالسوباط هو ٢٧.٧ مليار متر مكعب في السنة، لكان معنى هذا أن منطقة سهول جنوبي السودان أنها تسهم بقدر لا يكاد يذكر فيما يصل الى السودان والجمهورية العربية المتحدة من مياه النيل، بل إن مياهها تكاد تضيع كلها في منطقة السدود.

ومن كمية المياه التي تنصرف الى النيل الأبيض (٢٧.٧) مليار م٣ يسهم السوباط بنحو ١٣.٣ مليار متر مكعب في السنة، نصيب نهر بارو منها ٩.٧ مليار متر مكعب أي ما يعادل ٧٢%، ونصيب البيبور ٢.٣ مليار متر مكعب أي ١٧% والباقي وقدره ١.٣ مليار متر مكعب أو ١١% يأتي من الاخوار الاخرى التي تتصل مباشرة بالسوباط.

من هذا يتضح أن السوباط يعوض نفس المقدار الذي يفقد في منطقة السدود، ويأتي فيضان السوباط متأخرا شهرين عن فيضان النيل الأزرق، ولذلك فهو يساعد على عدم انحطاط مناسيب النيل الرئيسي بعد انتهاء فيضان النيل الأزرق. وليس هذا التأخر في فيضان السوباط نتيجة لاختلاف موسم المطر، وإنما هو نتيجة عملية تخزين طبيعية في السوباط نفسه، وفي الاخوار المتصلة به.

سهول وسط السودان:

في النصف الشرقي من وسط السودان تمتد منطقة من السهول المنبسطة مـن نهـر عطبرة في الشرق حتى مرتفعات النوبا وهضاب كردفان في الغرب. ويمثل القسم الغربي من هذه السهول أهم جهات السودان، واكثرها سكانا، فهذه هي سهول الجزيرة التي تمتد بين نهري النيـل الأزرق والنيـل الأبيض، أما القسم الشرقي فيضم سهل البطانة الممتد بين النيل الأزرق ونهر عطبرة.

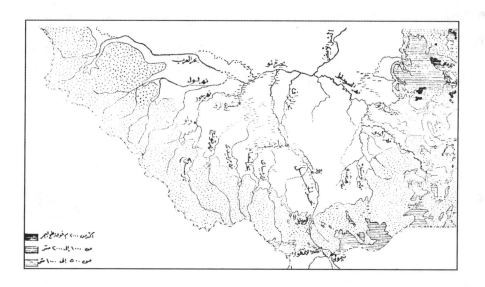

النيل الأبيض:

يحمل النيل اسم النيل الأبيض بعد ملتقاه بالسوباط، وينحدر انحدارا بطيئا للغاية، هو أضعف انحدارات النهر جميعا. بل إنه لأضعف من انحداره في منطقة السدود نفسها. ولا تزيد سرعة النهر على ١.٥ كيلو متر في الساعة، الأمر الذي يجعل النيل الأبيض أشبه بالبحيرة المستطيلة منه بالنهر الجاري.

وكان خليقا بالنيل الأبيض وهذا هو شأنه، أن يكون من السدود أكثر مما يكون بحر الجبل، ولكنها رواسب السوباط التي تصل اليه بكميات تسمح بتكوين ضفاف مرتفعة تحول دون فيضان المياه مكونة المناقع التي تساعد على نمو النباتات.

وبعد مصب السوباط يسير النيل في منخفض ضحل، وسط اقليم سهلي مستوى السطح، وترتفع جوانبه ويتسع مجراه، وكثيرا ما تعترض المجرى الجزء الصغيرة المساحة، وتمتد على الجانبين أخوار طويلة، كما يوجد كثير من المناقع تختلف مساحتها باختلاف منسوب النهر. ومن أهم الأخوار التي تتصل بالنهر في هذه الجهات على جانبه الأيمن خوار آدار عند ملوت، وخور ربان جنوب جبل أحمد آغا، وهو جبل منفرد يرتفع الى ١٢٠ مترا ويقع على بعد ٢٧٠ كيلو مترا من مصب السوباط.

ومن جبل أحمد آغا أي عند خط عرض ١١ شمالا يعترض النهر كثير من الجزر الطويلة تشطر مجراه شطرين، ولكن يظل الشطر الغربي منهما دائما أكثر أهمية من الشطر الشرقي الذي قد يجف في بعض الأحيان، وأهم هذه الجزر بنجاني، وبولي، ومصران، وأبا.

وعند بلدة الجبلين يجري النهر في مجرى صخري، وتحيط به من الجانبين تلال لا يزيد ارتفاعها على المائة متر ويبدو أن البلدة اتخذت اسمها من هذا المظهر. وعند الدويم يتسع النهر فيصل عرضه الى الكيلومتر في المتوسط، وتنعدم فيه

الجزر. وقبل أن يصل الى الخرطوم بنحو ٥٠ كيلومترا يجري بين جبلين هما جبل الأوليا شرقا وجبل مندرة غربا.

ويمكن القول بصفة عامة ان النيل الابيض يجري في سهل تكون من مواد نشأت عن تفتت صخور جبال النوبا ومرتفعات كردفان، وتحديد خط تقسيم المياه بين النيل الأبيض والنيل الأزرق غير سهل لأن المرتفعات في منطقة الجزيرة غير واضحة، ولكن هناك بعض جهات عالية، كلها تمثل تلالا منفردة مكونة من صخور جرانيتية ومن أهم هذه المرتفعات جبل مويا وجبل جيلي.

النيل الأزرق:

وعند الخرطوم يلتقي النيل الأبيض بالنيل الأزرق أهم الروافد الأثيوبية. ويخرج النيل الأزرق من بحيرة تانا، ولكنها لا تسهم في مائيته الا بالقدر الضئيل. ويرجع تكوين البحيرة الى الحركات البركانية، ولا نعني بهذا أنها فوهة بركان بل أن ما حدث هو أن التكوينات البركانية في جنوب البحيرة كونت حاجزا مستعرضا حال دون جريان الجداول والأنهار التي كانت تخترق الحوض فتجمعت مياهها فيما وراءه وكونت البحيرة في البليستوسين.

والنيل الأزرق بوجه عام نهر جبلي شديد الانحدار في كل مجراه تقريبا، وخاصة فيما بين مخرجه من بحيرة تانا ووصوله الى السودان في نواحي الروصيرص. وبعد الروصيرص يبطء الانحدار، ويجري النهر وسط سهل رسوبي كونه النهر بنفسه يوم أن كان فيضانه يعم مساحة واسعة في هذا الاقليم. وتبلغ المسافة بين بحيرة تانا والروصيرص نحو ألف كيلومتر، مع أنها على الخط المستقيم لا تزيد على ٣٠٠ كيلو متر. وهذا يرجع الى الطريق المتعرج الطويل الذي يسلكه النيل الأزرق مخالفا بذلك الانهار الاثيوبية الاخرى التي تنحدر مباشرة الى سهول السودان كالعطبرة والرهد والدندر. ولقد كان هذا الطريق الملتوي الطويل طريق خير، فان النهر بتطوافه في الهضبة الاثيوبية استطاع أن يجمع أكبر

جزء من مائها وطميها، واكتسبت تلك المكانة الملحوظة بين الأنهار الاثيوبية جميعا.

وروافد النيل الأزرق كثيرة ومتعددة أهمها على الضفة اليسرى جما Gomma، وموجر Muger، وجودر Guder وأهمها على الضفة اليمنى نهرا دندر والرهد وهما أهم روافده.

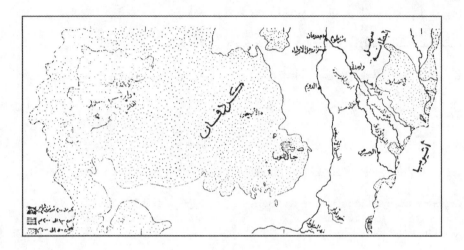

عطبرة:

والى الشرق من النيل الأزرق يمتد سهل البطانة، ويحف به في الشرق نهر عطبرة. والبطانة اكثر ارتفاعا من الجزيرة، ولذلك فان الزراعة فيها لا تزال زراعة مطرية، وتمثل منطقة من أهم مناطق زراعة الحبوب في السودان.

والعطبرة هو آخر الروافد التي تنصب في النيل، ويتصل بالنهر الرئيسي ـ في جنوب مدينة العطبرة مباشرة، وهو أيضا نهر اثيوبي، تبدأ منابعه من جهتين: الأولى في شرقي هضبة اثيوبيا والأخرى في شمالها الغربي. وعندما يدخل عطبرة سهول السودان يختلف في مسلكه عن النيل الازرق فلا تكثر به الالتواءات والانحناءات بل يستمر نهرا مندفعا. ويرجع هذا الى شدة العطبرة قادرا على أن

يحمل الى النيل من الطمي والرواسب أكثر مما يحمل غيره من الانهار الاثيوبية بالنسبة الى حجمه وطوله.

اما عن الأحوال المائية في سهول وسط السودان، فان ايراد النيل الأبيض يتكون من مياه بحر الجبل ونهر السوباط، وتختلف نسبة ما يأتي من كل منهما من موسم الى موسم، فتزداد نسبة مياه بحر الجبل في الربيع ونسبة مياه نهر السوباط في الخريف. أما النيل الأزرق فهو مصدر مياه الفيضان، ويبلغ النهر آوطى مناسيبه في ابريل (نيسان) ثم يأخذ في الارتفاع في شهر يونية (حزيران) ارتفاعا سريعا ويحتفظ بمنسوبه العالي حتى سبتمبر (أيلول) ومن نوفمبر(تشرين الثاني) يعود الى الانخفاض السريع كما ارتفع سريعا من قبل.

ويسهم النيل الارزق بالجزء الاكبر من مائية النيل، فايراده نحو ١٥ مثلا من ايراد النيل الابيض في موسم الفيضان. ولكن يصبح للنيل الابيض المكان الاول في موسم التحاريق (انخفاض المنسوب) حيث يمد النيل في شهر ابريل (نيسان) بنحو ٨٠% من مياهه. بينما تصبح المتوسطات في موسم الفيضان:

٧٠% للنيل الأزرق،٢٠% للعطبرة ،١٠ للنيل الأزرق.

ويجف نهر العطبرة مدة خمسة شهور من السنة، من يناير (كانون ثاني) حتى مايو (أيار) ثم يجري بالماء في يونيه (حزيران) ويرتفع منسوبه فجأة في يوليه (تموز) ويبلغ ذروته في أغسطس (آب) ثم يبدأ في التناقص حتى يجف في يناير. ومعدل تصرفه السنوي ٣٨٠ مترا مكعبا في الثانية.

ومن بعد العطبرة لا يصل الى النيل أي رافد آخر يجري بالماء.

هضاب غربي السودان

في غرب النيل تمتد جبال النوبا التي ترتفع صخورها الجرانيتية وسط سهل صلصالي واسع فتصل في المتوسط الى ٦٠٠ متر وان تكن بعض اجزائها وتتجاوز الالف متر في الارتفاع ومن ثم تبدو كجبال مفردة كجبل تالودي (١٠٧٥م) وجبل

هيبان (١٣٩٨م) وجبل أم غزية (١٤٨٠م). وربما بدت صخور هذه المرتفعات عارية تماماً من الغطاء النباتي، ولكنها في معظم الأحوال تكتسي بنباتات تستمر طول العام. وفيما حول الجبال توجد مساحات واسعة قد غطتها رواسب ناشئة من تفتت صخور الجبال نتيجة لتعرية هوائية أو مائية. وتتدرج هذه الرواسب من الرمل الخشن الى الصلصال الناعم. ويطلق الأهالي على التربة الرملية اسم (قردود) بينما تعرف التربة الصلصالية عندهم باسم (الطين).

ويخترق جبال النوبا عدد كبير من الخيران ينصرف معظمها الى الجنوب، وتتجمع مياهها بالتدريج في خطوط تصريف رئيسية هي عبارة عن أودية قديمة أو أحواض منخفضة، ولا يصل شيء من هذا الماء اطلاقا الى النيل، بل ان المجاري المائية تنتهي الى مستنقعات واسعة، كان من الممكن زراعة أراضيها لو لم تكن مغمورة بالماء في فصل النمو.

وتتغطى الاجزاء الشمالية من اقليم النوبا بالحجر الرملي، ثم تحل محله تربة رملية حمراء اكثر خصوبة هي تربة القوز التي تنتشر في مساحة واسعة من غربي السودان، وقد تظهر على شكل تلال رملية قليلة الانحدار في بعض الأحيان، ولكنها في معظم الاحوال تبدو في شكل سهول مموجة، وعندما يتوافر لها ماء المطر فان الاجزاء المنخفضة من التلال والسهول المنبسطة تزرع بالدخن والذرة الرفيعة والسمسم والفول السوداني (فستق العبيد).

والى الغرب من اراضي القوز والى الشمال منها تمتدهضاب دارفور، ويدخل الجزء الاكبر منها في حوض النيل، اذ ان جزءا كبيرا من مياهها ينصرف الى بحر العرب وحوض الغزال، وينصرف جزء آخر الى وادي الملك. وهي من المناطق القليلة الآهلة بالسكان التي لا تتغطى صخور القاعدة فيها بطبقات سميكة من التكوينات السطحية. ويتمثل في المنطقة مظهران مختلفان هما: السهل الذي كثيرا ما تبرز فيه الصخور القاعدية الى السطح، ثم سلسلة جبل مرة البركانية

التي يتكون معظمها من البازلت. ويبلغ متوسط ارتفاع السهل نحو ٩٠٠ متر فوق سطح البحر، بينما ترتفع السلسلة الجبلية الى نحو الثلاثة آلاف متر. وتتحكم السلسلة الجبلية في التصريف المائي لمنطقة واسعة من حولها وان تكن هي ذاتها لا تمتد على مسطح كبير، فامتدادها من الشرق الى الغرب نحو ٥٠ كيلو مترا، ومن الشمال الى الجنوب نحو ١١٠ كيلو متر.

ويتكون السهل من منطقة مموجة السطح يقطعها كثير من الأودية المحلية الصغيرة، والأودية الكبيرة المنحدرة من جبل مرة. وتدل الظواهر على أن المنطقة كانت سهلا قديما جددت فيه المجاري المائية شبابها نتيجة لحركة الرفع الذي اعترته.

ومن مرتفعات دارفور تنحدر ثلاثة أودية هي: هور، وكو، وأزوم. وهناك عدد من الأودية الفرعية تنحدر الى هذه الأودية الرئيسية أو تنحدر الى بحر العرب مباشرة. ويمكن أن يعتبر وادي هور نهرا فصليا يجري بالماء عقب سقوط الامطار وينتهي الى رمال الشمال. وكذلك وادي كو الذي ينتهي بدلتا صحراوية الى الشرق من بلدة نيالا، أما وادي أزوم، وهو أكبر الأودية الثلاثة وأطولها فيخرج عن نطاق حوض النيل، وينتمي الى نظام بحيرة تشاد.

وتندرج رمال القوز في طرفها الشمالي الشرقي الى صحراء بيوضة التي تحتل الثنية الجنوبية للنيل النوبي، ويحف بها في الغرب وادي الملك وهو واد جاف ضحل يبدأ قريبا من أم بدر ثم ينتهي الى النيل غير بعيد من بلدة الدبة. ويلي هذا الوادي في الأهمية وادي مقدم الذي يبدأ عند كورتي بعد أن يكون قطع في الصحراء شوطا يزيد على ٣٠٠ كيلومتر.

جبال البحر الاحمر والصحاري المتصلة بها

تحتل مياه البحر الأحمر الجزء العميق من الأخدود الافريقي الكبير الذي تتمثل حافته الغربية في سلسلة من التلال تحصر بينها وبين مباه البحر سهلا

ساحليا يختلف اتساعه من مكان الى مكان. ويبلغ هذا السهل أقصى اتساعه في نواحي طوكر ودلتا وخور بركة ثم يأخذ في الضيق كلما اتجهنا شمالا، ويستمر كذلك حتى نواحي السويس.

دلتا طوكر وخور بركة:

يبلغ السهل الساحلي أقصى اتساعه في جهات طوكر حيث استطاع خور بركة وهو يترك الهضبة أن يلقي برواسبه الكثيرة مكونا دلتا غرينية هي أهم الظاهرات الطبوغرافية في كل السهل الساحلي للبحر الأحمر.

وينبع خور بركة من مرتفعات اثيوبيا الشمالية عند خط عرض ١٥ شمالا ويجري نحو الشمال لمسافة ٥٠٠ كيلو متر تقريبا، ويصرف هو ورافده مساحة تبلغ زهاء ٣٥ ألف كيلومترا مربعا يقع الجزء الاكبر منها في أرتيريا، ثم يدخل بركة أرض السودان حيث يتصل به على الجانب الغربي رافده لانجب وبعد اتصال النهرين يصبح بركة نهرا ضحلا يضيق مجراه بالتدريج. وتحف بالنهر على الجانبين تلال حصوية ورملية ترتفع تدريجيا نحو جبال البحر الأحمر العالية.

وتفيض مياه الخور في مجراه الادنى على الجانبين وتؤدي الكميات الهائلة من الطمي التي يحملها الى انطمام المجاري وتحول الماء الى مجاري أخرى جديدة، وهكذا يتردد بركة بين عديد من المجاري في حوضه الادنى، وتطغى المياه على اراضي الدلتا وترسب عليها كميات من الطمي أينما ذهبت.

وتبلغ مساحة أراضي دلتا طوكر نحو١٥٠ الف هكتار نصفها تقريبا من الاراضي الصالحة للزراعة. أما النصف الآخر فمن الاراضي الملحية والاراضي المغطاة بالرمال. ويبدأ خور بركة في تكوين دلتاه عند شدن، وتكون الارض على منسوب ٦٠ مترا فوق سطح البحر، ثم تأخذ في الانحدار بمعدل ١.٥ متر في الكيلومتر حتى تنتهي الى البحر. وفي الكيلومترات الخمسة الاخيرة تشغل المستنقعات اراضي الدلتا ويصبح الانحدار بطيئا للغاية. وتتكون التربة عند قمة

الدلتا من الرمال الناعمة ثم تأخذ في التحول التدريجي الى تربة غرينية خصبة شديدة الشبه بتربة وادي النيل.

وبركة نهر أرعن غير مستقر، والمنطقة التي يغمرها بمائة دائمة التحول من سنة الى أخرى. وكذلك مجرى الخور. ويتميز بركة بقوة معدل جريان مائه حتى تتراوح سرعة المياه السطحية فيه في موسم الفيضان بين ٣ و ٥.٥ في الثانية. وندرك مدى قوة خور بركة اذا تذكرنا ان سرعة المياه السطحية في نهر النيل نفسه في زمن الفضيان هي متر واحد في الثانية. ومن ثم كان في استطاعة بركة أن يحمل كميات هائلة من الطمي. ولكن بركة يتميز في الوقت نفسه بتذبذب معدل جريانه، فالفيضان العادي للخور يتكون من عدة دفقات تختلف مدتها من بضعة ساعات الى يومين او ثلاثة أيام. وبين هذه الدفقات قد يجف الخور تماماً لمدة من الزمن تقصر أو تطول بحسب الظروف.

خور القاش ودلتا كسلا:

وفي شمال شرقي السودان توجد دلتا فيضية أخرى هي دلتا كسلا التي كونها خور القاش. وينبع القاش من أقصى الشمال الشرقي لهضبة اثيوبيا، وهو هناك نهر شديد الانحدار متوسط العمق، ولكنه يختلف عن ذلك كثيرا في سهول السودان حيث يصبح قليل العمق حتى يكاد قاعة أن يكون في مستوى السهل الذي يجري فيه ولهذا فان الكثير من مياهه يفيض على جانبي الوادي.

وعند كسلا يتفرع القاش الى شعب كثيرة وينشر غرينه مكونا دلتا مروحية وليست تربة هذه الدلتا متجانسة كتربة دلتا طوكر، ففيها مناطق مكونة من الطمي الدقيق تعرف محليا باسم (اللبد) وهي شبيهة بتربة دلتا طوكر في المظهر العام وفي القوام وفي درجة الخصوبة. ولكن التربة في بعض الجهات تربة رملية تعرف محليا باسم "الماشندو".

جبال البحر الاحمر:

وهي سلسلة من الجبال القليلة الارتفاع مكونة من صخور نارية ومتحولة، وقد استطاعت نظرا لصلابتها أن تقاوم عوامل التعرية، فظلت مرتفعة تشكل سلسلة تمتد موازية للبحر وغير بعيدة عن ساحله، ولكنها ليست متصلة الحلقات بل تتكون من عدد من الكتل تأخذ اتجاه الساحل تقريبا.

والى الغرب من الجبال النارية تمتد هضبة قوامها الحجر الرملي النوبي، وتضيق هذه الهضبة كلما اتجهنا نحو الشمال. وعند خط عرض قنا تحل الصخور الجيرية محل الحجر الرملي. وتتميز الهضبة بكثرة الاخاديد والاودية التي نشأت عن التعرية المائية في العصور القديمة. وتتمثل سلاسل الجبال خط تقسيم المياه بين هذه الاودية والاودية التي تنحدر في اتجاه البحر الاحمر، وأكبر أودية الهضبة وادي العلاقي ومنابعه في شمال شرقي السودان وينتهي الى النيل شمال ثنية كروسكو. ووادي الحمامات الذي يمتد من نواحي القصير وينتهي عند ثنية قنا، ثم وادي قنا الذي يمثل مظهرا شاذا فهو يمتد من الشمال الى الجنوب ويفصل بين اقليمين يختلفان في البناء الجيولوجي، وفي المظهر العام. والى ضواحي القاهرة يصل وادي حوف، ووادي دجلة والمنطقة كلها صحراوية، ففي جنوبها الغربي صحراء العطمور التي تشغل الثنية الشمالية من النيل النوبي، وهي جزء من النطاق الصحراوي الافريقي العظيم. وتتمثل في سهل مسطح تغطيه الرمال والحصى، ويتميز بأنه من أكثر جهات حوض النيل جفافا، وقد ترتفع بعض جهات السهل فتكون تلالا منعزلة قليلة الارتفاع يتراوح ارتفاعها بين ٣٠ و ٣٠٠ متر فوق مستوى السهل. وقد تكثر هذه التلال احيانا وتتقارب حتى تبدو وكأنها سلسلة متصلة الحلقات.

والى الشرق من صحراء العطمور يختلف المظهر الطبوغرافين اذ تبدأ الصخورالبللورية الاكثر صلابة في الظهور فوق السطح مكونة تلالا شديدة

الانحدار حتى تنتهي الى جبال البحر الاحمر. وتعرف هذه الجهات الشرقية باسم صحراء العتباي وتمتد هذه المظاهر نحو الشمال في صحراء مصر الشرقية. وتكثر الاودية، ويؤدي وجود القاعدة الصخرية قريبة من السطح، والوفرة النسبية في المطر الى وجود غطاء نباتي لا بأس به ترعاه ابل القبائل النازلة بهذه الجهات.

وادي النيل الأدنى ودلتاه:

عند الخرطوم يلتقي النيلان الأبيض والأزرق فيكونان ما يعرف باسم النيل النوبي الذي يجري في المنطقة بين الخرطوم وأسوان في مجرى تكثر فيه الخوانق والجنادل والمنعطفات، وهي ظاهرة شاذة في مثل هذاالجزء من نهر قطع قبل أن يصل الى الخرطوم ما يقرب من ٣٥٠٠ كيلومتر.

ولا يقتصر وجه الشذوذ على هذه الناحية، بل ان النهر نفسه يجري في اتجاهات متضادة مرة بعد أخرى مكونا ثنية النوبة بين خطي عرض ١٦ و٢٢ شمالا، فيتجه الى الشمال الشرقي بين عطبرة وسبلوقة، ثم يجري الى الجنوب الغربي فيما بين أبي حمد وأمبيكول ثم يعود فيتجه مرة أخرى الى الشمال الشرقي بعد خط عرض ٢١ شمالا، وقد كانت هذه الظاهرات مثار نقاش طويل لا مجال للافاضة فيه في هذه الدراسة المجملة.

ومع أن متوسط نسبة انحدار النيل فيما بين الخرطوم وأسوان هي: ١ : ٦٨٠٠ فان هذه النسبة تختلف من جهة الى أخرى، فيشتد الانحدار في مناطق الخوانق والجنادل وأولها خانق سبلوقة (الجندل السادس) الذي يبدأ على بعد ٦٠ كيلومتر شمال الخرطوم، ويستمر لمسافة ٦٠ كيلومتر أخرى. وهو يختلف عن جنادل النيل جميعا بل وأن تسميته بالجندل فيها شيء من التجاوز. وعلى بعد بضعة كيلومترات الى الشمال من العطبرة يبدأ الجندل (الشلال) الخامس ويمتد لمسافة مائة كيلومتر تقريبا. أما الجندل الرابع فيمتد لمسافة ١١٠ كيلومترات

ويبدأ من عند جزيرة شري، وفيه يشتد انحدار النهر فيصبح متوسطه ١ : ٣٢٠٠ ومن بعد نهاية هذا الجندل يقل الانحدار فيصبح شبيها بانحدار النيل في مصر، ويتسع الوادي بعض الشيء، وتكثر الاحواض الزراعية التي تكاد تختفي تماما فيما بين بداية الجندل الخامس ونهاية الجندل الرابع.

ويستمر الحال كذلك حتى حدود مركز دنقلة، وهناك يبدأ الجندل الثالث الذي يمتد لمسافة ٣٨٠ كيلومترا تقريبا تعترض النهر فيها ١٣ مجموعة من الخوانق والجنادل يشتد انحدار النهر في بعضها فيصبح ١ : ١٠٠٠ ويعتبر خانق سمنة نهاية هذه المجموعة من العقبات. ولكن النهر لا يلبث أن تعترضه بعد ٤٠ كيلومترا من سمنه صخور الجندل الثاني أو ما يعرف بشلال حلفا الذي ينتهي الى الجنوب من وادي حلفا بنحو عشرة كيلومترات.

وعند وادي حلفا يدخل النيل اراضي الجمهورية العربية المتحدة، ويسير لمسافة ٤٥٠ كيلومترا قبل أن يعترضه شلال أسوان، وهو آخر العقبات التي يصادفها النهر في طريقه الى البحر المتوسط. ويختلف جندل أسوان في طريقة تكوينه عن الجنادل السودانية الخمسة فليس سبب وجوده اعتراض الصخوي للنهر، وان كانت هذه الصخور موجودة فعلا، وانما يرجع تكوينه في المقام الاول الى الانكسارات التي تأخذ الاتجاه الجنوبي الشمالي بوجه عام.

وقد لعبت الجنادل (وهي تسمى خطأ بالشلالات) دورا كبيرا في مائية النيل، فقد حالت سرعة المياه في هذه الجهات دون فقدان نسبة كبيرة من ماء النهر بالتبخر خصوصاً وأن منطقة النوبة من أشد جهات افريقية حرارة.

وأراضي الوادي في منطقة النيل النوبي ليست سوى مجموعة من الاحواض المنعزلة أشبه بالواحات، تفصلها عن بعضها البعض حافة الصحراء التي كثيرا ما تشرف على مياه النيل اشرافا مباشرا. وتوجد هذه الاحواض في شرق النيل وفي غربه على السواء، وهي مراكز تجمع السكان ومناطق النشاط الاقتصادي.

ويدخل النيل الاراضي المصرية عند خط عرض ٢٢ شمالا، ويجري في منطقة من الخرسان النوبي لمسافة ٤٠٠ كيلومتر ثم يختفي الخرسان النوبي تحت صخور أحدث منه ترجع إلى العصر الكريتاوي الأعلى ويكون هذا في نواحي اسنا. وجوانب النهر في هذا الجزء تتعاقب فيها المدرجات التي لا ترتفع كثيرا عن مستوى النهر واوجد بعض الاشرطة الضيقة من الاراضي الزراعية.

وفي شمال أسوان يبدأ النيل في تكوين سهله الرسوبي الخصب، ويكون الوادي ضيقا ثم يتسع عند كوم أمبو حيث يوجد حوض ملأته الرواسب التي حملتها الأودية القديمة من مرتفعات البحر الأحمر. ومن اسنا يحل الحجر الجيري محل الخرسان النوبي على جانبي النهر، ومن آرمنت تبدأ التكوينات الجيرية الأيوسينية فلا تزال تحف بوادي النيل حتى القاهرة.

وعند الاقصر يجري النيل في خانق ضيق محفور في الصخور الجيرية منذ الايوسين الاسفل، ولم يصل الحفر العميق بعد الى قاع الوادي الصخري نظرا لسمك طبقات الرواسب الطميية ويحف بجوانب الوادي الحجر الجيري والطفل، وتحت الطفل توجد طبقة سميكة من الخرسان النوبي تظهر على السطح في مساحات محدودة بين الاقصر وقنا.

وفي المنطقة شرق القاهرة تكون تكوينات الايوسين محدبا هو جبل المقطم الذي يتكون من طبقتين من الحجر الجيري، السفلي بيضاء والعليا مائلة للاصفرار وهي آخر ما تكون من الطبقات الايوسينية. أما في غرب القاهرة فتوجد هضبة من الحجر الكريتاوي تعلوها صخور ايوسينية غير متجانسة معها في البنية وهذه هي كتلة ابو رواش.

وفي شرق التكوينات الايوسينية وغربها توجد تكوينات الالوجوسين والميوسين وكلاهما اوسع انتشارا في الشرق عن الغرب، وليس في وادي النيل من تكوينات البلايوسين الا القليل ومنها الصخور الرملية التي تحف بوادي النهر

نفسه فيما بين القاهر والفشن، وهذه من بقايا طغيان البحر البلايوسيني. أما البلستوسين فقد تكونت فيه المدرجات النهرية التي تحف بوادي النيل على ارتفاعات مختلفة كما تكونت الاقاليم الساحلية في شرق الدلتا وغربها فيما بين العريش شرقا ومرسى مطروح غربا.

ويبلغ متوسط اتساع الوادي فيما بين أسوان والقاهرة نحو عشرة كيلومترات. ويبلغ متوسط عرض النهر نفسه نحو ٧٠٠ متر، ويكاد يلتزم النهر الجانب الشرقي من واديه ولا يتحول الى الجهة الغربية الا قليلا، وهذه الظاهرة ليست واضحة في اقليم قنا لان النهر يغير اتجاهه المالوف، ولكنها تظهر بوضوح الى الشمال من نجع حمادي.

يبدأ السهل الرسوبي ضيقا في منطقة اسوان، ثم يتسع في حوض كوم امبو، ولكنه يعود فيضيق حتى لا يفصل الصحراء عن مياه النهر فاصل كبير، وعند ادفو يتسع السهل مرة أخرى ولا يزال يتسع بالتدريج حتى قنا، وهنا تقترب حافة الهضبة الليبية من النهر الذي يغير اتجاهه فيجري الى الغرب مع ميل الى الجنوب، ثم يعود من بعد نجع حمادي الى اتجاهه المعتاد. ويتسع السهل الرسوبي فيصبح متوسط عرضه نحو ١٥ كيلومترا وان يكن يضيق في بعض الجهات الى اقل من ذلك كما هي الحال في المنطقة بين الصف وحلوان.

دلتا النيل:

الى شمال غرب القاهرة بنحو ٢٠ كيلومترا تقريبا تبدأ الدلتا التي يحددها الآن فرع دمياط في الشرق وفرع رشيد في الغرب. ولم تكن دلتا دائما كذلك وانما كانت كدالات الانهار جميعا في بداية أمرها، أرضا كثيرة المناقع لم تتحدد فيها مجاري الماء، ولم يتخذ النهر فيها طريقا أو طرقا ثابتة الى البحر، بل كان دائم التردد بين مجرى وآخر، وكانت الرواسب التي يحملها تسد أحد المجاري فيتحول الماء الى منخفض جديد يجري فيه. ويكاد يجمع الكتاب على

أن الدلتا في العصور التاريخية كانت ذات أفرع سبعة لم يبق منها سوى الفرعين اللذين نراهما الآن. كما أن هناك شبه اجماع على أن خط ساحل الدلتا قد تذبذب كثيرا بين الشمال والجنوب خلال العصور الجيولوجية بل ولم يستقر في العصور التاريخية، بل حدثت حركة هبوط طغى بها البحر على شمال الدلتا، وتقوم الادلة الكثيرة شاهدة بحدوث هذه الحركة. ولا يوجد بين الكتاب من يشك في حدوث هذه الحركة، ولكن الأمر الذي اختلفوا فيه هو سببها. هل هي راجعة الى ارتفاع سطح ماء البحر؟ ام الى انخفاض أرض الدلتا؟ أم الى الأمرين معا؟ ولكن الاغلبية ترجع أن طغيان البحر كان منشؤه هبوط سطح الأرض الذي يمكن تعليله بتوالي ارساب الكميات الهائلة من الطمي يحملها النيل وفروعه الكثيرة. ويرى البعض ان هذا الهبوط قد حدث قبيل الفتح العربي ويرجع به آخرون الى ما قبل العصر الروماني بكثير. ويقف فريق ثالث من مسألة تحديد الزمن موقفا سلبيا ويرون أن القطع به أمر عسير إذ لا تزال الأدلة عليه ناقصة.

ويتميز ساحل الدلتا بكثرة البحيرات والمستنقعات. ففي الشرق في شمال شبه جزيرة سيناء توجد بحيرة البرودويل، والى الغرب من قناة السويس، بحيرة المنزلة أكبر البحيرات الساحلية مساحة، وقي منتصف المسافة تقريبا بين فرعي دمياط ورشيد بحيرة البرش، والى الغرب من فرع رشيد بحيرة ادكو، ثم أخيرا بحيرة مريوط خلف مدينة الاسكندرية. وترتبط هذه البحيرات جميعا باستثناء بحيرة مريوط بالبحر عن طريق فتحات ضيقة تصلها به، ولا يفصلها عن البحر سوى شريط ضيق من الاراضي الرملية.

هذه البحيرات - ككل البحيرات التي توجد في دالات الانهار - ترجع الى عدم تكامل الارساب النهري، ففي بعض الجهات تتراكم الرواسب التي يجلبها النهر من حصى ورمل وصلصال بينما تبقى الاجزاء الاخرى منخفضة محصورة بين

الرواسب المرتفعة فتكون البحيرات والمناقع التي يعمل على فصلها عن البحر تكون الشطوط الغرينية والرملية والجيرية أحيانا.

ولا تتميز بحيرة مريوط عن البحيرات الساحلية بانفصالها التام عن البحر فحسب، بل وتتميز أيضا بأنها يفصلها عنه سلسلة من تلال الحجر الجيري البطروخي، وبأنها تقع على منسوب ثلاثة أمتار تحت مستوى سطح البحر وتمثل أعمق أجزاء الحوض المنخفض الذي يقع وراء الاسكندرية ويشغل الجزء الشمالي الغربي من محافظة البحيرة.

منخفض الفيوم:

ويمكن أن تلحق بأرض الوادي منخفض الفيوم الذي هو في الواقع أحد منخفضات الصحراء الغربية ولكنه يرتبط بالوادي عن طريق فتحة اللاهون التي يجري فيها بحر يوسف، وهو فرع للنيل قديم. وتنخفض أراضي الفيوم تدريجيا في مدرجات كبيرة حتى تنتهي الى بحيرة قارون التي تقع على منسوب ٤٥ مترا تحت مستوى سطح البحر. وقد حفر منخفض الفيوم بالطريقة التي حفرت بها منخفضات الصحراء الغربية فيما يجمع الكتاب، ولكنهم لا يزالون مختلفين حول تحديد هذه الطريقة.

والذي يدفعنا الى ضم منخفض الفيوم الى اراضي الوادي وهو مصدر مياهه ومصدر التربة فيه. فهو يعتمد على مياه النيل لا على العيون والابار كما تعتمد واحات منخفضات الصحراء، ثم ان تربته تربة منقولة لا تختلف كثيرا عن تربة وادي النيل، بل تختلف عن تربة الواحات المحلية الاصل.

ويحف بمنخفض الفيوم شريط من الصحراء يفصله عن النيل، ويختلف عرض هذا الشرط من جهة إلى أخرى، فبينما يبلغ عرضه في الجنوب نحو ثلاثة كيلومترات اذا به يتسع في الشمال الى نحو ١٩ كيلومترا، وتأخذ الصحراء الفاصلة هذه في الارتفاع من الجنوب الى الشمال حتى تصل الى ارتفاع ١٥٧ مترا

في جبل النعالون الى الجنوب من فتحة اللاهون. كما تأخذ في الارتفاع من الشمال الى الجنوب حتى تبلغ اقصى بارتفاعها في جبل اللاهون الذي يبلغ ارتفاعه ١٤٤ مترا ومعنى هذا أن بحر يوسف يشق طريقه بين الجبلين.

ويحدد منخفض الفيوم في الجنوب الغربي حائط صخري يفصل بينه وبين منخفض وادي الريان يتراوح عرضه بين الكيلومتر والكيلومترين. أما في الغرب فيحدده جسر الحديد، وهو ظاهرة طبوغرافية تبدأ في غرب بحيرة قارون وتمتد جنوبا ثم شرقا ثم جنوبا بشرق حتى الحافة الشمالية لحوض الغرق السلطاني. وتقع الحافة الشمالية للمنخفض في شمال بحيرة قارون مباشرة حيث ترتفع الارض من مياه البحيرة ارتفاعا فجائيا في حافات متتابعة حتى تنتهي الى جبل القطراني.

شبه جزيرة سيناء:

وينتمي جزء كبير من السهل الساحلي في سيناء الى حوض النيل فقد كان ينتهي اليه أبعد فروع الدلتا نحو الشرق وهو الفرع البيلوزي وهو المسئول عن تكوين "سبخة البردويل"، ويمتد السهل شرقا حتى يلتقي بسهول فلسطين الساحلية، وتكثر فيه الكثبان الرملية التي تمتد موازية للساحل ويتراوح ارتفاعها بين ٨٠ و ١٠٠ متر وتخزن رمالها مقادير من مياه الامطار التي تسقط بفعل الاعاصير فتكون موردا مهما للماء مما جعلها ممرا يربط افريقية بآسيا منذ أقدم العصور.

ويأخذ السهل في الارتفاع تدريجيا نحو الجنوب حتى ينتهي الى هضبة التيه التي تحتل نحو ثلثي مساحة شبه جزيرة سيناء وهي تكملة لصحراء النقب في جنوبي فلسطين وتتكون من الحجر الجيري الايوسيني وقد استطاعت عوامل التعرية أن تحت الطبقات الايوسينية في جزء واسع من الهضبة فظهرت على السطح التكوينات الطباشيرية الكريتاوية، التي لا يفصلها عن الصخور النارية في الجنوب سوى حافة عالية يظهر فيها الحجر الرملي النوبي فوق الصخور

النارية، ويتراوح ارتفاع هذه الحافة بين ٣٠٠ و ٨٠٠ متر فوق سطح الجهات المحيطة بها. ويشق الهضبة عدد من الاودية الواسعة الضحلة أهمها وادي العريش الذي تجمع روافده الجزء الاكبر من مياه الهضبة وينتهي الى البحر المتوسط بجوار مدينة العريش.

أما جنوبي سيناء فتشغله كتلة معقدة التركيب تشبه الى حد كبير مرتفعات الاحمر، وهي في الواقع جزء منها، فصله عنا الصدع الذي تحتله مياه خليج السويس. وفي كتلة سيناء توجد الالفي مترا ارتفاعا ومنها جبل سنت كاترينا (٢٦٣٩ مترا) الغربية، فهي في الشرق تشرف بحافاتها العالية على مياه خليج العقبة مباشرة في معظم الأحوال، وتجري فيها أودية لا تصل الى البحر الا بعد أن تقطع المرتفعات في خوانق ضيقة. وعلى العكس وجبل أم شومر (٢٥٨٦ مترا) وجبل سربال (٢٤٣٩ مترا) وغيرها كثير. وتختلف الجبهة الشرقية لهذه المنطقة عن الجبهة أعلى جبال الجمهورية العربية المتحدة، اذ كثيرا ما تتجاوز قممها من ذلك الجبهة الغربية التي تنتهي الى سهل منخفض يمتد على طول خليج السويس. ويختلف خليج السويس عن خليج العقبة بنفس الاختلاف الذي نجده في اليابس. فبينما تصل الاعماق في خليج العقبة الى اكثر من ألف متر في بعض الجهات تجد خليج السويس لا تزيد الاعماق فيه على مائة متر في أي جهة من جهاته.

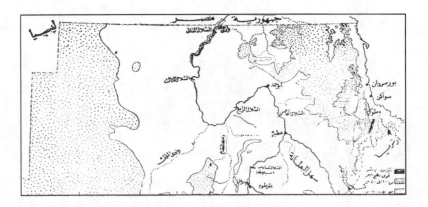

الفصل السابع عشر

جمهورية مصر العربية

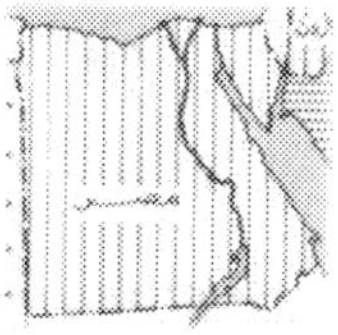

نبذة تاريخية

تعتبر مصر من أعرق بلاد الدنيا حضارة وأعظمها آثارا وهـذه الآثـار تنطـق بعظمـة تاريخهـا السحيق. فمن عام ٣١٠٠ق.م إلى عام ٣٣٢ ق. م كانت تحكم مصر حوالي ٣٠ سـلالة مـن الفراعنـة، ثم شكلت البلاد جزءا من المملكة البطليموسية والإمبراطورية الرومانية، والإمبراطورية البيزنطية ثم فتحها العرب وحولوا مصر تدريجيا إلى مجتمع إسـلامي عـربي وبعـدها أصـبحت مقاطعـة للخلافـة العباسية، ثم نأت خلافة منافسة للخلافة العباسية أنشأتها السلالة الفاطمية في القاهرة.

في عام ٨٧٩م استمرت حتى عام ٩٤٩م، ثم تعرضت مصر لغزو جيوش المماليـك (وهـم أصـلا عبيد الترك) فأسسوا سلطنة مستقلة في مصر عام ١٢٥٠م.

وفي عـام ١٥١٧م أصـبحت مصرـ جـزءا مـن الإمبراطوريـة العثمانيـة (التركيـة) ثـم تعرضـت للاحتلال الفرنسي في الفترة ما بـين ١٧٩٨ إلى ١٨٠١م وقـد كـان لنائـب الملـك العـثماني محمـد عـلي (١٧٦٩-١٨٤٩م) دور مهم في تاريخ مصر فقد جعـل مـن مصرـ دولـة قويـة وأسـس سـلالة حكامـة دامت حتى عام ١٩٥٣ أهما أسرة محمد علي الألبـاني (١٨٠٥-١٩٥٢) وبـالرغم مـن أن خلفـاؤه قـد اكتسبوا مناطق وشجعوا بناء قناة السويس لكنهم أفلسوا مصر.

وقد قامت في مصرـ ثـورات وطنيـة عديـدة أهمهـا ثـورة أحمـد عـرابي في عـام ١٨٨٢ وثـورة مصطفى كامل ١٩١٩ وثورة ٢٣ يوليو ١٩٥٢م.

احتلتها بريطانيا في عام ١٨٨٢ وأسست محمية فيها من عام ١٩١٤ حتى عام ١٩٢٢م.

وفي عام ١٩٥٢م قام الجيش المصري بثورة أجبرت الملك الفاسد فاروق على التنازل عن العرش وكانت الثورة بقيادة جمال عبدالناصر الذي أصبح رئيسا للجمهورية الجديدة (التي أعلنت في عام ١٩٥٣) في عام ١٩٥٦، وحصل عبدالناصر على صفقة سلاح من تشيكوسلوفاكية في عام ١٩٥٥ وعلى عرض أنجلوأميركي بمساعدة مالية من أجل بناء سد أسوان وقد انسحبت القوات البريطانية من منطقة قناة السويس.

وفي تموز عام ١٩٥٦م أحست كل من بريطانيا وأمريكا بالقلق من تعاطف مصر الواضح نحو الشيوعية فسحبتا عرضهما لبناء سد أسوان فأجابهم الرئيس جمال عبدالناصر بتأميم الشركة الخاصة لقناة السويس والتي كانت حملة أسهمها من البريطانيين والفرنسيين بصورة رئيسية.

وفي تشرين الأول هاجمت القوات الإسرائيلية سيناء وطالبت كل من بريطانيا وفرنسا بوضع حد للأعمال العدوانية بين إسرائيل ومصر ولكن مصر تجاهلتهما، فقامت كل من بريطانيا وفرنسا بمهاجهة مصر بسبب قلقهما على مستقبل قناة السويس فأمرت الأمم المتحدة كلا من بريطانيا وفرنسا وإسرائيل بالانسحاب واستبدلوا بقوات من الأمم المتحدة على الحدود بين مصر وإسرائيل. وبعد ذلك تحول جمال عبدالناصر نحو الاتحاد السوفيتي لتمويل سدأسوان. وقد هزم عبدالناصر مرتين بواسطة إسرائيل في حروب الشرق الأوسط، فتنحى عن الحكم لكن الشعب رفض قبول التنحي إذ أنه جعل من مصر زعيمة للقومية العربية ولم يتداعى رغم خسارته لحرب الأيام الستة عام ١٩٦٧ وعندما مات في عام ١٩٧٠ شيع بشكل لم يسبق له مثيل.

وجاء خليفته الرئيس أنور السادات، هذا الرجل هاجم إسرائيل بنجاح في عام ١٩٧٣ وبعد أربع سنوات أدار ظهره للحرب وراح يفتش عن السلام في الشرق الأوسط فقام بتوقيع معاهدة سلام مع إسرائيل وبهذه السياسة أصبح السادات منبوذا من العالم العربي وموضع كراهية زملائه المسلمين، وهو ابن فلاح مصري

ولد في عام ١٩١٨ وخدم في الجيش المصري لسنوات عديدة وكان أحد الضباط الأحرار الـذين طردوا الملك فاروق من مصر في عام ١٩٥٢ وأعلنوها جمهوريـة في عـام ١٩٥٤ لـتحكم أولا بواسطة الجنرال محمد نجيب ومن ثم بواسطة جمال عبدالناصر وفي عام ١٩٦١ عين السادات سكرتيرا عامـا للمؤتمر الوطني، وفي تلك الفترة أصبح مقربا من الرئيس جمال عبدالناصر الذي عينه نائبا للرئيس في عام ١٩٦٤ وهو المنصب الذي خلفه فيه كرئيس للجمهورية في عام ١٩٧٠.

كان حكم السادات لمصر حكما عادلا وقد نال جائزة نوبل للسلام في عام ١٩٧٨ وقد رفع مـن قدر مصر وفي السادس مـن تشريـن الأول عـام ١٩٨١ تـم اغتيـال الـرئيس السـادات أثنـاء حضوره الاستعراض العسكري وخلفه الرئيس حسني مبارك الذي انتهج نفس سياسـة السـادات بمـا في ذلـك استكمال معاهدة السلام بين مصر وإسرائيل الموقعة في عام ١٩٧٩.

وقد سمح الرئيس حسني مبارك الذي لا زال رئيسا إلى اليوم بقدر أكبر من الحرية السياسـية والصحفية، وقد كان له دور كبير في انتصار مصر في حرب أكتوبر عـام ١٩٧٣ ضـد إسرائيل لصمـود قواته الجوية إذ كان يومها قائدا للقوة الجوية.

التركيب الاجتماعي

- **الاسم الرسمي**: جمهورية مصر العربية.

- **العاصمة**: القاهرة.

- **اللغة**: اللغة العربية الرسمية.

- **الدين** ٩٠% : مسلمون، ١٠% مسيحيون.

- **الأعراق البشرية** ٩٩.٩% : عرب، ٠.١% آخرون.

ديموغرافية مصر:

— عدد السكان ٦٩٥٣٦٦٤٤ نسمة.

ـ الكثافة السكانية ٧٠: نسمة/كلم٢.

عدد السكان بأهم المدن:

ـ القاهرة ١٢٧٣٥٠٠٠ : نسمة.

ـ الإسماعيلية ٤٨٧٩٠٠٠ : نسمة.

ـ الإسكندرية ٣٢٠١٠٠٠ : نسمة.

ـ بور سعيد ٤٧٩١٠٠ : نسمة.

ـ السويس ٤٠٢٥٠٠ : نسمة.

- نسبة عدد سكان المدن ٤٦% :

- نسبة عدد سكان الأرياف ٥٤% :

- معدل الولادات ٢٤.٨٩ : ولادة لكل ألف شخص.

- معدل الوفيات الإجمالي ٧.٧ : لكل ألف شخص.

- معدل وفيات الأطفال ٦٠.٤٦ : حالة وفاة لكل ألف طفل.

- نسبة نمو السكان ١.٦٩% :

- معدل الإخصاب (الخصب) ٣.٠٧ : مولود لكل امرأة.

توقعات مدى الحياة عند الولادة:

ـ الإجمالي ٦٣.٧ : سنة.

ـ الرجال ٦١.٦ : سنة.

ـ النساء ٦٥.٨ : سنة.

نسبة الذين يعرفون القراءة والكتابة:

ـ الإجمالي ٥٤.٦% :

ـ الرجال ٦٦.٤% :

ـ النساء ٤٢.٨% :

التقسيم الإداري:

المناطق	العاصمة	المساحة (كلم٢)	السكان (%)
١- الصحراء			
البحر الأحمر	الغردقة	٢٠٣٦٨٥	٠.٢
مطروح	مرسى مطروح	٢١٢١١٢	٠.٣
سيناء الجنوبية	الطور	٣٣١٤٠	٠.١
سيناء الشمالية	العريش	٢٧٥٧٤	٠.٤
الوادي الجديد	الخارجة	٣٧٦٥٠٥	٠.٢
٢- مصر الدنيا			
البحيرة	دمنهور	١٠١٣٠	٦.٨
دمياط	دمياط	٥٨٩	١.٥
الداخلية	المنصورة	٣٤٧١	٧.٢
الغربية	طنطا	١٩٤٢	٥.٩
الإسماعيلية	الإسماعيلية	١٤٤٢	١.٢
كفر الشيخ	كفر الشيخ	٣٤٧٣	٣.٧
المنوفية	شبين الكوم	١٥٣٢	٤.٦
القليوبية	بنها	١٠٠١	٥.٤
الشرقية	الزقازيق	٤١٧٠	٧.١
٣- مصر العليا			
أسيوط	أسيوط	١٥٥٣	٤.٦
أسوان	أسوان	٦٧٩	١.٧
بني سويف	بني سويف	١٣٣٢	٣
الفيوم	الفيوم	١٨٢٧	٣.٢
الجيزة	الجيزة	٨٥١٥٣	٨

المنية	المنية	٣٢٦٢	5.5
كبنا	كبنا	١٨٥١	٤.٧
سوهاج	سوهاج	١٥٤٧	٥
٤- المدن			
الإسكندرية	-	٢٦٧٩	٦
القاهرة	-	٢١٤	١٢.١
بور سعيد	-	٧٢	٠.٩
العريش	-	١٧٨٤٠	٠.٧

جغرافية مصر:

- **المساحة الإجمالية** ٩٩٧٧٣٩: كلم^2.

- **مساحة الأرض** ٩٩٥٤٥٠: كلم^2.

الموقع:

- تقع جمهورية مصر العربية في الزاوية الشمالية الشرقية من قارة أفريقيا، ويحدها البحرالمتوسط شمالا، وفلسطين وخليج العقبة والبحر الأحمر شرقا، والسودان جنوبا وليبيا غربا.

- حدود الدولة الكلية ٢٦٨٩: كلم؛ منها: ١١كلم مع قطاع غزة، و٢٥٥كلم مع فلسطين المحتلة و١١٥٠كلم مع ليبيا؛ ١٢٧٣كلم مع السودان.

- طول الشريط الساحلي ٢٤٥٠: كلم.

- **أهم الجبال**: جبال الطور، الشايب، سيناء.

- **أعلى قمة جبلية**: القديسة كاترينا (٢٦٣٧م).

- **أهم الأنهار**: نهر النيل (٦٦٧٠كلم).

- **أهم البحيرات**: بحيرة ناصر، قارون، الفيوم، البحيرات المرة، المنزلة وإدكو.

- **المناخ**: تخضع سيناء والمناطق الوسطى للمناخ القاري الجاف والحار صيفا والبارد شتاء مع أمطار قليلة، أما شمال مصر فمناخها مناخ البحر المتوسط معتدل شتاء مع أمطار وحار وحاف صيفا.
- **الطبوغرافيا**: سطح مصر صحراوي، توجد الصحراء الغربية إلى غرب وادي النيل التي تتخللها بعض الواحات وترتفع مناطقها الجنوبية عن الشمالية التي تتخللها منخفضات وسهول واسعة، وفي شرق النيل تقع الصحراء الشرقية والتي تحجز سهلا ضيقا بامتداد ساحل البحر الأحمر.
- **الموارد الطبيعية**: بترول، غاز طبيعي، حديد خام، يورانيوم، فوسفات، منغنيز، كلس، رصاص، زنك، زيت طبيعي.
- **استخدام الأرض**: الأرض الصالحة للزراعة ٣٨%، المحاصيل الدائمة ٢%، المروج والمراعي تكاد تكون معدومة، الأراضي المروية ٥%، أراضي أخرى ٩٥%.
- **النبات الطبيعي**: بما أن أرض مصر صحراوية فإنها لا تنمو فيها سوى الأعشاب وحشائش الاستبس المعتدلة ا لتي ترعى فيها الماشية وهناك بعض النباتات على المرتفعات.

المؤشرات الاقتصادية:

- **الوحدة النقدية**: الجنيه المصري = ١٠٠ قرش.
- **إجمالي الناتج المحلي** ٢٤٧: بليون دولار.
- **معدل الدخل الفردي** ١٤٢٠: دولار.

المساهمة في إجمالي الناتج المحلي:

- **الزراعة**: ١٧.٤%.
- **الصناعة**: ٣١.٥%.
- **التجارة والخدمات**: ٥١.١%.

القوة البشرية العاملة:

- **الزراعة:** ٢٩%.

- **الصناعة:** ٢٢%.

- **التجارة والخدمات:** ٤٩%.

- **معدل البطالة:** ١١.٥%.

- **معدل التضخم:** ٣%.

- **أهم الصناعات:** صناعات غذائية، المنسوجات والقطنيات، صناعة بتروكيماوية، صناعة مواد البناء، صناعة الأدوية، صناعات ميكانيكية وكهربائية.

- **أهم الزراعات:** قطن، حبوب (قمح، أرز، ذرة) خضار وفواكه، حمضيات إلى جانب صيد الأسماك.

- **الثروة الحيوانية:** الضأن ٤.٣ مليون رأس، الماعز ٣.٢مليون، الأبقار ٣.٠٢مليون، الدجاج ٨٦ مليون.

المواصلات:

- **دليل الهاتف:** ٢٠.

- **طرق رئيسية:** ٥١٩٢٥كلم.

- **سكك حديدية:** ٥١١٠كلم.

- **ممرات مائية:** ٣٥٠٠كلم.

أهم المرافئ: الإسكندرية، بور سعيد، السويس ودمياط.

عدد المطارات: ١٠.

المناطق السياحية: أهرامات الجيزة، آثار مدينة الأقصر، منتجع شرم الشيخ، شواطئ الإسكندرية، متاحف وجوامع القاهرة.

المؤشرات السياسية:

– **شكل الحكم:** جمهورية رئاسية تخضع لنظام تعدد الأحزاب.

– **الاستقلال:** ٢٨ شباط ١٩٢٢.

– **العيد الوطني** : ٢٣ تموز (ذكرى الثورة ١٩٥٢).

– **حق التصويت:** ابتداء من عمر ١٨ سنة.

– **تاريخ الانضمام إلى الأمم المتحدة:** ١٩٤٥.

كانت مصر جزءا م الدولة الإسلامية منذ الفتح الإسلامي في عهد الخليفة عمر بن الخطاب رضي الله عنه ، وقد قامت دول مستقلة في مصر مثل الإخشيديين والطولين والفاطميين، وكانت مصر مركز الدولة الأيوبية والمملوكية، وفي عام ١٥١٧ أصحبت جزءا من الدولة العثمانية، وبقي الحكم الفعلي فيها بيد المماليك، وفي عام ١٨٠٥ عين محمد علي واليا للدولة العثمانية في مصر الذي أسس دولة مستقلة تتبع اسميا للدولة العثمانية وبقي الحكم في أسرة محمد علي حتى قيام ثورة ٢٣ يوليو عام ١٩٥٢ التي أجبرت الملك فاروق على التنازل عن العرش لابنه الطفل أحمد فؤاد الثاني ثم ألغيت الملكية عام ١٩٥٣ واختير اللواء محمد نجيب رئيسا للجمهورية، وفي عام ١٩٥٤ نحي نجيب ليحل مكانه جمال عبدالناصر الذي كان الحاكم الفعلي منذ قيام الثورة عام ١٩٥٢ وبعد وفاة عبدالناصر عام ١٩٧٠ انتقلت السلطة سلميا إلى نائبه محمد أنور السادات وبعد اغتيال السادات عام ١٩٨١ على يد مجموعة من الجيش المصري فقد انتقلت السلطة سلميا لنائبه محمد حسني مبارك الذي جددت له الرئاسة في استفتاء شعبي كل خمس سنوات منذ عام ١٩٨٢.

سلسلة الحكام في مصر

١- **أسرة محمد علي (١٨٠٥-١٩٥٢)**

مدة الحكم	الحاكم
١٨٠٥-١٨٤٨	محمد علي
١٨٤٨/١٠-٤	إبراهيم بن محمد علي
١٨٤٨-١٨٥٤	عباس الأول
١٨٥٤-١٨٦٣	سعيد
١٨٦٣-١٨٧٩	إسماعيل (اخذ لقب الخديوي)
١٨٧٩-١٨٩٢	توفيق
١٨٩٢-١٩١٤	عباس حلمي الثاني
١٩١٤-١٩١٧	حسين كامل (اتخذ لقب السلطان)
١٩١٧-١٩٣٦	أحمد فؤاد الأول (اتخذ لقب الملك عام ١٩٢٢)
١٩٣٦-١٩٥٢	فاروق (تولى السلطة بعد بلوغ سن الرشد عام ١٩٣٨)
١٩٥٢-١٩٥٣	أحمد فؤاد الثاني (تحت مجلس وصاية لصغر سنه)

ملاحظات:

- عزل الخديوي توفيق بضغط من الإنجليز.

- أجبر الملك فاروق على التناول عن العرش لابنه بعد الثورة عام ١٩٥٢ وخرج من مصر ـ إلى إيطاليا، وتوفي في المهجر عام ١٩٧٦.

٢- سلسلة حكام مصر بعد انقلاب ٢٣ يوليو:

الحاكم	مدة الحكم	الخروج من السلطة
محمد نجيب	١٩٥٣-١٩٥٤	أجبر على الاستقالة
جمال عبدالناصر	١٩٥٦-١٩٧٠	وفاة طبيعية
محمد أنور السادات	١٩٧٠-١٩٨١	اغتيال
محمد حسني مبارك	منذ ١٩٨١	

الفصل الثامن عشر

الجمهورية السودانيـــة

نبذة تاريخية

شهدت السودان حضارات قديمة كالحضارة الكوشية والمروية التي نشأت حول مدينة مـروي ما بين عام ٣٠٠ ق.م إلى ٣٥٠م وقد استخدمت هذه الحضارة الحروف الهجائية بدلا من الرسـومات السائدة وقتذاك إضافة إلى إدخالها الحديد إلى القارة الإفريقية.

ودخلت الديانة المسيحية إلى شمالي السودان عام ٥٤٠م -١٥٠٤م وقامت العديد من الممالك المسيحية التي امتد سلطانها إلى مدينة الخرطوم.

وبحلول القرن الثالث عشر الميلادي تحول شـمال السـودان إلى الحضـارة العربيـة الإسـلامية بعد أن شملتها الفتوحات الإسلامية، وتأسست فيها ممالـك إسـلامية قويـة في وسـط الـبلاد وغربهـا أهمها سلطة الفونج في عـام ١٥٠٤-١٨٥١م التـي اتخـذت سـنار عاصـمة لهـا ثـم هيمنـت القـوات المصرية التركية على البلاد بعد سقوط سلطة الفونج وأقامت الحكم التركي عام ١٨٥١م-١٨٨٥م، كان حكمهم مستبدا ظالما تولدت نتيجة له الثورة المهدية عام ١٨٨٥-١٨٩٨م.

وهي حركة دينية قادها محمد أحمد المهدي الذي حاصر مع أنصاره مدينـة الخرطـوم ثـم فتحها وحررها من قبضة الجنرال غورو الحاكم البريطاني معلنا بذلك تأسيس الدولة المهدية.

ثم ساعدت الجيوش المصرية القوات البريطانية على غـزو السـودان والسـيطرة عليـه بقيـادة اللورد هيربرت كتشنر في عام ١٨٩٨م، وأسسـت بمـا يعـرف بفـترة الحكـم الثنـائي ١٨٩٨-١٩٥٦ وقـد فصلت شمال البلاد عن جنوبها.

ثم اندلعت في جنوب السودان حركة تمرد قبيل فجر الاستقلال عام ١٩٥٥.

وشهدت السودان أول حكومة عسكرية أثر انقلاب قام به الفريق إبراهيم عبود في نوفمبر عام ١٩٥٨ واستمرت الحكومة حتى عا م١٩٤٦ حيث جاء ت حكومة سر الختم الخليفة عقب ثورة أكتوبر الشعبية عام ١٩٦٤م ثم وقع انقلاب العقيد محمد جعفر نميري عام ١٩٦٩ واستمر حكمه لمدة ستة عشر عاما حيث قامت انتفاضة شعبية أطاحت بنظام نميري في أبريل عام ١٩٨٥ وكونت حكومة انتقالية يرأسها المشير عبدالرحمن سوار الذهب ١٩٨٥-١٩٨٦، ثم أقيمت انتخابات عامة جاءت بحكومة رئيس وزرائها الصادق المهدي وأحمد الميرغني رئيسا للدولة في عام ١٩٨٦، وفي ٣٠ يونيو عام ١٩٨٩ أطاح انقلاب عسكري قاده الرئيس عمر حسن البشير بحكومة الصادق المهدي.

التركيب الاجتماعي

أصل التسمية: من "بلد السودان" (بلد السود) في الماضي، كان شمال البلاد (بين الشلالين السادس والأول للنيل) يعرف بالنوبة أي "بلد الذهب" باللغة المحلية، وكان السودان يسمى "مملكة مروة" ثم "مملكة شنعار" من ١٦٠٥ إلى ١٨٢١، وبعدها السودان الإنجليزي-المصري.

الاسم الرسمي: جمهورية السوان الديمقراطية.

العاصمة: الخرطوم.

ديموغرافية السودان:

- **عدد السكان:** ٣٦٠٨٠٧٣ نسمة.
- **الكثافة السكانية:** ١٤ نسمة/كلم٢.

عدد السكان بأهم المدن:

- **أم درمان:** ١٢٧٣٠٧٧ نسمة.
- **الخرطوم:** ٩٣١٧٧٨ نسمة.
- **بور سودان:** ٣١٣٣٨٥ نسمة.

- الأبيض: ٢٣٣٠٩٦ نسمة.

- نسبة سكان المدن: ٣٥%.

- نسبة عدد سكان الأرياف: ٦٥%.

- معدل الولادات: ٣٧.٨٩ ولادة لكل ألف شخص.

- معدل الوفيات الإجمالي: ١٠.٠٤ لكل ألف شخص.

- معدل وفيات الأطفال: ٦٨.٦٧ حالة وفاة لكل ألف طفل.

- نسبة نمو السكان: ٢.٧٩%.

- معدل الإخصاب (الخصب): ٥.٣٥ مولود لكل امرأة.

توقعات مدى الحياة عند الولادة:

- الإجمالي: ٥٦.٩ سنة.

- الرجال: ٥٥.٩ سنة.

- النساء: ٥٨.١ سنة.

نسبة الذين يعرفون القراءة والكتابة:

- الإجمالي: ٤٦.١%.

- الرجال: ٥٧.٧%.

- النساء: ٣٤.٦%.

- اللغة: العربية الرسمية، النوبية، الإنجليزية، لهجات محلية.

- الديانة: مسلمون ٧٠%، معتقدات محلية ٢٥%، مسيحيون ٥%.

- الأعراق البشرية: العرب،النوبيين،النيليون الحاميون،الزنوج،قبائل البحة.

التقسيم الإداري:

المناطق	العاصمة	المساحة (كلم^2)	السكان (%)
النيل الأعلى	النيل الأعلى	٣٣٨٧٧٢	7.8
بحر الغزال	واو	٢٠٠٨٩٤	١١.٠
دارفور	الفاشر	٥٠٧٦٨٤	15.1
الاستواء	جوبا	١٩٧٩٦٩	٦.٨
كردفان	الأبيض	٣٨٠٢٥٥	١٥
الشمال	الدامر	٤٧٦٠٤٠	5.٣
الشرق	كسالا	٣٣٤٠٧٤	١٠.٧
الوسط	واد مدني	١٣٩٠١٧	19.5
العاصمة	الخرطوم	٢٨١٦٥	٨.٨

مؤشرات سياسية:

حصل السودان على استقلاله عام ١٩٥٦ تحت نظام حكم مدني برئاسة إسماعيل الأزهري، وعبد الله خليل رئيسا للوزراء، وأطاح انقلاب عسكري برئاسة الجنرال إبراهيم عبود، وظل الحكم العسكري قائما حتى أطاحت به سلسلة من الإضرابات والمظاهرات أجبرت عبود على التنازل عن السلطة وتولي الصادق المهدي (حزب الأمة) رئاسة الدولة ومحمد أحمد المحجوب (حزب الاتحاد) رئاسة الحكومة، وهي حالة فريدة أن تعود السلطة بالقوة من أيدي العسكريين إلى المدنيين، وفي ١٩٦٩/٥/١٩ أطاح انقلاب عسكري بقيدة جعفر النميري بالحكم المدني الذي قام حكما عسكريا حتى عام ١٩٨٥ عندما أطاح به عصيان مدني جعل الجيش بقيادة الجنرال سوار الذهب يتدخل وعزل النميري ويقيم حكما انتقاليا برئاسته لمدة سنة واحدة ثم أجريت انتخابات عامة جاءت بحزب الأمة برئاسة الصادق المهدي إلى الحكم بالائتلاف مع حزب الاتحاد، وفي

عام ١٩٨٧ خرج الاتحاد من الائتلاف ليحل مكانه حزب الجبهة الإسلامية القومية برئاسة د. حسن الترابي، وفي عام ١٩٨٩ أطاح انقلاب عسكري بقيادة عمر البشير بحكومة الصادق المهدي وعززت الحكومة العسكرية المتحالفة مع الحركة الإسلامية وجودها بانتخابات برلمانية ورئاسية.

سلسلة الحكم في السودان

الحاكم	مدة الحكم	الخروج من السلطة
إسماعيل الأزهري	١٩٥٦-١٩٥٨	انقلاب عسكري
الجنرال إبراهيم عبود	١٩٥٨-١٩٦٤	أجبر على التنازل بفعل المظاهرات والإضرابات لحكومة مدنية يرأسها المهدي.
الصادق المهدي	١٩٦٤-١٩٦٩	أطاح به انقلاب عسكري بقيادة النميري.
جعفر النميري	١٩٦٩-١٩٨٥	أطاح به عصيان مدني أدى إلتدخل الجيش وإقامة حكومة انتقالية تمهيدا لانتخابات عامة.
الجنرال عبدالرحمن سوار الذهب	١٩٨٥-١٩٨٦	سلم السلطة لحكومة مدنية.
الصادق المهدي	١٩٨٦-١٩٨٩	انقلاب عسكري بقيادة الرئيس الحالي عمر البشير.
عمر أحمد البشير	١٩٨٩	جاء بانقلاب عسكري بالتحالف مع الحركة الإسلامية ثم عزز حكمه بانتخابات رئاسية وبرلمانية.

وفي عام ٢٠٠١ حدث اختلاف بين البشير رئيس الجمهورية والترابي رئيس البرلمان ورئيس حزب المؤتمر الشعبي الحاكم أدى إلى تنحية الترابي عن المشاركة في الحكم، ثم ألقي القبض عليه بعد المذكرة التي وقعها مع جون غرانغ زعيم الجيش الشعبي لتحرير السودان.

المغرب العربي

المغرب

الجزائر

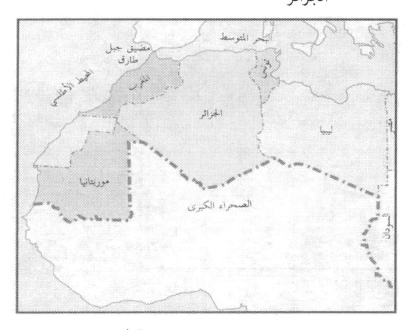

تونـــــس

موريتانيا

الفصل التاسع عشر

ليبيا والصحراء الأفريقية

يضم الوطن العربي جزءا كبيرا من الصحراء الإفريقية، فهي تشمل من أقطار المغرب العربي كل الأراضي التي تمتد في جنوب أطلس الداخلية، كما تشمل معظم الجمهورية العربية الليبية فلا يستثنى منها إلا شريط غير متصل الأجزاء من السهول الساحلية، وتشغل الصحراء الجزء الأكبر من أراضي الجمهورية العربية المتحدة وجزءا واسعا من شمال غربي جمهورية السودان.

ويمكن تحديد الصحراء في الشمال بخط الانكسارات الذي يمتد في سفوح أطلس الصحراء من نواحي أغادير على المحيط الأطلسي- حتى خليج قابس مارا بواحات فجيج والأغواط وبسكرة وفقصة. ثم تزحف الصحراء حتى تشرف على مياه البحر المتوسط أو تكاد في منطقة خليج سرت. وينتمي الجزء الأكبر من الصحراء إلى الكتلة البللورية القديمة التي تتألف من الجرانيت والنيس والشست والكوارتزيت وغيرها من الصخور النارية والمتحولة، وقد أدت الأحداث الكثيرة التي مرت بها هذه الكتلة خلال ملايين السنين أن أصبحت من الصلابة بحيث استطاعت أن تقاوم حركات الالتواء الحديثة، وإن تكن لم تخل من تصدعات، وقد طغت البحار الجيولوجية القديمة على مساحات واسعة من الصحراء فخلفت من ورائها رواسب سميكة ربما بلغت آلاف الأمتار سمكا. وعندما حدثت الحركة الهرسينية في العصر- الفحمي كان من نتائجها انحسار مياه البحر عن الصحراء وتكوين مظاهر للسطح جديدة. ثم عاد البحر ليغطي على الصحراء مرة أخرى في الفترة السينومانية فلم يتراجع تماما إلا في الميوسين.

ومتوسط ارتفاع الصحراء الإفريقية في مجموعها نحو مائتي متر، ولكن في وسط هذا المحيط الواسع من السهول الرملية والحصوية تظهر بعض الحافات المرتفعة التي هي في الواقع بقايا كتل جبلية أخرى أضخم حجما تكونت في عصور التاريخ الجيولوجي للأرض. ولا تزال بعض هذه البقايا تبدو على شكل كتل عظيمة وعلى الأخص في مرتفعات تبستي والهجار التي ترتفع في قلب الصحراء في الأراضي العربية إلى نحو الثلاثة آلاف متر فوق سطح البحر.

ويرجع اختلاف المظاهر الطبوغرافية في الصحراء إلى ثلاثة عوامل مجتمعة:

- التعرية المائية التي تقوم بها السيول العنيفة التي تندفع عقب سقوط الأمطار العاصفية، وهناك من الأدلة ما يثبت أن هذه الأمطار كانت في الماضي أكثر مما هي عليه الآن.

- تفتت الصخور نتيجة للتفاوت العظيم بين الحرارة والبرودة، وهو من أهم ما يميز المناخ الصحراوي الحار، وهذه هي "التعرية الجوية".

- إعادة إرساب المواد المفتتة بعد أن تنقلها الرياح، خصوصا وأن المناخ الجاف يحول دون تماسك هذه المواد مما يسهل على الرياح حملها ونقلها من جهة إلى أخرى. وقد لعبت الرياح دورا بارزا في تشكيل سطح الصحراء، تعاونت في ذلك الرياح الدائمة مثل الهرمتان، والدوامات المحلية التي تؤدي إلى وجود العواصف العنيفة، وتتدحرج رسابات الصخور التي تفتت بفعل التعرية الجوية، ويحتك بعضها ببعض فتصقل وتصغر أحجامها ولكنك قبل أن يحدث هذا فإن الشظايا المدببة تنقر في الصخر وتشكله على صور مختلفة.

ونتج عن هذا كله أن تنوعت الصحاري، فكان منها:

- الصحراء الرملية: وتكثر فيها الكثبان الثابتة والمتنقلة وتمتد رمالها على منطقة واسعة من موريتانيا حتى جنوبي تونس ثم تنحرف إلى الجنوب والشرق حتى مرتفعات الهجار ثم تواصل امتدادها فتشمل معظم الأراضي الليبية وصحراء مصر الغربية. وتمتد الكثبان الرملية التي هي من خصائص الصحراء الإفريقية في سلاسل عظيمة الطول قليلة العرض، ومن أهمها وأكثرها امتدادا العرق الغربي الكبير وعرق أكيدال وعرق الشيخ والعرق الشرقي الكبير وسلسلة أبو محارق التي تمتد في الصحراء المصرية من الطرف الشمالي للواحات البحرية إلى الواحات الخارجة في الجنوب.

- الصحراء الصخرية: وتتغطى عادة بالحصى والحصباء وتوجد بصفة خاصة في جهات تنزر وفت في جنوبي جمهورية الجزائر.

- الصحراء الحجرية: وتتكون من الحجر الرملي العاري وتعرف باسم الحمادة ومنها حمادة درعة في جنوب غربي الجزائر، والحمادة الحمراء في غربي ليبيا وهي هضبة جرداء تمتد على مساحة مائة ألف كيلومتر مربع تقريبا وتتميز بكثرة التشققات نتيجة لاتساع المدى الحراري وقد ترتفع في بعض الجهات مكونة جبالا عالية كما هي الحال في جبل السودة.

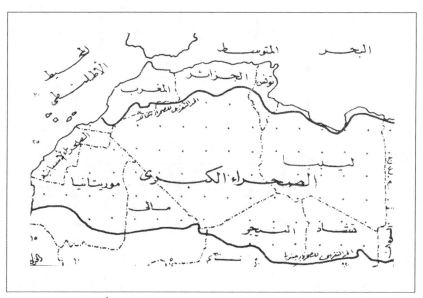

وبالرغم من عدم وجود المجاري المائية في الصحراء الآن فإن هناك أدلة كثيرة على وجود التعرية المائية في العصور القديمة. والواقع أن الصحراء الإفريقية لم تكن على مظهرها الصحراوي دائما بل مرت عصور كانت فيها غنية بالنبات، وليس من السهل أن تحدد بدقة العصر ـ الجيولوجي الذي بدأت فيه الصحراء تأخذ صفة الجفاف الحالية. ويميل البعض إلى الاعتقاد بأنها بدأت تأخذ مظهرها الجاف في نهاية الزمن الأول وبداية الزمن الثاني ولكن البراهين على ذلك غيركافية. ولعل أول عصر اتخذت فيه الصحراء الإفريقية صفتها

الصحراوية فعلا هو العصر الكريتاوي بدليل تكون الخرسانان النوبي في ذلك الوقت وهو لا يتكون إلا في ظروف الجفاف. ثم أخذ المناخ بعد ذلك يتحسن في الزمن الثالث. وامتاز عصر الأوليجوسين بأمطاره الغزيرة التي أدت إلى وجود غطاء نباتي كثيف، يذهب البعض إلى أنه كان شبيها بالغابات، وإلى هذا العصر يرجعون بالغابات المتحجرة في الصحاري المصرية.

وقد أدت الأمطار الأوليجوسينية إلى نشاط الأنهار والأودية الصحراوية القديمة، وكان من أهمها واد يطلق عليه الأستاذ بلانكنهورن M. Blankenhorn في كتابه "جيولوجية مصر" اسم "النيل القديم" Ur. Nil.

وحدث بعد الأليجوسين أن عادت الصحراء إلى الجفاف النسبي الذي استمر حتى الجزء الأول من الأيوسين. وفي نهاية هذا العصر الأخير عاد المناخ إلى التحسن مرة أخرى، وزاد المطر بالتدريج واستمر الحال على ذلك مع بعض ذبذبات خلال البليستوسين، ثم كان العصر الحديث وعادت معه أحوال الجفاف التي استمرت حتى اليوم.

وتلعب المرتفعات الآن دورا مهما في تصريف مياه الصحراء القليلة. فعقب سقوط الأمطار الزوبعية المفاجئة تندفع السيول على جوانب المرتفعات حتى تختفي في جوف الصحراء الظامئة. ففي سفوح هضبة الهجار ومرتفعات تاسيلي مثلا يتجعد السطح وتتكون فيه مجار للماء تنتهي جنوبا إلى أرض الطوارق وشمالا إلى الشطوط الجنوبية وغربا إلى منخفض توات. ولا يمت نظام التصريف المائي إلى الظروف الحالية، بل هو نظام حفري قديم، إذ توجد أودية طويلة لا شك في قدمها تنتهي إلى أحواض مغلقة، ومنها وادي أغرغر الذي يصب فيه عدد كبير من الأودية المنحدرة من مرتفعات تاسيلي لتختفي تحت رمال العرق الشرقي الكبير، كما يوجد عدد من الأودية تنتهي إلى حوض تيديكلت الذي تنتشر فيه السبخات.

ومع أن الصحراء بالمعنى الواسع هي الجهات التي يقل مطرها عن ٢٠٠ملليمتر في السنة فإن هناك بعض جوانب للشذوذ، فنظام المناطق المتاخمة لأراضي البحرالمتوسط يشبه إلى حد ما نظام هذا البحر، فيسقط مطره القليل في فصل الشتاء، بينما تتشابه الأجزاء الجنوبية المتاخمة للإقليم السوداني مع نظام المطر السوداني الذي يسقط في فصل الصيف. وفي قلب الصحراء تلعب المرتفعات دورها في تعديل نظام المطر، فتسقط فيها الزخات العنيفة، وتجري أوديتها الجافة بالماء إلى حين.

ومهما يكن من أمر فإن أراضي ليبيا والصحراء العربية في أفرقية يمكن تقسيمه بصفة عامة إلى عدد من الأقسام هي:

- السهول الساحلية.
- المرتفعات الشمالية.
- المنخفضات الشرقية.
- المنخفضات الشمالية.
- حوض فزان.
- المرتفعات الجنوبية.

السهول الساحلية:

في غرب الإسكندرية تزحف الصحراء شمالا فلا تترك بينها وبين البحر المتوسط سوى سهل ساحلي ضيق يختلف اتساعه من منطقة إلى أخرى. ويكون هذا السهل متقطعا إلى أحواض صغيرة متفرقة من غرب الإسكندرية حتى بنغازي وعندها يتحول إلى سهل واسع نسبيا وهو سهل بنغازي الذي يمتد على الجانب الشرقي لخليج سرت ويحدد امتداده في الداخل حافة الجبل الأخضر. ويبدأ السهل ضيقا في الشمال ثم يأخذ في الاتساع كلما اتجهنا جنوبا حتى يتداخل في سهول سرت. ويعرف هذا السهل باسم برقة الحمراء. وقد اكتسب

هذه التسمية من التربة الحمراء التي تغطي أراضيه، وهي تربة طينية حملتها الأودية التي تنحدر إليه من الجبل الأخضر. والسهل مستو في جملته ولكنه يأخذ في الارتفاع التدريجي كلما اتجهنا نحو الداخل، ويحف به عدد من السبخات يفصلها عن البحر سلاسل طويلة من الكثبان الساحلية التي تتكون من الصخور الجيرية والساحل منخفض قليل التعاريج، ولذلك لا يصلح لقيام الموانئ الطبيعية ولا يستثنى من ذلك إلا الجهة التي قامت فيها ميناء بنغازي وهي ميناء ترجع صلاحيتها في المقام الأول إلى المجهودات البشرية لا إلى العوامل الطبيعية.

وليس سهل بنغازي في الواقع إلا جزء من السهول التي تحيط بخليج سرت، ولكننا ميزناه عنها لاختلاف تربته. أما بقية سهول سرت فيطلق عليها اسم برقة البيضاء، إذ تغطيها تربة رملية تميل إلى البياض. وسهول سرت أكثر اتساعا من سهل بنغازي وتأخذ هي أيضا في الارتفاع التدريجي نحو الداخل وننا لا توجد حافة جبلية واضحة، كحافة الجبل الأخضر تحدد امتدادها إلى الداخل.

ويحتل خليج سرت نفسه قوسا كبيرا في الساحل الليبي يبلغ طوله نحو ٧٥٠ كيلومترا. والساحل من حوله رملي منخفض تحف به سلاسل من الكثبات الرملية المرتفعة نسبيا، ويختلط الرمل بالجير في هذه الكثبان فتبدو بيضاء. وتشرف هذه السلاسل في الداخل على أحواض مستطيلة تمتد محاذية للساحل، تغمرها المياه المالحة أو تغطيها تربة ملحية، وهذه هي السبخات التي أكبرها سبخة تاورغة.

وينحدر إلى خليج سرت عدد من الأودية التي تجري بالماء عقب سقوط الأمطار، وينبغ بعض هذه الأودية من السفوح الجنوبية والغربية للجبل الأخضر ـ بينما ينبع البعض الآخر من المرتفعات الشمالية والشرقية للحمادة الحمراء، وهناك أودية أخرى تنبع من المنحدرات الجنوبية والشرقية لجبال طرابلس. وأكبر أودية سهول سرت هو وادي "سوف الجن" الذي ينتهي إلى سبخة تاورغة.

وفي غرب خليج سرت تقترب حافة الهضبة الليبية كثيرا من البحر، فلا تترك بينها وبينه إلا مناطق سهلية محدودة أهمها تلك المنطقة التي تمتد بين مصراتة وزليطن. وتنحدر حافة الهضبة بسرعة إلى السهل، وتقطعها أودية كثيرة عميقة أهمها وادي عين كعام، وتجري هذه الأودية بالماء في فصل الشتاء. والساحل بصفة عامة رملي منخفض، وقد توجد به بعض الكثبان الرملية المرتفعة نسبيا والتي تشرف أحيانا على البحر إشرافا مباشرا ولا تتجاوز في ارتفاعها الخمسين مترا، وتقع من ورائها في معظم الجهات مناطق منخفضة محدودة المساحة يوجد الماء الجوفي فيها قريبا من السطح مما أدى إلى وجود خط من الواحات الغنية. وفي جنوب خط الواحات ترتفع الأرض بسرعة وبخاصة في الغرب حيث يضيق السهل كثيرا حتى ينتهي عند الخمس.

المرتفعات الشمالية:

يمكن أن نميز في هذا النطاق عددا من الكتل ففي شمال المنخفضات الشمالية المصرية تمتد هضبة مكونة من صخور جيرية بحرية ترجع إلى الميوسين، وتصل إلى نحو مائتي متر فوق سطح البحر في الجزء الأوسط والغربي وتنحدر جنوبا إلى المنخفضات الشمالية كما تنحدر نحو الشمال والشمال الغربي حتى تنتهي عند الإسكندرية والسلوم. وفي الشرق يختلط الرمل بالجير فيتكون الحجر الرملي البطروخي Oolithic limestone وهو ذرات رملية يحيط بها كساء من الجبر ولذا يظهر في النهاية كصخور جيرية، ويرتفع من الهضبة سلاسل من هذا الحجر تمتد متوازية تقريبا وتحصر بينهما خطوطا من المنخفضات.

وتمتد هضبة الدفنة والبطنان من حدود مصر الغربية حتى الطرف الجنوبي الشرقي لخليج بمبة وهي التي تعرف في الكتب الإفرنجية باسم مرماريكا، ويقسمها الخليج الذي تقع عليه طبرق قسمين هما: الدفنة في الشرق، والبطنان في الغرب. والمنطقة في مجموعها قليلة الارتفاع لا يزيد متوسط ارتفاعها على مائتي متر فوق سطح البحر، وتمتد موازية للساحل بحيث لا يفصلها عنه سوى شريط

سهلي ضيق، لا يزيد اتساعه في أي جهة من جهاته على ٤٠ كيلو مترا. وتنحدر الهضبة نحو الداخل انحدارا تدريجيا ولكنها شديدة الانحدار نحو البحر. ويقطعها عدد من المنخفضات بعضها يأخذ الاتجاه الطولي والبعض يأخذ الاتجاه العرضي، مما ترتب عليه تقطع الهضبة إلى عدد من الهضبات الصغيرة يطلق على الواحدة منها اسم "الظهر" أو "الحجاج" بينما يعرف الجزء المنخفض باسم "السقيفة" ويجري في الهضبة عدد من الأودية بعضها طويل نسبيا ينبع من الداخل، ولكن معظمها ينحدر من الحافة الشمالية فيكون قصيرا سريع الجريان.

وتشغل معظم شبه الجزيرة المحصورة بين خليجي بمبة في الشرق وسرت في الغرب هضبة عالية نسبيا هي الجبل الأخضر الذي ينحدر انحدارا شديدا نحو الساحل حيث ينتهي إلى سهل ضيق يختلف اتساعه من مكان إلى مكان. ولا ينحدر الجبل دفعة واحدة وإنما يكون في انحداره ثلاث حافات شديدة الانحدار، أوضحها وأكثرها ظهورا هي الحافة الثالثة التي يتراوح ارتفاعها بين ٢٥٠ و٣٠٠متر، وتوجد بها كثير من بلاد الجبل الأخضر المهمة مثل "المرج" و"الأبيار" وتقوم هذه البلاد في أحواض مستوية السطح نسبيا تغطيها تربة حمراء شبيهة بتربة الساحل وأكبرها هو حوض المرج الذي يعتبر أهم منطقة زراعية في الجمهورية الليبية كلها.

وينحدر الجبل الأخضر نحو الداخل انحدارا تدريجيا حتى ينتهي إلى الصحراء البرقاوية، وتعتبر منطقة سيدي الحمري خط تقسيم المياه بين الأودية التي تنحدر إلى البحر في الشمال والتي تنحدر إلى الصحراء في الجنوب. والأولى أكثر أهمية ومن أشهرها وادي درنة ووادي الكهوف ووادي المعلق وهو أطول أودية الجبل الأخضر جميعا. أما الأودية التي تنحدر جنوبا فأبطأ انحدارا وتمر في منطقة مموجة السطح تعرف باسم "السروال" ثم تصب في أحواض داخلية مستوية السطح، تغطيها تربة صلصالية ناعمة ويطلق على هذه الأحواض اسم "البلط" ومن أهم الأودية التي تنتهي إلى البلط وادي سمالوس ووادي تاناملو.

وفي نواحي بلدة الخمس تبدأ جبال طرابلس وتمتد لمسافة ٥٠٠ كيلـومتر تقريبـا وتتخطى الحدود الليبية إلى أراضي تونس. وتحمل أسماء مختلفة في أجزائها المختلفة هـي مـن الشرق إلى الغرب القصبات، وترهونة، وغريان، ثم جبل نفوسة. وتكاد تشرف الجبال في الشرق على مياه البحر المتوسط ثم تمتد نحو الجنوب الغربي متباعدة عن الساحل بالتدريج. وهي كمرتفعات برقة يشتد انحدارها نحو الشمال، ولكنها تنحدر تدريجيا نحو الجنوب حيـث تنتهي إلى منطقة القبلـة التي تفصلها عن هضبة الحمادة الحمراء.

وتبلغ جبال طرابلس أقصى ارتفاعها في منطقة غريان حيـث يتجـاوز ارتفاعهـا الثمانمائـة مـتر فوق سطح البحر. ثم تأخذ في الانخفاض التدريجي نحو الشرق والغرب، فيـتراوح ارتفاعهـا في جبال ترهونة بين ٤٠٠ و٥٠٠متر، وفي القصبات بين ٣٠٠ و٣٥٠ مترا، ولكن الانخفاض نحو الغرب أقل حدة إذ لا يقل عن ٦٠٠ متر فوق سطح البحر.

وينحدر من جبال طرابلس عدد كبير من الأوديـة تأخـذ اتجاهـات مختلفة حسب انحدار سطح الأرض، ومن أهمها الأودية التي تنحدر شمالا إلى سهل الجفارة ومنها وادي المجينين ووادي الأثل، وتنحدر بعض الأودية غربا حيث تنتهي في منطقة العرق الشرقي الكبير في الجزائر، أو تتجـه جنوبا وجنوبا بغرب إلى المنخفضات التي تشغلها واحات غدامس ودرج.

المنخفضات الشرقية:

ويفصلها عن وادي النيل هضبة ضيقة يتراواح ارتفاعها بين ٢٠٠ و٥٠٠ متر فوق سطح البحر. ويحف بها في الغرب هضبة أخرى أكثر ارتفاعا إذ يبلغ متوسط ارتفاعها نحو ٥٠٠ متر، وبين الهضبتين يمتد منخفض يتخذ شكل الرقم ٤ تقريبا وتوجد فيه واحات دنقل، والخارجة، والداخلة، والفرافرة، والبحرية. وليس المنخفض متصل الأجزاء بل تقطعه السنة من الهضبة الشرقية تصلها بالهضبة الغربية كما هي الحال في المنطقة بين الواحة الداخلة وواحة الفرافرة، وبين الفرافرة والواحة البحرية.

وتقع واحة دنقل على سفح ينحدر من منسوب ٢٠٠ إلى ٥٠ مترا فوق سطح البحر. والمنخفض الذي تشغله هذه الواحة يستطيل قليلا نحوا لشرق وينفتح في الغرب ليتصل بالمنخفض الرئيسي فهو شبيه بحوض تحيط به الهضبة التي يزيد ارتفاعها على مائتي متر فتغلقه إلا في الغرب. وهو في ذلك يشبه حوض الواحة الخارجة ولكن هذا الأخير ينفتح إلى الجنوب حيث يتلاقى الحوضان. وترتفع الهضبة التي تحيط بمنخفض الخارجة في الشمال الغربي فيصل ارتفاعها إلى ٥٠٠ متر وتشرف على العنق الضيق الذي يفصله عن منخفض الواحة الداخلة.

أما منخفض الفرافرة فحوض كبير مغلق من كل الجهات متوسط ارتفاعه عن سطح البحر نحو مائتي متر، ويتوسطه حوض آخر على مستوى ١٠٠متر هو في الواقع الحوض الذي يحتضن واحة الفرافرة. ويتكون منخفض البحرية من حوضين متجاورين أكبرهما يقع إلى الجنوب، وتتخلله عدة تلال يزيد ارتفاعها على مائتي متر فوق سطح البحر بينما متوسط منسوب الحوض نفسه نحو مائة متر. ومنخفض البحرية كمنخفض الفرافرة مغلق من كل نواحيه وتحيط به الهضبة على ارتفاع مائتي متر.

المنخفضات الشمالية:

وتحتل هذه المنخفضات حوضا واسعا ذا تصريف داخلي يتدرج في الانخفاض من الجنوب إلى الشمال. ويبلغ أقصى انخفاضه في منخفض القطارة الذي يقع على منسوب متوسطه ٦٠ مترا تحت سطح البحر وتنخفض أعمق أجزائه إلى ١٣٤ مترا تحت سطح البحر. وليس الحوف متصل الحلقات وبخاصة في الغرب حيث تقطعه ألسنة من الحمادة الحمراء.

وتتميز المنخفضات الواقعة في الجزء المصري من هذا الحوض بأنها كلها تصل في بعض أجزائها إلى ما دون مستوى سطح البحر فوادي النطرون يهبط إلى ٢١ مترا ووادي الريان إلى ٤٣ مترا ومنخفض القطارة إلى ١٣٤ مترا وواحة سيوة إلى ١٧ مترا.

وهذا الحوض على سعته ليس به سوى عدد قليل من الواحات، ففيه واحة سيوة المصرية وهي واحة تكثر بها موارد الماء الجوفي، ثم واحات برقة وأهمها واحة الجغبوب ومجموعة واحات أوجلة، وتقع الجغبوب على الحدود المصرية الليبية عند تقاطع خط طول ٢٥ درجة شرقا مع خط عرض ٣٠ شمالا. وتشمل مجموعة جالو - أوجلة عددا متقاربا من الواحات. ويظن أن هذه الواحات هي بقايا واد قديم كان يجري فيه نهر يتجه شرقا ويخترق واحة سيوة ليصب في الخليج الذي يشغل موقعه الآن منخفض القطارة.

وإلى الشمال مباشرة من جبل السودة يوجد منخفض بيضي الشكل يتراوح ارتفاعه بين ٢٥٠ مترا و٣٠٠ متر فوق سطح البحر تقع فيه واحات الجفرة التي تخترقها سلسلة من الجبال تقسمها قسمين وتعتمد في موارد مياهها على أمطار جبل السودة. وإلى أقصى الغرب يوجد منخفض آخر تقع فيه واحات درج وغدامس.

حوض فزان:

وهو حوض مرتفع بيضي الشكل تحده في الشمال هضبة الحمادة الحمراء، وفي الجنوب والجنوب الشرقي سرير تبستي، وفي الجنوب الغربي هضبة الهجار. وفي هذا النطاق من المرتفعات المحيطة بالحوض فتحتان الشرقية منهما اكثر اتساعا وتقع بين مرتفعات الهاروجا الأسود وسرير تبستي. أما الغربية فتمتد بين الطرف الغربي للحمادة الحمراء ومرتفعات تاسيلي.

ويعتبر حوض فزان هضبة داخلية محاطة بالمرتفعات، تخترقها بعض الأودية المنفخضة التي قد تصل في بعض أجزائها إلى نحو ١٠٠ متر تحت سطح البحر، وتتجه في مجموعها من الغرب إلى الشرق، ومنها وادي الشاطئ الذي يمتد بموازاة الحمادة الحمراء وإلى الجنوب منها مباشرة ينفصل بينها وبين سرير قطوس وكثبان الدهان وأهم واحات هذا الوادي أدري وبراك. ووادي الأجيال ويفصل بين كثبان الدهان وحمادة مرزق ويمتد لمسافة ٥٠٠ كيلومتر تقريبا بعرض متوسطه ثمانية كيلومترات ويلتقي بوادي الشاطئ في واحة زيغين، وبوادي الأجيال عدد من الواحات أهمها واحة سبها. ثم وادي الحفرة وهو أهم أودية فزان وأكثرها اتساعا ويشمل من الغرب إلى الشرق واحات مرزق وأم الأرانب وزويلة وطميسة.

المرتفعات الجنوبية:

وعلى الأطراف الجنوبية للإقليم الصحراوي يرتفع السطح فيكون كتلا مرتفعة متباعدة عن بعضها، فعلى الحدود المصرية - السودانية - الليبية يرتفع جبل العوينات وهو كتلة من الجرانيت وإلى الشمال الشرقي منه إقليم الجلف الكبير الذي يتجاوز الألف متر في ارتفاعه ويتكون من الخرسان النوبي، وتبدو حدوده واضحة بالنسبة للهضاب التي تحيط به حيث يشرف عليها بحوائط يبلغ ارتفاعها نحو ٣٠٠ متر وينفرد بنظامه المائي الخاص حيث توجد به أودية واضحة المعالم، وبخاصة في القسم الشمالي منه، حيث عمقت الأودية مجاريها فظهرت

الهضبة على شكل تلال مستطيلة تفصل بينها هـذه الأوديـة الجافـة ومنها وادي عبدالملك ووادي حمرة.

وعلى حدود ليبيا الجنوبية توجد جبال تبستي ويقع معظمها في جمهورية تشاد ولكـن يمتـد من طرفها الشمالي الشرقي لسان في داخل حدود الجمهورية العربية الليبية هو جبال إيجاي.

وعلى الحدود الليبية – الجزائرية تقوم مرتفعات تاسيلي وهـي هضـاب مـن الحجر الـرملي تحدها حافات تحاتية، ويمكن أن نميز فيها هضبتين يفصل بينهما أخدود، وهـما: تاسيلي الشمالية، وتاسيلي الجنوبية. ويغلب على هذه الهضاب الحجر الرملي الذي ينتمـي إلى الـزمن الأول. وتنحـدر تاسيلي الشمالية نحو الشمال من ارتفاع ألف متر إلى ٣٧٠مترا حيث يوجد منخفض واسع من الأرض يمتد بينها وبين أطلس الصحراء. ويتفرع من جبال تاسيلي نحو الشمال الشرقي لسان صخري يعـرف باسم حمادة مرزق يمتد في داخل الأراضي الليبية.

وفي الركن الجنوبي الشرقي من جمهوريـة الجزائر، وإلى الغـرب مـن مرتفعـات تاسيلي كتلـة واضحة المعالم تشرف على القسم الأوسط من الصحراء هي كتلة الهجار، ويبلغ ارتفاعها نحو الثلاثـة آلاف متر فوق سطح البحر، وقاعـدتها مـن صخور مـا قبـل الكمبري، ولكنها تعرضـت في العصور اللاحقة لحركات أسفرت عن إعادة تشكيل مظاهر السطح، وكان مـن أهم هـذه التغيرات تغطيـة الرواسب البركانية الحديثة نسبيا لجزء كبير من السطح القديم.

الفصل العشرون

الجماهيرية العربية الليبية الشعبية الاشتراكية العظمى

نبذة تاريخية:

كان البربر من أقدم سكان ليبيا كما أنشأ الإغريق مستعمراتهم في الشمال الشرقي من البلاد في القرن السابع ق.م وحوالي القرن الخامس ق.م أنشأوا مدينة قرطاج.

وقد قدم الرومانيون في عام ١٤٦ق.م بالاستيلاء على قرطاج وضموها إلى إمبراطوريتهم في إفريقيا الجديدة. ثم أصبحت تحت سيطرة قبيلة الوندال الجرامانية.

وقد دخل الإسلام برقة عام ٦٣م. وتوالت على الحكم أسر عربية وبربرية وقد ضم العثمانيون طرابلس إلى إمبراطوريتهم عام ١٥٥١م.

وفي العام ١٩١١م قامت إيطاليا بغزو سواحل ليبيا والأقاليم الواقعة عليها وحكمت (طرابلس وبرقة وفزان) في العام ١٩١٢م.

وبين ١٩٢٠-١٩٣٠م بدأ سكان سرت والسنوسيست بمقاومة الاحتلال. وأثناء الحرب العالمية الثانية تحالف السنوسيون مع البريطانيين ضد الإيطاليين.

وفي العام ١٩٤٢ أنشأت بريطانيا إدارة عسكرية في الشمال بينا قامت فرنسا بالسيطرة على فزان وحكمها.

وقد أعلنت الأمم المتحدة استقلال ليبيا عام ١٩٥١م وكان ملكها محمد إدريس السنوسي وقد اكتشف النفط في ليبيا عام ١٩٥٩م مما حولها إلى أحد الأقطار الغنية.

وفي العام ١٩٦٩م قامت مجموعة من الضباط بإقصاء الملك عن حكم ليبيا والسيطرة على البلاد بقيادة العقيد معمر القذافي الذي أصبح رئيسا لليبيا.

في عام ١٩٧٧م حصل نزاع مسلح مع مصر ثم مع تشاد، وقامت الولايات المتحدة بشن عملية حربية ضدها في عام ١٩٨٦م من خلال القصف الجوي المتوحش. ثم أسقطت طائرة أمريكية مدنية فوق مدينة لوكربي (في سكوتلاندة) اتهمت واشنطن ليبيا وبالتالي استخرجت قرارات من مجلس الأمن الدولي بفرض منع الطيرانه وحصار ضد ليبيا.

وفي نهايات سنة ٢٠٠٣ وليبيا تحاول تغير منهجها السياسي لتخفيف الضغط الأمريكي الغربي على هذه الدولة حيث بدأت بالاعتراف بوجود الأسلحة الكيميائية وتقبل فرق التفتيش الدولية لفحص منشآتها والتأكد من عدم وجود أسلحة نووية وتفكيك الأسلحة الكيميائية. وانتهت بدفع تعويضات عن حادثة تفجير طائرة لوكيربي والطائرة الفرنسية وتفجير ملهى ليلي في ألمانيا يقصده الجنود الأمريكيون.

ومنذ عام ١٩٦٩ وما زال العقيد معمر القذافي يحكم البلاد.

التركيب الاجتماعي

الاسم الرسمي: الجماهيرية العربية الليبية الشعبية الاشتراكية العظمى.

العاصمة: طرابلس.

ديموغرافية ليبيا:

- **عدد السكان:** ٥٢٤٠٥٩٩ نسمة.
- **الكثافة السكانية:** ٣ نسمة/كلم٢.

عدد السكان بأهم المدن:

- **طرابلس:** ٩٩٦١٦٩٢ نسمة.
- **بنغازي:** ٦١٥٨١٤ نسمة.

— **مصراتة:** ٥٧٣٤٩٣ نسمة.

— **الجبل الأخضر:** ١٦٥٣٨٦ نسمة.

— **فزان:** ٣١٩٠٢٩ نسمة.

- **نسبة عدد سكان المدن:** ٨٧%.

- **نسبة عدد سكان الأرياف:** ١٣%.

- **معدل الولادات:** ٢٧.٦٧ ولادة لكل ألف شخص.

- **معدل الوفيات الإجمالي:** 3.51 لكل ألف شخص.

- **معدل وفيات الأطفال:** ٢٣ حالة وفاة لكل ألف طفل.

— **نسبة نمو السكان:** ٢.٤٢%.

— **معدل الإخصاب (الخصب):** ٣.٦٤ مولود لكل امرأة.

توقعات مدى الحياة عند الولادة:

— **الإجمالي:** ٧٥.٧ سنة.

— **الرجال:** ٧٣.٥ سنة.

— **النساء:** ٧٧.٩ سنة.

نسبة الذين يعرفون القراءة والكتابة:

— **الإجمالي:** ٧٠.٧%.

— **الرجال:** ٧٤.٥%.

— **النساء:** ٦٦.٩%.

— **اللغة:** العربية الرسمية، وتستخدم الإيطالية والإنكليزية بكثرة.

— **الدين:** ٩٧% من السكان من المسلمين.

— **الأعراق البشرية:** يشكل العرب ٩٧% من السكان، البربر ٣%.

التقسيم الإداري:

السكان (%)	المركز	البلديات
٢.٨	اجدابية	اجدابية
١.٣	أوباري	أوباري
٢.٣	العزيزية	العزيزية
١٣.٣	بنغازي	بنغازي
٢.٩	درنة	درنة
٢.٨	الفتح	الفتح
١.٤	غدامس	غدامس
٣.٢	غاريان	غاريان
٣.٣	البيضاء	الجبل الأخضر
٤.١	الخمس	الخمس
٠.٧	الكفرة	الكفرة
١.٢	مرزوق	مرزوق
٥	مصراتة	مصراتة
٢.١	سبها	سبها
١.٣	بني وليد	صوفيجين
٣.١	سرت	سرت
٢٧.٢	طرابلس	طرابلس
٢.٣٠	ترهونة	ترهونة
٢.٦	طبرق	طبرق
٢.٠	يفرن	يفرن
٢.١	الزاوية	الزاوية
٢.٨	زليطن	زليطن

جغرافية ليبيا:

– المساحة الإجمالية: ١٧٥٩٥٤٠ كلم².

– مساحة الأرض: ١٧٥٥٩٠٠كلم².

الموقع:

– تقع ليبيا في شمال القارة الأفريقية وتطل على شاطئ البحر المتوسط شمالا وتحدها تونس والجزائر غربا، مصر شرقا، وتشاد والنيجر جنوبا والسودان من الجنوب الشرقي.

– **حدود الدولة الكلية:** ٤٣٨٣ كلم منها:٩٨٢كلم مع الجزائر، ١٠٥٥ كلم مع تشاد و١١٥٠ كلم مع مصر، ٣٥٤ كلم مع النيجر، ٣٨٣ كلم مع السودان، و٤٥٩ كلم مع تونس.

– **طول الشريط الساحلي:** ١٧٧٠كلم.

– **أهم الجبال:** الجبل الأخضر، العوينان، السودان، الهاروج، أركنو.

– **أعلى قمة:** نفوسة (٢٢٨٦م).

– **أهم الأنهار:** وادي الفارغ، النهر الصناعي العظيم.

المناخ:

– السهول الشمالية المطلة على البحر المتوسط مناخها حار في الصيف، معتدل الحرارة وماطر في فصل الشتاء، أما في المناطق الداخلية فتقل الأمطار وتشتد الحرارة صيفا أما الشتاء فهو بارد جدا قليل المطر.

الطبوغرافيا:

– تغلب الأراضي الصحراوية على سطحها ويتخلل أراضيها مجموعة من الصحاري الرملية خاصة في الجنوب، منطقة ساحلية ضيقة وجبال منخفضة.

– الموارد الطبيعية: بترول، غاز طبيعي.

– استخدام الأرض: الأرض الصالحة للزراعة: ١%، المروج والمراعي: ٨%، الغابات والأحراج ٨%.

– البيئة: حارة وجافة الرياح تحمل غبارا بكثرة.

– النبات الطبيعي: تنمو الغابات في المناطق المرتفعة، وتنمو الحشائش في الواحات والهضاب أما النباتات الشوكية فتنمو في المناطق الصحراوية.

المؤشرات الاقتصادية:

– الوحدة النقدية: الدينار الليبي = ١٠٠٠ درهم.

– إجمالي الناتج المحلي: ٤٥.٤ بليون دولار.

– معدل الدخل الفردي: ٥٢٠٠ دولار.

المساهمة في إجمالي الناتج المحلي:

– الزراعة:

– الصناعة: ٧%.

– التجارة: ٤٦%.

القوة البشرية العاملة:

– الزراعة: ١٧%.

– الصناعة: ٢٩%.

– التجارة والخدمات: ٥٤%.

– معدل البطالة: ٣٠%.

– معدل التضخم: ١٨.٥%.

- **أهم الصناعات:** الصناعات البترولية، تسييل الغاز الطبيعي، صناعات غذائية، منسـوجات وجلود ومواد البناء، حديد وصناعات حرفية.

- **أهم الزراعات:** التمور، الزيتون، الحمضيات، الخضار، الكروم، الموالح والحبوب.

- **الثروة الحيوانية:** الضأن ٥.٧مليون رأس، الماعز ١.٣مليون، الأبقار ١٥٥ ألف رأس، الدواجن ٢٤ مليون رأس.

المواصلات:

- **دليل الهاتف:** ٢١٨.

- **سكك حديدية:** ٣٢٥٠٠.

- **طرق رئيسية:** ٢٤٤٨٤ كلم.

- **أهم المرافئ:** طبرق، طرابلس، بنغازي، مصراتة.

- **عدد المطارات:** ١١.

أهم المناطق السياحية:

- الآثار والمعابد الرومانية، قوس ماركوس أوريليوس، حصن المتحف، الصحراء الكبرى.

المؤشرات السياسية:

- **شكل الحكم:** نظام اشتراكي جماهيري شعبي.

- **الاستقلال:** كانون الأول ١٩٥١ (من إيطاليا).

- **العيد الوطني:** يوم الثورة ٨ أيلول (١٩٦٩).

- **حق التصويت:** ابتداء من عمر ١٨ سنة.

- **تاريخ الانضمام إلى الأمم المتحدة:** ١٩٥٥.

أعلـن عـن اسـتقلال المملكـة الليبيـة المتحـدة في ٢٤ ديسـمبر/ كـانون الأول ١٩٥١ مملكـة دستورية تحت حكم الملك محمد إدريس السنوسي، وتشكلت أول حكومـة ليبيـة برئاسـة محمـود المنتصر في ٢٩ مارس / آذار ١٩٥١، وصدر أول دستور للمملكة في ٧ أكتوبر / تشرين الأول من العام نفسه (١٩٥١)، وقد منح ذلك الدستور الملك سلطات واسعة.

قـام العقيـد معمـر القـذافي بـانقلاب أبيـض عـام ١٩٦٩، وألغى الملكيـة والدسـتور وأعلـن الجمهورية، وحكم البلاد مجلس قيادة الثورة بعد أن حل المجالس الإقليمية، ثـم تشكلت الـوزارة برئاسة عبدالسلام جلود. وفي عم ١٩٧٦ ألغى مجلس قيادة الثورة من قبل مؤتمر الشعب العام الذي يعتبر ملتقى المؤتمرات السياسية والاتحادات والنقابات والروابط المهنية واللجان الشعبية ثم تـم إعلان قيام سلطة الشعب في ١٩٧٧ لتنتقل ليبيا إلى صورة جديدة مـن الحكم انقسمت مؤسساتها إلى المؤتمرات الشعبية الأساسية التي يلزم كل ليبي يبلغ ١٨ عاما التسجيل فيها وحضور اجتماعاتها، وهي تعتبر الهيئة التشريعية في ليبيا. وإلى اللجان الشعبية المنتخبة من أعضاء المؤتمرات الشعبية الأساسية التي تمثل السلطة التنفيذية في ليبيا. وعلى رأس المؤتمرات الشعبية يوجد مـؤتمر الشعب العام الذي يعتبر أعلى هيئة تشريعية في ليبيا. وقد أصدر مـؤتمر الشعب العام عـام ١٩٩١ وثيقة أطلق عليها "الشرعية الثورية" نصت المـادة الأولى منهـا عـلى اعتبـار كـل توجيهـات العقيـد القذافي لازمة للتنفيذ.

المظهر الرئيسي الذي تتميز به هذه المنطقة من الوطن العربي هو مجموعة جبال الأطلس التي تشكل الحلقة الجنوبية من النطاق الجبلي المحيط بحوض البحر المتوسط الغربي. وإذا رجعنا إلى تطور هذه المجموعة من الناحية الجيولوجية نجدها لا تختلف عن نظائرها من الجبال الالتوائية الأخرى، وبخاصة المجموعة الألبية. فهي ترجع إلى حركات القشرة الأرضية وما ترتب عليها من التواء الطبقات الرسوبية التي تجمعت وزاد سمكها في أحواض البحار الجيولوجية Geosynicline. ويلاحظ أن معظم هذه الأحواض تقع بين كتلتين صلبتين من اليابس، وترتب على ذلك أن شكل ذهذه الجبال الالتوائية هو في الحقيقة رد فعل للحركات الأرضية التي تنتاب إحدى الكتلتين أو كلتيهما معا، فيؤدي الضغط إلى تجمد الطبقات الرسوبية وارتفاعها على شكل سلاسل جبلية.

وتتكون جبال أطلس من مجموعتين، وإذا رجعنا إلى البحار الجيولوجية التي تجمعت فيها الطقبات الرسوبية التي تنتمي إليها المجموعتان من الجبال، نجد أن البحرالشمالي كان يمتد بين الكتلة التيرانية Tyrrhenian في الشمال والكتلة الجزائرية - المغربية في الجنوب، وإليه تنتمي المجموعة الشمالية من الجبال. أما المجموعة الجنوبية إلى الطبقات الرسوبية التي تكونت في حوض مائي كان يشغل المنطقة بين الكتلة الجزائرية - المغربية من جهة وكتلة الصحراء الكبرى التي هي جزء من الهضبة الأفريقية من جهة أخرى.

وقد شكلت جبال أطلس مظاهر السطح في بلاد المغرب فجعلتها تنقسم ثلاثة أقسام واضحة متميزة هي:

- الجبال الالتوائية.

- السهول الساحلية.

- الهضاب والسهول الداخلية.

١- الجبال الالتوائية:

تنقسم هذه الجبال إلى مجموعتين: المجموعة الشمالية والمجموعة الجنوبية.

أما المجموعة الشمالية أو أطلس الشمالية فتتكون من سلسلة تمتد من الغرب إلى الشرق في شمالي دول المغرب الثلاث: المملكة المغربية والجزائر وتونس. وتمتد في المغرب باسم جبال الريف وتكون قوسا يحتضن الساحل تاركا بينه وبين البحر سهلا ضيقا. وهي جبال متوسطة الارتفاع، أعلى قممها جبل بني حسن الذي يرتفع إلى ألفي متر. وتحمل السلسلة اسم أطلس التل في الجزائر وتنحدر إلى البحر في شكل مدرجات، وتقع أعلى قممها في منطقة "جبال جرجرة" حيث ترتفع قمة "لالاخديجة" إلى ٢٣١٨ مترا. وتمتد أطلس التل في تونس ولكنها تصبح أقل ارتفاعا، وأقل استمرارا، وتظهر في منطقة تونس ودخلة المعاوين (شبه جزيرة الرأس الطيب) وتفصل هذه الجبال المنخفضة عن سلسلة أخرى في الشمال أكثر ارتفاعا بحيرة بنزرت والسهول التي حولها.

أما المجموعة الجنوبية أو أطلس الجنوبية فأكثر تعقيدا وأعظم ارتفاعا ويمكن أن نميز فيها عددا من السلاسل وهي: أطلس الصغير، أطلس المتوسط، وأطلس الكبير.

ويمتد الأطلس الصغير من رأس نون على المحيط الأطلسي حتى الرأس الطيب (بون) في أقصى الشمال الشرقي لتونس. ويكون امتداد السلسلة في المغرب من الجنوب الغربي إلى الشمال الشرقي، وتكون حائطا عاليا يفصل الإقليم الصحراوي عن بلاد المغرب التي تغايره في الصفات والمميزات الجغرافية.

ولا يوجد في هذه السلسلة الممرات التي توجد عادة في الجبال الالتوائية الحديثة اللهم إلا في بعض الجهات التي تخترقها الأودية مثل وادي درعة ووادي غير.

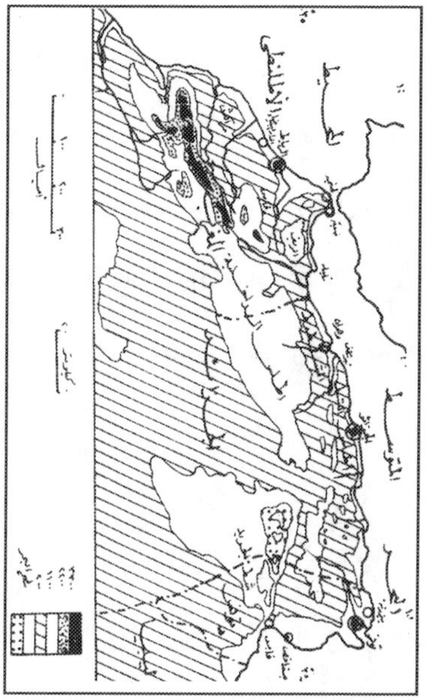

وفي الجزائر تغير السلسلة اتجاهها فتصبح متجهة من الغرب إلى الشرق تقريبا وتحمل اسم الأطلس الصحراوي ويتراوح ارتفاعها ما بين ١٢٠٠ متر و١٨٠٠ متر وتحمل أجزاءها المختلفة أسماء مختلفة هي من الغرب إلى الشرق جبال القصور، وجبال عمور، وجبال أولاد نايل وجبل الزاب وجبل أوراس الذي هو في الواقع هضبة عالية أعلى قممها جبل "الشلية" الذي يرتفع إلى ٢٢٠٠متر.

وتمتد هذه السلسلة في تونس وتعرف فيها باسم التل العلوي وتمتد على عرض ٩٠ كيلومترا من تبسه إلى القصرين، واتجاهها من الجنوب الغربي إلى الشامل الشرقي ولكن قد توجد فروع منها تأخذ اتجاهات أخرى. ويمكن أن نميز في هذا النطاق الجبلي ثلاث سلاسل تختلف الواحدة منها عن الأخرى: إحداها توازي المنابع العليا لنهر مدردة ثم تتصل بجبال التل الشمالية عند تبرسق، وتمتد الأخرى من تبسه إلى خليج تونس وتعرف أحيانا باسم "الجبال التونسية" لأنها أكثر الجبال ارتفاعا، أما الثالثة فتقع إلى جنوب السلسلة السابقة وأهم جبالها جبل كامبي وارتفاعه نحو ١٥٥٠مترا وهو أعظم قمم تونس ارتفاعا. وتخترق هذه السلاسل الجبلية عدة أودية أهمها وادي سليانة ووادي المليانة كما يخترقها من الشمال الغربي إلى الجنوب الشرقي أودية الزرود ومرق الليل والخطب وهي تنحدر

إلى منطقة القيروان وما جاورها من الأراضي المستوية، وقد لا تصل إلى البحر فتنتهي إلى المستنقعات.

أما سلسلة أطلس الكبير فتبدأ بالقرب من ساحل المحيط الأطلسي ـ عند أغادير، وتسير في اتجاه من النوب الغربي إلى الشمال الشرقي، وتكاد تكون موازية لأطلس الصغير، وتبلغ متوسط ارتفاعها نحو ثلاثة آلاف متر وقد ترتفع بعض قممها إلى أكثر من أربعة آلاف متر، ولا توجد بها ممرات تسهل اجتيازها، وتشرف في الجنوب على سهل سوس الذي يفصلها عن أطلس الصغير، ويفصلها عن أطلس المتوسط في الشمال وادي أم الربيع. وفي أطلس الكبير توجد بعض مناطق ذات سطح مستوي يفصلها عما حولها انحدارات شديدة. كما توجد بعض البقاع البركانية العالية. ويظهر أثر التعرية الجليدية واضحا في الأودية الكثيرة المنتشرة بالجبال ويوجد بالقسم الغربي من الجبال كثير من المجاري المائية التي تجري في موسم ذوبان الثلوج في أبريل (نيسان) ومايو (أيار) ثم تقل مياهها حتى تكاد تجف في فصل الشتاء.

وإلى الشمال من هذه السلسلة توجد سلسلة أطلس المتوسط وحدودها الجنوبية الغربية واضحة المعالم حيث تشرف على سهل تادلة، وكذلك حدودها في الشرق حيث يوجد وادي نهر الملوية, وفي الشمال حيث ممر تازه ولكن حدودها الجنوبية غير واضحة تماما. ففي منطقة نهر العبيد نجدها تقترب كثيرا من أطلس الكبير، ويزداد التعقيد في الشمال الغربي في إقليم زيان الذي يمكن ضمه إلى أطلس المتوسط أو إلى هضبة الميزيتا المغربية.

ويأخذ الجزء الأكبر من أطلس المتوسط شكل هضبة، ولا توجد سلاسل جبلية بمعنى الكلمة إلا في الجنوب والشرق بمحاذاة نهر العبيد ونهر الملوية. وتمتد الجبال من الجنوب الشرقي إلى الشمال الغربي وتفصل بينها الأودية، وتمتد الالتواءات الجنوبية موازية لأطلس الكبير، بينما تبتعد الالتواءات الوسطى والشمالية تدريجيا نحو الشمال حتى تختفي عن وادي ملوية.

ومع أن أطلس الكبير أكثر ارتفاعا من أطلس المتوسط، فإن سلسلة أطلس المتوسط هي المصدر الرئيسي للمياه في المملكة المغربية، فهي المصدر الدائم للأنهار التي تنحدر منها كما أنها المصدر الرئيسي لمياه لعيون، وقد تتجمع فيها المياه على شكل بحيرات مثل بحيرة "سيدي علي".

وإلى الشمال من سلسلة أطلس المتوسط توجد مجموعة من المرتفعات المتقطعة تعرف باسم "جبال غيته" ولا يمكن أن نطلق عليها صفة السلسلة لعدم تكامل حلقاتها ويتراوح ارتفاعها بين ٩٠٠ و١٠٠٠ متر.

٢- السهول الساحلية:

تمتد السهول الساحلية في بلاد المغرب مشرفة على البحر المتوسط وعلى المحيط الأطلسي- أيضا. وسهول البحرالمتوسط ضيقة بصفة عامة إلا في شرقي تونس. وكثيرا ما تطل الصخور على مياه البحر مباشرة فتقطع السهل الساحلي إلى أحواض ينعزل بعضها عن البعض الآخر. وتتمثل هذه السهول في سهول الريف في شمال المملكة المغربية التي تمتد بين سبتة ومليلة، والتربة هنا فقيرة يغلب فيها الحصى والجير، وينحدر إليها من الأنهار القصيرة التي تنبع من جبال الريف والتي استطاع بعضها أن يكون سهلا رسوبيا، ووقفت مجموعة من الكثبات الرملية تسد الطريق إلى البحر أمام البعض الآخر، مما يضطر المياه إلى التجمع في المناطق المنخفضة مكونة المناقع التي أشهرها مناقع بني حسان.

أما في الجزائر فالسهل الساحلي ضيق للغاية، ولكنه يتسع في بعض مواضع مثل منطقة سهل زيق خلف مدينة وهران وسهل متدجة خلف مدينة الجزائر.

أما في تونس فبالإضافة إلى السهل الساحلي المحصور بين الجبال الشمالية ومياه البحر، توجد مساحة واسعة من السهول تشغل النصف الشرقي من البلاد. ويجري في الشمال نهر مجردة الذي تمثل سهوله منطقة انتقال بين أطلس التل واالتل العلوي. وينبع النهر من منطقة قسنطينة ويبلغ طوله نحو ٢٢٨ كيلومترا،

وتتميز أجزاؤه في تونس لعدم انتظام انحدارها، مما يدل على أن النهر قد أسر لنفسه المنخفضات والأحواض الداخلية التي يمر مخترقا إياها في الوقت الحاضر.

وتظهر السهول أو الأحواض القديمة في منطقتين: المنطقة الأولى عند سوق الأربعاء في الجهات التي يلتقي فيها برافده ملاق، وهي سهول خصبة تمتد لمسافة ٨٠ كيلومترا على عرض ٢٠ كيومترا على وجه التقريب. وقد أن يجتاز النهر خانقا عند مجاز الباب يبدأ واديه في الاتساع من جديد ليكون سهله الكبير الذي يمتد بين بنزرت وتونس، ويلتقي به عند بداية هذا السهل رافده سليانة، وعند الجديدة تبدأ دلتا النهر. ومجردة هو النهر الوحيد الذي له دلتا في بلاد المغرب، ويصب النهر في خليج تونس، وهو انخفاض يرجع إلى الزمن الثالث حينما انفصلت تونس عن صقلية. وقد ملأت الرواسب النهرية بعض أجزاء الخليج. ولم تكن مدينة تونس في عهد القرطاجيين سوى جزيرة ثم اتصلت بالساحل نتيجة لهذه الرواسب. وفي جنوب سهل مجردة تبرز سلسلة الظهر التونسي في اتجاه شبه جزيرة الرأس الطيب La Goulette فتفصل السهل الشمالي عن السهل الشرقي في تونس.

وفي شرقي تونس يصبح اتجاه ساحل البحر من الشمال إلى الجنوب، والسبب في هذا الاتجاه وفي عدم امتداد جبال التل هو وجود كتلة قديمة غارقة إلى الشرق من خليج تونس توقف عندها الالتواء. أما شبه جزيرة الرأس الطيب أو دخلة المعاوين فيرجع ظهورها إلى أوائل الزمن الرابع نتيجة التواء حديث يعد تكملة لجبال التل العلوي.

والسهل الشرقي في تونس سهل فسيح، يبلغ طوله نحو ٣٠٠ كيلومتر، ويتراوح عرضه بين ٢٠ و٨٠ كيلومترا، ومتوسط ارتفاعه نحو ٢٥٠ مترا فوق سطح البحر. وقد غطته تكوينات بحرية وقارية، وانحدار السهل نحو المنستير والحمامات وذلك نتيجة التواء هرسيني قديم في المنطقة اتجاهه من الشمال إلى الجنوب.

ويقسم خليج قابس السهل الشرقي إلى قسمين: الشمالي ويعرف باسم الساحل والجنوبي ويعرف باسم الجفارة. وأرض إقليم الساحل مستوية خصبة تتخللها بعض السبخات الواسعة مثل سبخة سيدي الهاني وسبخة المكنين وسبخة المنستير.

ويعتبر سهل الجفارة من أكبر سهول شمال غربي إفريقية، ويمتد في تونس وليبيا على السواء، وفي ليبيا يأخذ السهل شكل مثلث رأسه في رأس السن وضلعاه ساحل البحر المتوسط وجبال طرابلس. وتبلغ مساحة السهل الكلية نحو ٣٧ ألف كيلومتر مربع يقع نصفها في ليبيا والنصف الآخر في تونس، ويكون نصف دائرة حول خط الساحل من رأس السن حتى قابس.

أما السهول المغربية على المحيط الأطلسي فتمتد محصورة بين المزيتا المغربية ومياه المحيط، ويختلف اتساعها من جهة إلى أخرى، فيبلغ عرضها نحو ٦٠ كيلومترا في سهل الشاوية ويصل إلى ٧٠ كيلومترا في وادي أم الربيع، وزهاء ٨٠ كيلومترا في منطقة الدخلة، ولا يزيد عرضه عند عبده في الجنوب على ثلاثين كيلومترا. ويتلاشى السهل تماما وتشرف الهضبة على مياه المحيط عند رأس حديد، ثم يعود فيتسع من جديد خلف مدينة الصويرة (موغادور). ويتراوح ارتفاع السهل بين ١٥٠ و٢٥٠ مترا فوق سطح البحر. وتنحدر إليه من الهضبة عدة أنهار كما توجد أنهار أخرى تبدأ من السهل نفسه وقليل منها هو الذي يصل إلى البحر.

ويعرف أقصى شمال السهل الساحلي على المحيط الأطلسي باسم سهل الغرب ويخترقه واديان كبيران هما وادي لووكوس ووادي سبو، ويكمل هذا السهل امتداد شرقي تقع فيه مدينة فاس.

وتتعمق منابع نهر لوكوس في منطقة جباله المرتفعة، ويسير النهر في مرتفعات شفشاون ووزان حتى يصل إلى السهل الساحلي عند القصر، وبعد ذلك يستمر في خليج بلايوسيني قديم ومصب ولكوس كباقي مصبات أنهار المغرب

في المحيط الأطلسي قد انتقل إلى الجنوب بتأثير الرياح والتيارات البحرية التي تدفعه في هذا الاتجاه.

ويمثل المنخفض الذي يجري فيه نهر سبو وروافده خليجا قديما كان يتصل عن طريقه المحيط الأطلسي بالبحر المتوسط. وفي هذا الخليج البحري تراكمت طبقات كثيرة من الرواسب الحصوية والطميية شق فيها نهر سبو مجراه، ولحوض سبو أهمية اقتصادية كبرى بسبب خصب تربته، ووفرة مياهه، وسهولة المواصلات في أراضيه، ولهذا كان له دوره البارز في كل عصور التاريخ.

وممر تازة هو أضيق بقعة في الخليج القديم، وعنده تقترب جبال الريف من أطلس المتوسط حتى لا يفصل بينها سوى شقة ضيقة لا يزيد عرضها على ثلاثة كيلومترات. وجوانب الممر شديدة الانحدار في الجنوب ولكن الانحدار تدريجي في الشمال. ويحتل سهل فاس - مكناس المنطقة الوسطى من حوض نهر سبو وهي منطقة خصبة تكثر فيها المراعي وتزرع بها الحبوب.

٣- الهضاب والسهول الداخلية

يبلغ متتوسط ارتفاع الهضبة ١٠٠٠ قدم وتأخذ في الانحدار التدريجي من المرتفعات الشمالية إلى الجنوب ولكنها لا تلبث أن تأخذ في الارتفاع قرب الحدود الجنوبية عند جبال تبستي وتشمل هضبة (حمادة) والتكوينات الرملية التي تسمى عرق أو دهان وتشمل أيضا كثيرا من المنخفضات والتكوينات البركانية المرتفعة كما يخترقها كثير من الوديان.

وهناك مجموعة من المرتفعات تسمى مرتفعات التل العليا التونسية، وإلى الجنوب من هذه المرتفعات تمتد الهضبة الصحراوية التي تتخللها منخفضات أهمها شط الجريد الذي ينخفض ٥٠ قدما تحت سطح البحر.

الهضبة العظمى:

تمتد هذه الهضبة بين مرتفعات أطلس التل شمالا ومرتفعات أطلس الصحراء جنوبا وتمتد من وادي نهر مولويا غربا إلى سفوح جبال أوراس شرقا ويتراوح ارتفاعها بين ٢٥٠٠ و٣٥٠٠ قدم ويقل انحدارها تدريجيا من الغرب إلى الشرق.

وتكثر المنخفضات في أجزاء الهضبة وتعرف بالشطوط وهي أحواض سطحها سبخي وتمتلئ بالمياه عقب سقوط الأمطار، وأكبر هذه الشطوط يقع جنوب وهران ويسمى بالشط الشرقي ويبلغ طوله ١٠٠ ميل وإلى الشرق من هذا الشط تخترق الهضبة روافد نهر شليف التي تخلو من المياه وقتا طويلا من العام، وفي أقصى الهضبة يوجد شط الهدنة ويمثل أقصى امتداد الهضبة إلى الشرق.

هضبة الميزيتا:

وتقع إلى جنوب الوادي السابق وتمتد بين الرباط وموغادور وتأخذ في الارتفاع تدريجيا نحو الشرق كلمابعدت عن ساحل المحيط الأطلسي.

تتكون الهضبة من الصخور الرسوبية الجيرية التي ترتكز على الصخور النارية القديمة وتغطي الصخور الجيرية الرواسب الطينية التي حملتها الوديان من المرتفعات التي تمتد حولها.

وقد نتج عن موقع هذه الهضبة إلى غرب مرتفعات أطلس العظمى والوسطى أن تكون في مواجهة الرياح الحاملة للأمطار والآتية من المحيط الأطلسي ولهذا يصل المتوسط السنوي للأمطار ٤٠ بوصة وتغذي هذه الأمطار الوديان التي تجري في أجزاء هذه الهضبة لهذا تركز فيها النشاط الزراعي ويسكنها ٤٠% من مجموع سكان المغرب.

سهل سوس الانكساري:

يأخذ هذا السهل شكل مثلث قاعدته ساحل المحيط الأطلسي وهو يفصل مرتفعات أطلس العظمى عن مرتفعات أطلس الداخلية.

الفصل الثاني والعشرون

المملكة المغربية

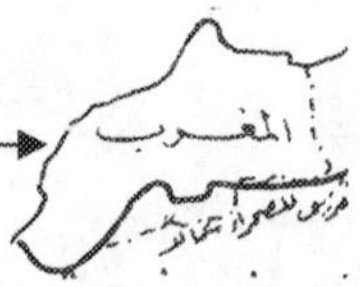

نبذة تاريخية:

في عام ٤٦م أصبحت المنطقة مقاطعة رومانية، وفي القرن السابع أصبحت المغرب إسلامية، وفي القرنين الحادي عشر والثاني عشر قامت فيها إمبراطورية المورافيد (البربر) - التي كانت تضم إسبانيا المسلمة أيضا - واتخذت مراكش عاصمة لها.

وقد حكم المغرب سلالة المهاد الحاكمة التي حكمت إمبراطورية إفريقيا من العام ١١٤٧م وحتى عام ١٢٦٩م ثم برزت إلى السلطة في القرنين السادس عشر والسابع عشر سلالة شريفة حاكمة ينحدر أصلها من النبي صلى الله عليه وسلم ولا زالت تحتفظ بالعرش.

وعندما أحكمت إسبانيا سيطرتها على عدة مستوطنات ساحلية في القرن التاسع عشر طالت المطالبة بها واستمرت الأزمات المغربية منذ عام ١٩٠٥-١٩٠٦م وعادت في عام ١٩١١م حيث كانت المصالح الفرنسية في المغرب موضع نزاع مع ألمانيا وقد أسست فرنسا محمية على المغرب بموجب معاهدة فاس في عام ١٩١٢م رغم بقاء البلدان الإسبانية المحيطة بها.

وفي عام ١٩٢٥ قامت ثورة ريفية هيجت الشعور القومي ثم قامت ثورة وطنية أخرى عام ١٩٥٣ بقيادة السلطان محمد بن يوسف كان نتيجتها استقلال المغرب في عام ١٩٥٦ وتم توحيد أراضيه، ثم أعلنت المملكة المغربية وقد عايش الملك الحسن الثاني الذي حكم البلاد في عام ١٩٦١ تحديات الجناح اليساري عبر حكم ثوري ونزعة قومية نشيطة ففي "مسيرته الخضراء" عام ١٩٧٥م للفلاحين غير دخول المسلمين إلى الصحراء الغربية التي كانت إسبانيا تسيطر عليها

واصلت المغرب التمسك بالصحراء الغربية رغم الضغط الدولي ونشاطات جماعات البوليساريو التي تدعمها الجزائر وكانت تحارب من أجل استقلال المقاطعة للجزائر.

وعندما توفي الملك الحسن الثاني تولى ابنه محمد الحكم من بعده.

التركيب الاجتماعي

- **الاسم الرسمي**: المملكة المغربية.

- **العاصمة**: الرباط.

ديموغرافية المغرب:

- **عدد السكان**: ٣٠٦٤٧٨٢٠ نسمة.

- **الكثافة السكانية**: ٦٧ نسمة/كلم٢.

عدد السكان بأهم المدن:

- **الدارالبيضاء**:

- **الرباط**: ٦٢٣٢٩٤٠ نسمة.

- **فاس**: ٨٧٢١٣٨٥ نسمة.

- **مراكش**: ٥٤١٧٤٥ نسمة.

- **طنجة**: ٢١٥٥٢٦ نسمة.

- نسبة عدد سكان المدن: ٥٥%.

- نسبة عدد سكان الأرياف: ٤٥%.

- **معدل الولادات**: ٢٤.١٦ ولادة لكل ألف شخص.

- **معدل الوفيات الإجمالي**: ٥.٩٤ لكل ألف شخص.

- **معدل وفيات الأطفال**: ٤٨.١١ حالة وفاة لكل ألف طفل.

- نسبة نمو السكان: ١.٧١%.

- **معدل الإخصاب (الخصب)**: ٣.٠٥ مولود لكل امرأة.

توقعات مدى الحياة عند الولادة:

— **الإجمالي:** ٤٣.٧ سنة.

— **الرجال:** ٥٦.٦ سنة.

— **النساء:** ٣١ سنة.

نسبة الذين يعرفون القراءة والكتابة:

— **الإجمالي:** ٤٨%.

— **الرجال:** ٦٠.٩%.

— **النساء:** ٣٥.١%.

— **اللغة:** العربية الرسمية وهناك عدة لهجات بربرية، إضافة إلى استعمال اللغة الفرنسية في بعض الإدارات والشركات الخاصة.

— **الدين:** ٩٨.٧% مسلمون، ١.١% مسيحيون، ٠.٢% يهود.

— **الأعراق البشرية:** ٩٩.٧٥% عرب وبربر، ٠.٢٥% يهود.

- التقسيم الإداري:

المناطق الكبرى	المساحة (كلم٢)	السكان (%)
الوسط	٤١٥٠٠	٢٧.٥
الوسط الشمالي	٤٣٩٥٠	١١.٥
الوسط الجنوبي	٧٩٢١٠	٧.٣
الشرق	٨٢٨٢٠	٧.٣
الشمالي الغربي	٢٩٩٥٥	٢٠.٤
الجنوب	٣٩٤٩٧٠	١١.٩
تنسيفت	٣٨٤٤٥	١٤.١

جغرافية المغرب:

— المساحة الإجمالية: ٤٤٦٥٥٠ كلم^2.

— مساحة الأرض: ٤٤٦٣٠٠ كلم^2.

الموقع:

— تقع المملكة المغربية على الساحل الشمالي الغربي لقارة أفريقيا، تحدها الجزائر شرقا، الصحراء الغربية جنوبا، المحيط الأطلسي غربا والبحر المتوسط شمالا.

— حدود المملكة الكلية: ٢٠٠٢كلم؛ منها ١٥٥٩ كلم مع الجزائر؛ و٤٤٣ كلم مع الصحراء العربية.

— طول الشريط الساحلي: ١٨٣٥ كلم.

— أهم الجبال: سلسلة أطلس الريف، الأطلس الصحراوي، والأطلس الأوسط.

— أعلى قمة: قمة طوبقال (٤١٦٥م).

المؤشرات السياسية

يحكم الأشراف من أبناء الحسن بن علي المغرب على نحو متصل منذ عام ١٥١١م وقد حكم الأدارسة وهم من الأشراف الحسنيين المغرب في الفترة ٧٨٩-٩٢٦م ثم انتهت دولتهم حتى عاودوا حكم المغرب بعد سبعمائة عام، وبقيت المغرب مستقلة في عهد الأشراف ولم تخضع للدولة العثمانية كما حدث لجميع البلدان العربية، وكان يحكم أولا الأشراف السعديون من أبناء محمد حفيد الحسن واختفى آخر سلاطين السعديين عام ١٩٥٦ ليحل مكانهم الأشراف الفيلاليون الذين قضوا على الوجود البرتغالي في المغرب ودخلوا في حرب مع الفرنسيين عام ١٨٤٤ ومع الإسبان عام ١٨٥٩ ثم فرضت الدولتان الحماية على المغرب إلى أن استقلت المغرب عام ١٩٥٦ في عهد الملك محمد الخامس من ملوك

الأسرة الفيلالية. وبعد وفاة الملك محمد الخامس عام ١٩٦١ انتقل الحكم إلى ابنه الحسن الثاني، ثم انتقل الملك إلى ابنه محمد السادس عام ١٩٩٩.

صدر الدستور المغربي عام ١٩٦٢، وفي عام ١٩٧٠ أعلن الملك الحسن الثاني العودة إلى الحياة النيابية وصدور دستور جديد ووقعت في تلك الأثناء محاولتان انقلابيتان من المؤسسة العسكرية منيتا بالفشل، الأولى قادها الجنرال محمد المذبوح والكولونيل محمد عبابو في يوليو/ تموز ١٩٧١ والثانية قادها وزير الداخلية الجنرال محمد أوفقير.

بعد هذين المحاولتين صدر دستور جديد للبلاد في عام ١٩٧٢ ووسع من هامش الديمقراطية.

وفي عام ١٩٩٢ أجري استفتاء شعبي على إجراء تعديلات دستورية، ثم أدخلت تعديلات على الحياة النيابية المغربية في عام ١٩٩٦.

توفي الملك المغربي الحسن الثاني عام ١٩٩٩ عن عمر يناهز السبعين عاما ليخلفه بطريقة طبيعية ابنه وولي عهده محمد السادس.

سلسلة الحكم في المغرب

أولا: السعديون

الحاكم	مدة الحكم
محمد المهدي القائم بأمر الله (في سوس)	١٥١١-١٥١٧
أحمد الأعرج (في مراكش)	١٥١٧-١٥٤٠
محمد الشيخ المهدي بن محمد (في سوس ثم فاس)	١٥٤٠-١٥٥٧
عبد الله الغالب	١٥٥٧-١٥٧٤
محمد المتوكل المسلوخ	١٥٧٤-١٥٧٦
عبدالملك بن محمد الشيخ المهدي	١٥٧٦-١٥٧٨
أحمد المنصور	١٥٧٨-١٦٠٣
محمدالشيخ المأمون	١٥٧٨-١٦٠٣

عبد الله الواثق (في مراكش)	١٦٠٣-١٥٧٨
زيدان الناصر (أولا في فاس فقط)	١٠٣٤/١٦٢٣
عبدالملك بن زيدان (في مراكش فقط)	١٦٣١-١٦٢٣
الوليد	١٦٣٦-١٦٣١
محمد الأصغر	١٦٥٤-١٦٣٦
أحمد العباس	١٦٥٩-١٦٥٤

ملاحظة:

- تنافس أولاد أحمد المنصور (محمد الشيخ المأمون وعبد الله الواثق وزيدان الناصر) على الخلافة وحكم كل منهم فترة وجيزة من عام ١٦٠٣م.
- اضمحلت وحدة السلطنة أواخرالقرن السابع عشر مع ظهور الحركات التحررية في أجزاء مختلفة من البلاد المغربية، وفي عام ١٦٥٩ اختفى آخر سلاطين السعديين، مما مهد الطريق أمام مولاي الراشد ومولاي إسماعيل (من شرفاء الفلالية) لاستعادة سلطة الشرفاء وبسطها على جميع أنحاء البلاد.

ثانيا: الفلاليون

الحاكم	مدة الحكم
محمد الأول الشريف (في تافلالت)	١٦٣٥-١٦٣١
محمد الثاني بن محمد الأول	١٦٦٤-١٦٣٥
الراشد	١٦٧٢-١٦٦٤
إسماعيل السمين	١٧٢٧-١٦٧٢
أحمد الذهبي	١٧٢٩-١٧٢٧
عبد الله	١٧٣٥-١٧٢٩
محمد الثالث بن عبد الله	١٧٩٠-١٧٥٧
يزيد	١٧٩٢-١٧٩٠

هشام	١٧٩٢-١٧٩٣
سليمان	١٧٩٣-١٨٢٢
عبدالرحمن	١٨٢٢-١٨٥٩
محمد الرابع بن عبدالرحمن	١٨٥٩-١٨٧٣
الحسن الأول بن محمد	١٨٧٣-١٨٩٥
عبدالعزيز	١٨٩٥-١٩٠٧
الحافظ	١٩٠٧-١٩١٢
يوسف	١٩١٢-١٩٢٧
محمد الخامس (المرة الأولى)	١٩٢٧-١٩٥٣
محمد بن عرفة	١٩٥٣-١٩٥٥
محمد الخامس (المرة الثانية)	١٩٥٥-١٩٦٢
الحسن الثاني بن محمد الخامس	١٩٦٢-١٩٩٩
محمد السادس	منذ ١٩٩٩

ملاحظة:

- كانت السلطة خلال الفترة من ١٧٢٩-١٧٣٥ في يد عبد الله وكان ينازعه فيها عدد من المطالبين بالحكم.

الفصل الثالث والعشرون

الجمهورية الجزائرية

نبذة تاريخية

يسميها العرب بلاد المليون شهيد الذين راحوا ضحية الحريج والاستقلال وكان اسمها في عهد الفينيقيين نوميديا ثم سميت بالمغرب الأوسط.

عاش في الجزائر البربر ثم الفينيقيون والرومان واحتلها الأتراك عام ١٨١٨م وفي عام ١٨٣٠م خضعت للغزو والاحتلال الفرنسي.

قامت فيها عدة ثورات وطنية أهمها ثورة الأمير عبدالقادر الجزائري في الفترة من ١٨٣٠م-١٨٤٧م، وثورة الشيخ بوزبان من ١٨٤٩م-١٨٥١م.

ثم ثورة القبائل بقيادة أبو بغلة ١٨٥١م وثورة المجاهد محمد عبد الله عام ١٨٥٢م.

ثم ثورة أولاد سيدي الشيخ ١٨٤٤م-١٨٨٣م.

ثم ثورة المقارنة سنة ١٨٧١م.

ثم ثورة جبهة التحرير التي وضت حدا لاستهتار الفرنسي في عام ١٩٥٤-١٩٦٢م حيث أعلن الاستقلال في ٣ يوليو ١٩٦٢م.

وكان أحمد بن بيللا أول حاكم للبلاد، ثم قام الكولونيل هواري بومدين بالانقلاب عليه عام ١٩٦٥م.

وفي عام ١٩٨٨ أعلن الرئيس الشاذلي بن جديد بأنه سينتقل بالجزائر إلى الديمقراطية وفي الانتخابات البرلمانية في ١٩٩٢/١/٢٢ فازت الجبهة الإسلامية بقيادة البروفيسور عباس مدني وأعلنت فرنسا رفض النتائج.

وقام ضباط من الجيش الموالين لفرنسا بانقلاب عسكري وأزيح الرئيس الجديد.

ورأس الجزائر الجنرال اليمين زروال منذ عام ١٩٩٤.

أما الآن فيرأس الدولة بوتوفليقة.

التركيب الاجتماعي:

— **الاسم الرسمي:** الجمهورية الجزائرية الديمقراطية الشعبية.

— **العاصمة:** الجزائر.

ديموغرافية الجزائر:

— **عدد السكان:** ٣١٧٣٦٠٥٣ نسمة.

— **الكثافة السكانية:** ١٣ نسمة /كلم٢.

عدد السكان بأهم المدن:

— **الجزائر العاصمة:** ٩٩٢٢٥٨١ نسمة.

— **وهران:** ١٠٩٨٢٠ نسمة.

— **قسنطينة:** ١٣٥٧٢٣ نسمة.

— سطيف: ٨٥٧٧٩٨ نسمة.

— **تيزي أوزو:** ٣٢٧٥٠٦ نسمة.

- **نسبة عدد سكان المدن:** ٥٩%.

- **نسبة عدد سكان الأرياف:** ٤١%.

- **معدل الولادات:** ٢٢.٧٦ ولادة لكل ألف شخص.

- **معدل الوفيات الأجمالي:** ٥.٢٢ حالة وفاة لكل ألف شخص.

- **معدل وفيات الأطفال:** ٤٠.٥٦ حالة وفاة لكل ألف طفل.

- **نسبة نمو السكان:** ١.٧١%.

- **معدل الإخصاب (الخصب):** ٣.٣ مولود لكل امرأة.

توقعات مدى الحياة عند الولادة:

– **الإجمالي**: ٧٠ سنة.

– **الرجال**: ٦٨.٦ سنة.

– **النساء**: ٧١.٣ سنة.

نسبة الذين يعرفون القراءة والكتابة:

– **الإجمالي**: ٦٦.٦%.

– **الرجال**: ٧٧.٥%.

– **النساء**: ٥٥.٧%%.

– **اللغة**: اللغة العربية هي اللغة الرسمية، واللغة الأمازيغية (البربرية) هي وطنية إلى جانب استعمال اللغة الفرنسية بالإضافة إلى لهجات بربرية.

– **الدين**: ٩٩.٩% مسلمون، ٠.٠١% مسيحيون.

– **الأعراق البشرية**: العرب ٨٠%،البربر١٣%،منهم: ١٣% القبائل و٦% الشاوية.

- التقسيم الإداري:

السكان (%)	المساحة (كلم٢)	الولاية
٠.٩	٤٢٢٥٠٠	أدرار
٣.٠	٤٢٠٥	الشلف
٠.٩	٢٥٤٠٣	الأغواط
١.٨	٦٢٥٩	أم البواقي
٢.٠	١٢١٢١	باتنة
٣.١	٣٢٨٠	بجاية
١.٩	١٦٣٢٧	بسكرة
٠.٨	١٦٣٠٠٠	بشار
٣.١	١٥٩٧	البليدة

تمنراسب	٥٧٠٠٠٠	١.٢
تبسة	١٤٩٨٤	١.٨
تلمسان	٩٣٣٥	٣.١
تيارت	١٩٩٢١	٢.٥
تيزي أوزو	٣٠٢٥	٤.١
الجزائر العاصمة	٢٦٣	٧.٣
الجلفة	٢٣٣٢٨	٢.١
جيجل	٢٣٥٠	٢.١
سطيف	٦٦٤٨	٤.٤
سعيدة	٦١٢٩	١.٠
سكيكدة	٤١٢٠	٢.٧
سيدي بلعباس	٩٢٥٨	١.٩
عنابة	١١٩٦	٢.٠
قالمة	٤٢٩١	١.٥
قسنطينة	٢١٥٠	٢.٩
المدية	٨٨٣٤	٢.٨
مستغانم	١٩٧٧	٢.٢
المسيلة	-	٢.٥
معسكر	٥٨٤٦	٢.٥
ورقلة	٢٨٠٠٠٠	١.٢
وهران	٢١١٤	٤.١
البيض	٧٩٩١٢	٠.٧
إليزي	٢٦٠٠٠٠	١.٠
برج بو عريريج	٤١٣٦	١.٨

بومرداس	١٦١٩	٢.٨
الطارف	٣١٤٤	١.٢
تندوف	١٥٣٠٠٠	٠.١
تسميسلت	٣٤٧٧	١.٠
الوادي	٧٣٢٠٠	١.٧
خنشلة	١٠٥٩٦	١.١
سوق أهراس	٤٣٤٥	١.٣
تيبازة	٢٠٧٢	٢.٧
ميلة	٣٤٩٠	٢.٢
عين الدفلي	٤٥٥٧	٢.٣
النعامة	٣٠٨٠١	٠.٥
عين تموشنت	٢٤٩١	١.٢
غرداية	٨٧٠٠	٠.٩
غليزان	٥٠١٦	٢.٤

جغرافية الجزائر:

– **المساحة الإجمالية:** ٢٣٨١٧٤١ كلم^{2}.

– **مساحة الأرض:** ٢٣٨١٧٣١ كلم^{2}.

الموقع:

–تقع الجزائر في شمال القارة الإفريقية، وتطل على البحرالمتوسط من جهة الشمال، وتحدها المغرب وموريتانيا من الغرب، وليبيا وتونس من الشرق، ومالي والنيجر من الجنوب.

- **حدود الدولة الكلية**: ٦٣٤٣ كلم، منها ٩٨٢ كلم مع ليبيا، و١٣٧٦كلم مع موريتانيا، و٤٦٣كلم مع المغرب، و١٥٥٩كلم مع النيجر، و٩٥٦كلم مع تونس، و٤٢كلم مع الصحراء الغربية.
- **طول الشريط الساحلي**: ١٢٠٠كلم.
- **أهم الجبال**: سلسلة جبال الأطلس، جبال جرجرة، الونشريس، جبال الهقار.
- **أعلى قمة**: قمة تاهات.
- **أهم الأنهار**: الشلف، السمان.

المناخ:

- مناخ البحرالمتوسط، في الأجزاء الشمالية من البلاد: دافئ ويميل إلى البرودة في الشتاء وأمطار غزيرة، حار وجاف صيفا، بينما في المرتفعات فبارد جدا في الشتاء مع تساقط الأمطار والثلوج بغزارة ومعتدل شتاء وفي الجزء الجنوبي حار صيفا وبارد شتاء وأمطاره قليلة أو تكاد تكون معدومة في بعض السنوات أو نادرة الهطول.

الطبوغرافيا:

يتألف سطح الجزائر من أربعة أقسام:

١- **القسم الشمالي**: السواحل الشمالية التي تطل على البحر المتوسط وهي ضيقة في بعض الأماكن بسبب امتداد جبال الأطلس.

٢- **مرتفعات الأطلس**: والتي تتكون من سلسلتين جبليتين تعرف باسم أطلس التل وهي موازية للسواحل.

٣- **الهضاب الداخلية**: وهي مناطق مرتفعة أهمها مرتفعات تبسة، الحضنة، أولاد نايل العمور والقصور.

٤- **الصحراء**: وهي التي تمثل جزءا كبيرا من الصحراء الكبرى.

- **الموارد الطبيعية**: بترول، غاز طبيعي، حديد، فوسفات، رصاص، زنك، زئبق، يورانيوم.

- **استخدام الأرض**: مساحة الأرض الصالحة للزراعة: ٣%، المروج والمراعي: ١٣%، الغابات والأحراج ٢%، أراضي أخرى: ٨٢%.

- **النبات الطبيعي**: تنمو الغابات الكثيفة في إقليم البحر المتوسط خاصة المرتفعات منها: السنديان، الفلين، السرو، الخروب، وغيرها من نباتات البحرالمتوسط، كذلك تنمو نباتات الحلفاء في الهضاب والنباتات الشوكية في الصحراء.

المؤشرات الاقتصادية:

- **الوحدة النقدية**: الدينار الجزائري = ١٠٠ سنتيم.

- **إجمالي الناتج المحلي**: ١٧١ بليون دولار.

- **معدل الدخل الفردي**: ١٦٠٠ دولار.

المساهمة في إجمالي الناتج المحلي:

- **الزراعة**: ١١.٤%.

- **الصناعة**: ٣٧%.

- **التجارة والخدمات**: ٥٢%.

القوة البشرية العاملة:

- **الزراعة**: ٢٥%.

- **الصناعة**: ٢١%.

- **التجارة والخدمات**: ٥٤%.

- **معدل البطالة**: ٣٢%.

- **معدل التضخم**: ٢%.

– **أهم الصناعات:** الصناعات البترولية والبتروكيماوية، تسييل الغاز الطبيعي، تعدين الحديد والصلب، صناعات الكهرومنزلية، مواد غذائية، منسوجات، صناعات ضوئية.

– **المنتجات الزراعية:** الحبوب، الخضار، الفواكه، الحمضيات، الكروم، التمور، الزيتون والقطن.

– **الثروة الحيوانية:** الضأن ١٦.٨ مليون رأس، الماعز ٣.١٢ مليون، الأبقار ١.٢٦ مليون، الدجاج ١٣٢ مليون.

المواصلات:

– **دليل الهاتف:** ٢١٣.

– **سكك حديدية:** ٤١٤٦ كلم.

– **طرق رئيسية:** ٨٦٩٠٠٠ كلم.

– **أهم المرافئ:** الجزائر، وهران، عنابة، أرزيو، سكيكدة، بجاية.

– **عدد المطارات:** ٣٠.

– **أهم المناطق السياحية:** القلاع الرومانية (شرشال، تيمقاد، جميلة)، الآثار الإسلامية، الصحراء الكبرى، منطقة الهقار.

المؤشرات السياسية:

– **شكل الحكم:** نظام رئاسي متعدد الأحزاب.

– **الاستقلال:** ٥ تموز ١٩٦٢ (من فرنسا).

– **العيد الوطني:** عيد الثورة (١ تشرين الثاني) عيد الاستقلال (٥ تموز).

– **حق التصويت:** ابتداء من عمر ١٨ سنة.

– **الانضمام إلى الأمم المتحدة:** ١٩٦٢.

بعد احتلال فرنسي دام لأكثر من ١٣٠ عاما وبعد ثورة شعبية راح ضحيتها أكثر من مليون شهيد، أعلن الجنرال الفرنسي شارل ديغول انسحاب قواته من الجزائر، فنالت استقلالها في يوليو / تموز ١٩٦٢، وتشكلت أول حكومة وطنية مؤقتة برئاسة فرحات عباس. وعلى مدى العقود الماضية حكم الجزائر.

رؤساء الجمهورية في الجزائر

الحاكم	مدة الحكم	الخروج من السلطة
فرحات عباس	١٩٦٢-١٩٦٣	انقلاب عسكري
أحمد بن بيلا	١٩٦٣-١٩٦٥	انقلاب عسكري
هواري بومدين	١٩٦٥-١٩٧٨	وفاة طبيعية
رابح بيطاط	١٩٧٨-١٩٧٩	مؤقت
الشاذلي بن جديد	١٩٧٩-١٩٩١	استقالة
محمد بوضياف	١٩٩١-١٩٢	اغتيال
مجلس عسكري	١٩٩٢-١٩٩٤	-
الأمين زروال	١٩٩٤-١٩٩٩	استقال
عبدالعزيز بوتفليقة	منذ ١٩٩٩	-

في سبتمبر / أيلول من عام ١٩٦٢ انتخب فرحات عباس رئيسا للجمهورية وأحمد بن بيلا رئيسا للوزراء، وفي ١٣ سبتمبر / أيلول ١٩٦٣ انتخب أحمد بن بيلا رئيسا جديدا لمدة خمس سنوات، فجمع بين رئاسته للحكومة والدولة ومنصب القائد الأعلى للقوات المسلحة، وفي العام نفسه قاد آيت أحمد تمردا في منطقة القبائل والعقيد شعباني قائد الجيش الذي ألقي القبض عليه وأعدم.

وفي ١٩ يونيو / حزيران ١٩٦٥ تزعم قائد جيش التحرير هواري بومدين انقلابا عسكريا أطاح بالرئيس أحمد بن بلا، وشكل العقيد مجلسا أطلق عليه

مجلس قيادة الثورة برئاسته وعضوية عشرين عضوا كان من الأسماء اللامعة في ذلك المجلس عبدالعزيز بوتفليقة وزير الخارجية أنذاك، وفي عام ١٩٦٧ أعلنت الجزائر نفسها دولة اشتراكية.

ظل هواري بومدين يحكم االجزائر حتى وفاته في السابع والعشرين من ديسمير/ كانون الأول ١٩٧٨ فخلفه ر ابح بيطاط رئيس الجمعية الوطنية "الهيئة البرلمانية" كرئيس مؤقت، حيث ينص الدستور على أن يتولى رئيس الجمعية الوطنية منصب الرئاسة لمدة خمسة وأربعين يوما في حالة خلوة فجأة لحين انتخاب رئيس جديد للبلاد.

حدث صراع سياسي على السلطة داخل جبهة التحرير الوطنية، ودامت اجتماعاتها لاختيار مرشح لمنصب الرئيس سبعة أيام انتهت باختيار الشاذلي بن جديد، الذي أجري استفتاء شعبيا عليه في السابع من فبراير / شباط ١٩٧٩ كانت انتهى بفوزه بمنصب رئيس الجمهورية لمدة خمس سنوات.

في عام ١٩٨٠ شهدت الجزائر تنامي الاضطرابات في منطقة الأمازيغ وبالأخص في منطقة تيزي أوزو للمطالبين بمزيد من الاستقلالية الثقافية، وأعيد انتخاب الشاذلي بن جديد لفترة رئاسية ثانية في يناير / كانون الثاني ١٩٨٤ تنتهي في عام ١٩٨٩.

في عام ١٩٨٨ وقعت مظاهرات عنيفة احتجاجا على تردي الأوضاع الاقتصادية في البلاد راح ضحيتها حوالي ٥٠٠ قتيل، وفي ٢٦ ديسمبر /كانون الأول ١٩٩١ أجريت انتخابات في البلاد حققت فيها جبهة الإنقاذ الإسلامي فوزا كبيرا كان سيمكنها من تشكيل الحكومة، لولا تدخل الجيش وإلغائه نتائج الجولة الثانية من تلك الانتخابات في يناير / كانون الثاني ١٩٩٢ وإعلانه الأحكام العرفية، مما أدى إلى اندلاع عمليات عنف في البلاد راح ضحيتها بحسب المصادر الرسمية أكثر من ١٠٠ ألف قتيل.

استقال الشاذلي بن جديد من الحكم ليخلفه محمد بوضياف الـذي كـان يعـيش في المغـرب منذ عقود طويلة، ولم يدم حكمه غير عدة أشهر، إذ اغتيل نهاية عام ١٩٩٢.

تشكل مجلس عسكري من خمسة ضباط تولوا حكم البلاد حتى اختارت المؤسسة العسكرية الأمين زروال رئيسا جديدا للبلاد خلفا لمحمد بوضياف في عام ١٩٩٤، وأجريت انتخابـات برلمانيـة في يونيو/ تموز ١٩٩٧ اشترك فيه عشرة أحزاب حقق حزب الـرئيس الأمـين زروال المركـز الأول وفـاز بـ ١٥٥ مقعدا وجاء في المركز الثاني حزب مجتمع السلم بزعامة محفوظ نحناح بعدد مقاعد وصل ٦٥ مقعدا.

في ١٥ أبريل / نيسان ١٩٩٩ انتخب عبدالعزيز بوتفليقة رئيسا للجمهوريـة بعـد ان انسـحب المرشحون الآخرون الذين كانوا يتنافسون على هذا المنصب.

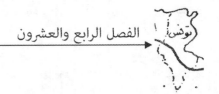

الفصل الرابع والعشرون

الجمهورية التونسية

نبذة تاريخية:

قامت في تونس حضارة قرطاجة التي أبادها الرومان، ثم وصل الفتح الإسلامي في القرن الأول من تاريخ الإسلام على يد القائد عقبة بن نافع (رضي الله عنه).

وفي عام ١٧٠٥ أسسها حسين بن علي وبقيت في حكم الأسرة الحسينية حتى إعلان الجمهورية فيها بعد القضاء على الباي محمد الأمير آخر ملوكها.

احتلها الفرنسيون عام ١٨٨١ وجلوا عنها في ١٣ ديسمبر ١٩٥٦.

استلم السلطة الحبيب بورقيبة وبقي حتى ١٩٨٧ وقد أزاحه رئيس الوزراء ومدير المخابرات السابق زين العابدين بن علي والذي أصبح رئيسا للبلاد وما زال.

التركيب الاجتماعي:

أصل التسمية:عرفت تونس قديما باسم ترشيش، فلما أحدث فيها المسلمون البنيان واستحدثوا البساتين سميت تونس، وهي كلمة بربرية ومعناها البرزخ.

- **الاسم الرسمي:** الجمهورية التونسية.

- **العاصمة:** تونس.

ديمغرافية تونس:

- **عدد السكان:** ٩٧٠٥١٠٢ نسمة.

- **الكثافة السكانية:** ٥٩ نسمة/ كلم٢.

عدد السكان بأهم المدن:

- **تونس العاصمة:** ٦٩٧٠١٧ نسمة.

— صفاقس: ٢٤٢٠٠٠ نسمة.

— أريانة: ١٥٨١٠٠ نسمة.

— سوسة: ١٢٨٢٥٠ نسمة.

— القيروان: ١٠٤٩٠٠ نسمة.

- نسبة عدد سكان المدن: ٦٥%.

- نسبة عدد سكان الأرياف: ٣٥%.

- معدل الولادات: ١٧.١١ ولادة لكل ألف شخص.

- معدل الوفيات الإجمالي: ٤.٩٩ لكل ألف شخص.

- معدل وفيات الأطفال: ٢٩.٠٤ حالة وفاة لكل ألف طفل.

- نسبة نمو السكان: ١.١٥%,

- معدل الإخصاب (الخصب): ١.٩٩ مولود لكل امرأة.

توقعات مدى الحياة عند الولادة:

— الإجمالي: ٧٣.٩ سنة.

— الرجال: ٧٢.٤ سنة.

— النساء: ٧٥.٦ سنة.

نسبة الذين يعرفون القراءة والكتابة:

— الإجمالي: ٧٠.٢%.

— الرجال: ٨٢%.

— النساء: ٥٨.٤%.

— اللغة: اللغة العربية هي اللغة الرسمية، إضافة إلى استعمال اللغة الفرنسية.

— الدين: ٩٩.٤% مسلمون، ٠.٦% مسيحيون.

— الأعراق البشرية: ٩٨.٢% عرب، ١.٨% بربر.

- التقسيم الإداري:

السكان (%)	المساحة (كلم^٢)	الولاية
٦.٤٨	١٥٥٨	أريانة
٣.٤٥	٣٥٥٨	باجة
١٠.١١	٣٦٨٥	بنزرت
٤.٢٣	٤.٢٣	بن عروس
١.٥٤	٣٨٨٨٩	تطاوين
١.٠١	٤٧١٩	توزر
١٠.١	٣٤٦	تونس العاصمة
٤.٦٠	٣١٠٢	جندوبة
١.٦٢	٢٧٦٨	زغوان
٢.٧٨	٤٦٣١	سليانة
٤.٩٣	٢٦٢١	سوسة
٤.٧٨	٦٩٩٤	سيدي بوزيد
٩.٣١	٧٥٤٥	صفاقس
٣.٩٥	٧١٧٥	قابس
١.٥٠	٢٢٠٨٤	قبلي
٤.٤٠	٨٠٦٦	القصرين
٣.٥٠	٨٩٩٠	قفصة
٦.٠٦	٦٧١٢	القيروان
٣.١٠	٤٩٦٥	الكاف
٤.٣٩	٨٥٨٨	مدنين
٤.١٤	١٠١٩	المنستير
٣.٨٢	٢٩٦٦	المهدية
٦.٥٨	٢٧٨٨	نابل

جغرافية تونس:

- **المساحة الإجمالية:** ١٦٣٦١٠ كلم^{2}.
- **مساحة الأرض:** ١٥٥٣٦٠ كلم^{2}.

الموقع:

- تقع تونس في شمال القارة الإفريقية، وتطل على البحرالمتوسط شمالا وتحدها الجزائر غربا، ليبيا شرقا والجزائر وليبيا جنوبا.
- **حدود الدولة الكلية:** ١٤٢٠كلم، منها ٩٦٥كلم مع الجزائر، و٤٥٩ كلم مع ليبيا.
- **طول الشريط الساحلي:** ١٣٠٠ كلم.
- **أهم الجبال:** أطلس التل، الأطلس الصحراوي.
- **أعلى قمة:** قمة الشعانبي (١٥٤٤م).
- **أهم الأنهار:** وادي مليان، وادي ملاق، مجردة (٤٨٢ كلم).
- **المناخ:** مناخ إقليم البحر المتوسط؛ حار جاف صيفا، دافئ ماطر شتاء. أما في المناطق الجبلية فمعتدل الحرارة صيفا وماطر وبارد شتاء أما المناطق الوسطى الجنوبية فمتوسط الأمطار بارد شتاء وحار صيفا.
- **الطبوغرافيا:** يتألف سطح تونس من سهول ساحلية التي تمتد بامتداد السواحل البحرية المطلة على البحر المتوسط وتتسع في الوسط، المناطق الجنوبية هي امتداد للصحراء الجزائرية.
- **الموارد الطبيعية:** زيت خام، فوسفات، حديد، توتياء، رصاص، بترول.
- **استخدام الأرض:** الغابات ٤.٣%، المروج والمراعي ٢٠%، الأراضي الزراعية ٣١.٩%، أراضي المحاصيل المستمرة ١٠%، والباقي أراضي أخرى.

- **النبات الطبيعي:** النباتات الصحراوية تنمو في الصحراء، إضافة إلى نبات الحلفاء، أما في المناطق الجبلية والساحلية فتنمو غابات السنديان والبلوط والفلين والزيتون والخروب وغيرها أما الواحات فتكثر فيها أشجار النخيل.

المؤشرات الاقتصادية:

- **الوحدة النقدية:** الدينار التونسي.
- **إجمالي الناتج المحلي:** ٦٢.٨ بليون دولار.
- **معدل الدخل الفردي:** ٢٢١٠ دولار.

المساهمة في إجمالي الناتج المحلي:

- **الزراعة:** ١٢.٨%.
- **الصناعة:** ٢٨.١%.
- **التجارة والخدمات:** ٥٩%.

القوة البشرية العاملة:

- **الزراعة:** ٢٢%.
- **الصناعة:** ٢٣%.
- **التجارة والخدمات:** ٥٥%.
- **معدل البطالة:** ١٥.٦%.
- **معدل التضخم:** ٣%.
- **أهم الصناعات:** صناعات بترولية، تعدين الحديد والفوسفات، منسوجات، تعليب الأغذية.
- **المنتجات الزراعية:** الزيتون، التمور، اللوز، الحبوب، الحضميات، الخضار والفواكه، قصب السكر، الشمندر والكروم.

- **الثروة الحيوانية:** الضأن ٧.٦ مليون رأس، الماعز ١.٣٥ مليون، الأبقار ٧٧٠ ألفا، الدواجن ٣٥ مليون.

المواصلات:

- **دليل الهاتف:** ٢١٦.

- **سكك حديدية:** ٢١٥٤ كلم.

- **طرق رئيسية:** ١٧٧٠٠ كلم.

- **أهم المرافئ:** بنزرت، تونس، صفاقس، سوسة.

- **عدد المطارات:** ٥.

- **أهم المناطق السياحية:** آثار قرطاجة، متحف باردو، منتجع الحمامات، مدينة القيروان، جزيرة جربة.

المؤشرات السياسية:

- **شكل الحكم:** جمهورية برلمانية تخضع لنظام تعدد الأحزاب.

- **الاستقلال:** ٢٠ آذار ١٩٥٦.

- **العيد الوطني:** عيد الاستقلال (٢٠ آذار).

- **حق التصويت:** ابتداء من عمر ٢٠ سنة.

- **تاريخ الانضمام إلى الأمم المتحدة:** ١٩٦٢.

استقلت تونس عن الاحتلال الفرنسي عام ١٩٥٦، وفي العام التالي (١٩٥٧) أعلنت الجمعية التأسيسية إلغاء الملكية وإعلان الجمهورية واختيار الحبيب بورقيبة رئيسا بصورة مؤقتة، وفي الأول من يناير / كانون ثاني ١٩٥٩ صدر الدستور الأول لتونس وأجري اقتراع عام على منصب الرئيس فاز فيه الحبيب بورقيبة، وتكرر الحال في أعوام ١٩٦٤ ثم في عام ١٩٧١، وفي عام ١٩٧٤ اختير بورقيبة كرئيس لتونس مدى الحياة.

سلسلة حكام تونس

مدة الحكم	الحاكم
١٧٣٥-١٧٠٥	علي الترك
١٧٥٦-١٧٣٥	علي بن الحسين
١٧٥٩-١٧٥٦	محمد الرشيد
١٧٨٢-١٧٥٩	علي الثاني بن الحسين
١٨١٤-١٧٨٢	حمودة بن علي
٩-١٠/١٨١٤	عثمان بن علي
١٨٢٤-١٨١٤	محمود بن محمد
١٨٣٥-١٨٢٤	الحسين الثاني بن محمود
١٨٣٧-١٨٣٥	المصطفى بن محمود
١٨٥٥-١٨٣٧	أحمد بن مصطفى
١٨٥٩-١٨٥٥	محمد بن الحسين
١٨٨٢-١٨٥٩	محمد الصادق
١٩٠٢-١٨٨٢	علي مودات بن الحسين
١٩٠٦-١٩٠٢	محمد الهادي
١٩٢٢-١٩٠٦	محمد الناصر
١٩٢٩-١٩٢٢	محمد الحبيب
١٩٤٢-١٩٢٩	أحمد بن علي
١٩٤٣-١٩٤٢	محمد المنصف
١٩٥٧-١٩٤٣	محمد الأمين

حكام تونس منذ الاستقلال حتى الآن

مدة الحكم	الحاكم
١٩٥٧-١٩٨٧	الحبيب بورقيبة
منذ ١٩٨٧	زين العابدين بن علي

ظل الحبيب بورقيبة على رأس السلطة في تونس طيلة ثلاثين عاما (١٩٥٧-١٩٨٧) إلى أن
تدهورت حالته الصحية، فانتقلت السلطة إلى الوزير الأول (رئيس الوزراء) زين العابدين بـن علـي
الذي استطاع الحصول على تقرير طبي من سبعة من كبار الأطباء التونسيين يؤكد إصابة بورقيبة
بأمراض الشيخوخة وعدم قدرته مـن الناحيـة الذهنيـة علـى إدارة شـؤون الحكـم. وفي الثاني مـن
أبريل/ نيسان ١٩٨٩ أجريت انتخابات نيابية ورئاسية فاز فيها زين العابدين بن علي بمنصب رئيس
البلاد.

في ٢٠ مارس / آذار ١٩٩٤ أعيد انتخـاب بـن علـي بعـد انتخابات برلمانيـة ورئاسية، في ٢٤
أكتوبر/ تشرين ١٩٩٩ أعيد انتخاب بن علي في انتخابات شارك فيها للمـرة الأولى مرشحون آخـرون
غيره، كما فازت المعارضة بـ ٢٠% من مقاعد البرلمان البالغة ١٨٢، وفازت النساء بـ ٢١ مقعدا.

الأقاليم الطبيعية:

تنقسم موريتانيا إلى ثلاثة أقاليم طبيعية:

أولا: الإقليم الساحلي:

يمتد الإقليم الساحلي نحوا من ٦٠٠ كيلومتر على طول ساحل المحيط الأطلسي- من أقصى- حدود موريتانيا شمالا حتى حدودها جنوبا مع جمهورية السنغال، ويمتد في الداخل حتى منطقة الهضاب الشرقية مسافة طولها ٤٠٠ كلم أراضي هذا الإقليم طينية مستوية تكسوها الكثبان الرملية الساكنة منها والمتحركة والتي تتجه محاورها من الشمال إلى الجنوب الغربي.

وتتميز الكثبان الرملية التي تمتد في الداخل بعيدا عن الساحل بأن الأعشاب تغطيها بعكس الكثبان الرملية القريبة من الساحل فهي جرداء ويختلف مناخ هذا الإقليم في شماله عنه في جنوبه فالأجزاء الشمالية من هذا الإقليم تتأثر بتيار كناريا البارد ولهذا كان الجفاف الشديد هو طابع هذا الجزء من الإقليم الساحلي لأن الرياح التي تمر على المحيط الأطلسي- فوق تيار كناريا البارد تبرد وتزداد حرارتها كلما توغلت إلى الداخل في موريتانيا ولهذا تقل فرص سقوط الأمطار وهي عادة في فصل الشتاء.

ويعمل تيار كناريا البارد على تلطيف درجة الحرارة صيفا فهي في المتوسط ٩١ فهرنهيت ودرجات الحرارة شتاء ٧٨ فهرنهيت في شهر ديسمبر وتتراوح النهايات الصغرى لدرجات الحرارة بين ٥٤ درجة فهرنهيت في شهر يناير و٦٩ درجة فهرنهيت في شهر سبتمبر.

ويتميز هذا القسم الشمالي من الإقليم الساحلي بوفرة الثروة السمكية على سواحل موريتانيا.

أما الجزء الجنوبي من السهل الساحلي فيقع تحت تأثير الرياح الجنوبية القوية الممطرة ولهذا تزداد الأمطار من الشمال إلى الجنوب ويتراوح سقوط الأمطار بين ٢٥ سم و٥٠ سم وتسقط الأمطار صيفا.

ثانيا: إقليم وادي السنغال أو إقليم شمامة:

يدخل هذا الإقليم في نطاق السفانا البستانية إذ تكثر أشجار الطلح والأثل والسدر ويعتبر جمع الصمغ من الموارد الاقتصادية الهامة في هذا الإقليم.

ويضاف إلى وفرة الأمطار التي تسقط صيفا والتي تتراوح بين ٥٠سم و٧٠سم وجود الموارد المائية من نهر السنغال مما جعل النشاط الزراعي من أهم الحرف التي يقوم بها السكان في هذا الإقليم، ولهذا كان السكان مستقرين بعكس غالبية السكان في الأقاليم الأخرى.

ثالثا: إقليم الهضاب الشرقية:

تمتد هذه الهضاب من الإقليم الساحلي غربا حتى حدود موريتانيا شرقا وتمتد من أقصى الشمال حتى حدود إقليم شمامة جنوبا وهو إقليم صحراوي يتراوح ارتفاعه بين ٦٠٠ قدم و١٦٥٠ قدم وتمتد المناخات الصحراوية في هذا الإقليم وعند سفوحها توجد العيون والآبار وعلى هذه الموارد المائية قامت الواحات حيث تقوم قبائل المور بالنشاط الزراعي والرعوي.

تتكون هذه الهضاب من الصخور الجيرية والرملية وفي شمال هذا الإقليم تمتد المرتفعات النارية القديمة والتي يتراوح ارتفاعها بين ٢٠٠٠ و٣٠٠٠ قدم وفي هذا النطاق يعدن الحديد الخام والنحاس.

تقل أمطار هذا الإقليم من ١٠سم وتسقط شتاء في شمال هذا الإقليم وصيفا في جنوبه.

نبذة تاريخية:

تعود تسمية موريتانيا إلى أيام الحكم البيزنطي لإفريقيا الشمالية.

وكان سكان موريتانيا يعرفون بالمغرب الأقصى.

دخلها الإسلام ومنها انطلق دعاته.

ومنذ القرن الثالث حتى القرن الخامس عشر ـ الميلاديين كانت نواكشوط جزءا من الإمبراطوريتين الكبيرتين: غانا ومالي.

وقد نزل البرتغاليون هذه البلاد في القرن الخامس عشر الميلادي وتنافست عليها خلال القرن السابع عشر والثامن عشر الميلاديين كل من بريطانيا وفرنسا وهولندا.

احتلت فرنسا هذا البلد عام ١٩٠٢ وفرضت عليها الحماية عام ١٩٠٣م وبذلك أصبحت موريتانيا جزءا من أفريقيا الغربية الفرنسية وكان زافير كوبولاني أول حاكم للمحمية.

وقد أصبحت موريتانيا مستعمرة فرنسية في عام ١٩٢٠.

وفي عام ١٩٦٤ أصبحت موريتانيا مقاطعة داخل الاتحاد الفرنسي وأصبحت جمهورية تتمتع بالحكم الذاتي في ٢٨ نوفمبر ١٩٥٨.

وفي عام ١٩٥٩ انتخب مختار ولد داده رئيسا للوزراء ورئيسا للدولة.

وفي عام ١٩٦٠ نالت موريتانيا استقلالها التام. وفي عام ١٩٦١ أعيد انتخاب ولد داده لرئاسة الجمهورية.

وفي عام ١٩٧٨ أسقط قادة عسكريون ولد داده وسيطروا على الحكومة.

وفي عام ١٩٧٩ كان العقيد أحمد بوسيف قد أطاح في انقلاب أبيض بمصطفى ولد محمد سالك.

وبعد شهرين توفي بوسيف في حادث تحطم طائرة وأصبح العقيد محمود ولدولي رئيسا للسلطة.

وفي عام ١٩٨٠ تسلم العقيد ولد هيداله السلطة من ولد ولي ثم أصبح معاوية ولد سيدي أحمد الطايع رئيسا للبلاد إلى أن أطيح به في انقلاب أبيض وهو خارج البلاد وتسلم مجلس عسكري عام ٢٠٠٥م.

التركيب الاجتماعي:

- **الاسم الرسمي**: جمهوية موريتانيا الإسلامية.
- **العاصمة**: نواكشوط.

ديموغرافية موريتانيا:

- **عدد السكان**: ٢٧٤٧٣١٢ نسمة.
- **الكثافة السكانية**: ٢.٧ نسمة/كلم٢.

عدد السكان بأهم المدن:

- **نواكشوط**: ٦١٥٧١١ نسمة.
- **نواذيبو**: ٩١٣١٣ نسمة.
- **نسبة عدد سكان المدن**: ٥٦%.
- **نسبة عدد سكان الأرياف**: ٤٤%.
- **معدل الولادات**: ٤٢.٩٥ ولادة لكل ألف شخص.
- **معدل الوفيات الإجمالي**: ١٣.٦٥ لكل ألف شخص.
- **معدل وفيات الأطفال**: ٧٦.٧ حالة وفاة لكل ألف طفل.
- **نسمة نمو السكان**: ٢.٩٣%.
- **معدل الإخصاب (الخصب)**: ٦.٢٢ مولود لكل امرأة.

توقعات مدى الحياة عند الولادة:

- **الإجمالي**: ٥١.١ سنة.
- **الرجال**: ٤٩.١ سنة.

- **النساء:** ٥٣.٣ سنة.

نسبة الذين يعرفون القراءة والكتابة:

- **الإجمالي:** ٤٦.٧%.

- **الرجال:** ٥٣.٤%.

- **النساء:** ٤٠%.

- **اللغة:** اللغة العربية الرسمية.

- **الدين:** ٩٩.٥% مسلمون، مسيحيون ٠.٢، آخرون ٠.٣%.

- **الأعراق البشرية:** العرب والبربر (البيضان) ٨١%، الأفارقة الزنوج ١٩%.

- التقسيم الإداري:

المناطق	العاصمة	المساحة (كلم^2)	السكان (%)
أدرار	آتار	٢١٥٣٠٠	٣.٣
السبع	كيفا	٣٦٠٠٠	٩
البراكنت	علاق	٣٧١٠٠	١٠.٣
دخلة نواذيبو	نواذيبو	٣٠٠٠٠	٣.٤
غورغول	قابدين	١٤٠٠٠	٩.٩
غيديماكا	سبلياتي	١٠٠٠٠	٦.٢
حوض الشرقي	نيما	٥٧٠٠٠	٨.٤
أنشيري	انجويت	٤٩٠٠٠	٠.٨
طاقنت	تيرجيكيما	٩٣٠٠٠	٣.٥
تيريس زمور	تيريس	٢٥٥٠٠٠	١.٨
ترارزا	روسو	٦٧٠٠٠	١٠.٩
نواكشوط	نواكشوط	١٠٠٠	٢١.١

جغرافية موريتانيا:

- **المساحة الإجمالية:** ١٠٣١٠٠٠ كلم٢.

- **مساحة الأرض:** ١٠٣٠٤٠٠ كلم٢.

الموقع:

- تقع موريتانيا في شمال غرب قارة أفريقيا، تحدها السنغال جنوبا، الجزائر ومالي شرقا، المحيط الأطلسي شمالا، والصحراء الغربية شمالا.

- **حدود الدولة الكلية:** ٥٠٧٤ كلم منها: ٤٦٣ كلم مع الجزائر، ٢٢٣٧ كلم مع مالي، و٨١٣كلم مع السنغال، و١٥٦١كلم مع الصحراء الغربية.

- **طول الشريط الساحلي:** ٧٥٤كلم.

- **أعلى قمة:** كدية إدجيل (٩١٥م).

- **أهم الأنهار:** نهر السنغال.

- **المناخ:** صحراوي: حار وجاف بشكل دائم مع نسيم متواصل على السواحل، شديد البرودة شتاء مع أمطار موسمية.

- **الطبوغرافيا:** سطحها عبارة عن صحاري شاسعة يتراوح ارتفاعها عن سطح البحر بين صفر – ٢٠٠ متر في الغرب و٢٠٠-٤٠٠ متر في الشرق وتتوسط الرمال أراضي موريتانيا باتساع كبير.

- **الموارد الطبيعية:** حديد خام، جص، نحاس وفوسفات، همك.

- **استخدام الأرض:** تشكل الأراضي الصالحة للزراعة ١% من المساحة الكلية، والأراضي الخضراء والمراعي ٣٨%، والغابات والأحراج ٥% والأراضي الأخرى ٥٦%، المحاصيل الدائمة قليلة جدا كذالك الأراضي المروية.

- **النبات الطبيعي:** كونها منطقة صحراوية تنمو فيها الأعشاب التي تتحمل الجفاف والنباتات الحولية التي تنمو مع سقوط المطر وتصبح مرتعا لرعي الماشية.

المؤشرات الاقتصادية:

- **الوحدة النقدية:** الأوقية = ١٠٠ خومس.

- **إجمالي الناتج المحلي:** ٥.٤ بليون دولار.

- **معدل الدخل الفردي:** ٣٧٠ دولار.

المساهمة في إجمالي الناتج المحلي:

- **الزراعة:** ٢٥.٢%.

- **الصناعة:** ٢٩.٣%.

- **التجارة والخدمات:** ٤٥.٥%.

القوة البشرية العاملة:

- **الزراعة:** ٤٧%.

- **الصناعة** ١٤%.

- **التجارة والخدمات:** ٣٩%.

- **معدل البطالة:** ٢٧%.

- **معدل التضخم:** ٤٥%.

- **أهم الصناعات:** تجهيز الأسماك وحفظها، استخراج الحديد والنحاس، صناعات تقليدية حرفية.

- **الثروة الحيوانية:** الدواجن ٣.٩ مليون، الضأن ٦.٢ مليون، الماعز ٤.١٣ مليون، الأبقار ١.٣١ مليون.

- **المنتجات الزراعية:** التمور، الحبوب، الفواكه، القطن، الحمضيات والخضار.

المواصلات:

- **دليل الهاتف:** ٢٢٢.
- **سكك حديدية:** ٦٧٥ كلم.
- **طرق رئيسية:** ٧٥٢٥ كلم.
- **أهم المرافئ:** نواذيبو، نواكشوط.
- **عدد المطارات:** ١٠.
- **أهم المناطق السياحية:** مدينة سان لويس، مدينة أتار، مدينة شجينجاتي.

المؤشرات السياسية:

حصلت موريتانيا على استقلالها عن الاحتلال الفرنسي في ٢٨ نوفمبر ١٩٦٠، وتولى السلطة فيها المختار ولد داده وظل يشغل هذا المنصب حتى عام ١٩٧٨، إلى أن قاد الكولونيل المصطفى ولد محمد السالك انقلابا عسكريا ناجحا تولى من خلاله السلطة.

سلسلة حكام موريتانيا

الحاكم	مدة الحكم	الخروج من السلطة
المختار ولد داده	١٩٦٠-١٩٧٨	انقلاب عسكري
مصطفى ولد السالك	١٩٧٨-١٩٧٩	أجبر على الاستقالة
محمد ولد لولي	١٩٧٩-١٩٨٠	أجبر على الاستقالة
محمد خونة ولد هيداله	١٩٨٠-١٩٨٤	انقلاب سياسي
معاوية ولد سيدي أحمد طايع	منذ ١٩٨٤	انقلاب عسكري
مجلس عسكري	٢٠٠٥م	

ولم يترك صراع الأجنحة داخل اللجنة العسكرية للخلاص الوطني الحاكمة فرصة استقرار لولد السالك ومن بعده لولد أحمد لولي مما اضطرها للاستقالة قبل ان يستلم السلطة الكولونيل محمد خونة ولد هيداله. وبعد أربعة أعوام (١٩٨٤) استطاع الكولونيل معاوية ولد سيدي أحمد طايع القيام بانقلاب سياسي استولى به على الحكم.

في عام ١٩٩٢ أجريت أول انتخابات رئاسية فاز فيها معاوية ولد سيدي أحمد طايع، ثم فاز في انتخابات أخرى أجريت عام ١٩٩٧ .

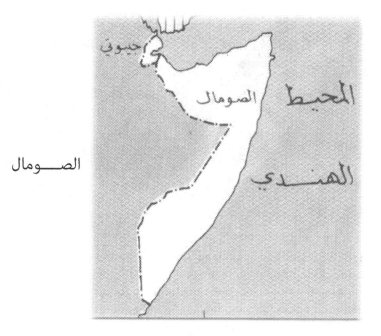

القرن الإفريقي

جيبــوتي

الصـــومال

جزر القمـــر (كومور)

الأقاليم الطبيعية:

تنقسم الصومال إلى ثلاثة أقاليم طبيعية:

١- السهل الساحلي الشمالي:

هذا السهل الساحلي ضيق للغاية وخاصة في الأجزاء الشرقية منه حيث تتقابل المرتفعات مع مياه خليج عدن ويتسع بعض الشيء في أجزائه الغربية فيصل اتساعه إلى ٦٠ كيلومترا. يمتد هذا السهل الساحلي من رأس جاردافوي شرقا حتى حدود إقليم عفار وعيسى غربا وهو ما كان يطلق عليه الصومال الفرنسي (جيبوتي). ينتشر المناخ الصحراوي الجاف الشديد الحرارة في هذا الإقليم ولهذا لا تجد عليه مراكز استقرار ذات أهمية.

٢- السهل الساحلي الشرقي:

يمتد هذا السهل الساحلي من رأس حافون شمالا حتى حدود كيثيب شمالا ويأخذ في الاتساع من الشمال إلى الجنوب ويبلغ أقصى اتساعه ما بين خط الاستواء وخط عرض ٥ شمالا إذ يبلغ ٣٠٠كلم، في السهل الساحلي تكثر مراكز الاستقرار البشري الكبيرة وأهمها مقديشو عاصمة الصومال.

تغزر الأمطار على هذا السهل الساحلي وخاصة في أجزائه الجنوبية ويجري به أكبر أنهار الصومال وهما : نهر شبيلي ونهر جوبا. والأراضي بين هذين النهرين هي أهم مناطق الإنتاج الزراعي في الصومال، والتي تقدر بمليون هكتار وإلى جوارها أراضي تصلح للزراعة تبلغ مساحتها ٨ مليون هكتار ولكنها لا تزرع.

يتميز هذا السهل الساحلي بكثافة الكثبان الرملية حتى أنها بالقرب من مقديشو وعلى بعد ١٣ كيلومتر منها قد حجزت نهر شبيلي من الوصول إلى

ساحل المحيط الهندي ولهذا تحول مجراه جنوبا مسافة ٣٥٠كم حيث تجف مياهه في الكثبان الرملية دون أن يتمكن من الوصول إلى مياه المحيط الهندي.

ويبلغ طول هذا النهر ١٥٠٠كلم ويحمل معه من المياه ٣٠٠ متر مكعب في الثانية في فصل سقوط الأمطار. ويعتبر نهر شبيلي حدا مميزا للتوزيع الجغرافي للأمطار إذ تقل الأمطار إلى شماله فتصل ١١٠مليمتر وتزيد الأمطار إلى جنوبه فتصل ٦٠٠ مليمتر ولهذا كانت الغابات الكثيفة والسفانا كثيرة الانتشار في هذه الأجزاء الجنوبية من هذا الإقليم.

٣- إقليم المرتفعات:

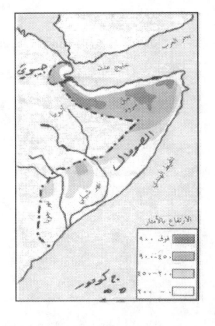

تمتد الهضبة وما بها من مرتفعات بين الإقليمين السابقين وهي امتداد لهضبة الحبشة شرقا، ويبلغ متوسط ارتفاع الهضبة ٧٠٠ قدم أما المرتفعات في شمالها فيصل ارتفاعها إلى ٦٠٠٠ قدم.

تقطع الوديان هذه الهضبة التي تتميز بكثرة امطارها ولهذا اشتغل السكان بتربية الماشية وكان الترحل طابع حياتهم.

كما توجد أيضا ثروة معدنية في هذا الإقليم منها الحديد واليورانيوم والزنك والرصاص وقد أعطي امتياز استغلالها لعدة شركات أجنبية.

الفصل السابع والعشرون

جمهورية جيبوتي

(الصومال الفرنسي سابقا، إقليم عفار وعيسى سابقا)

نبذة تاريخية:

عاش الناس في هذه المنطقة في عصور ما قبل التاريخ، وفي القرن التاسع الميلادي دخل الإسلام لشعب العفر. وأنشأ هؤلاء عدة ولايات إسلامية.

وقد خاضت عدة معارك مع الحبشة المسيحية من القرن الثالث عشر للميلاد وحتى أوائل القرن السابع عشر.

وفي القرن التاسع عشر استولى شعب العيسى على الكثير من أراضي العفر ونشأت من حينها العداوة بينهما.

اشترت فرنسا ميناؤ أوبوك من العفر عام ١٨٦٢ كما وقع الفرنسيون اتفاقيات مع سلاطين أوبوك من العفر وسلاطين تاجورا عام ١٨٨٤م ومن ثم احتلت فرنسا عا م١٨٨٨ منطقة غير آهلة بالسكان عرفت فيما بعد بـ (جيبوتي) وأسموها الصومال الفرنسي واكتملت سيطرتها في عام ١٩٠٠.

واستخدم إمبراطور أثيوبيا مينليك الثاني عام ١٨٩٧ مدينة جيبوتي لتجارة أثيوبيا بعد أن قام خط سكك حديدية تربط جيبوتي بعاصمة أديس أباب.

وبانتهاء الحرب العالمية الثانية عام ١٩٤٥ بدأت قبائل العيسى وجماعات أخرى تقطن أرض ولكل من الحبشة والصومال مطالب وادعاءات حول ملكية جيبوتي فقد جرت صراعات حادة في عام ١٩٧٦ بينهما بهذا الخصوص.

حصلت جيبوتي يوم ١٩٧٧/٦/٢٧ على استقلاليتها كدولة وتشكل البطالة اليوم نسبة مرتفعة فيها. بينما الموارد الطبيعية شحيحة وتعتمد جيبوتي على العون الفرنسي.

ويرأس هذه الجمهورية حسن جوليد ابتديون منذ ١٩٧٧/٦/٢٤.

التركيب الاجتماعي

- **أصل التسمية:** سميت جيبوتي بمعنى جوب أي المحترق وذلك لشدة الحرارة في المنطقة الصحراوية لهذا البلد.

- **الاسم الرسمي:** جمهورية جيبوتي.

- **العاصمة:** جيبوتي.

ديموغرافية جيبوتي:

- **عدد السكان:** ٤٦٠٧٠٠ نسمة.

- **الكثافة السكانية:** ٢٠ نسمة/ كلم².

عدد السكان بأهم المدن:

- **جيبوتي العاصمة:** ٣٨٦١٤٣ نسمة.

- **تاجورا:** ٤٦٧٠٠ نسمة.

- **دخيل** ٤٦٨٠٠ نسمة.

- **أبوك:** ٢٥٢٥٠ نسمة.

- نسبة عدد سكان المدن: ٨٣%.

- نسبة عدد سكان الأرياف: ١٧%.

- **معدل الولادات:** ٤٠.٦٦ ولادة لكل ألف شخص.

- **معدل الوفيات الإجمالي:** ١٤.٦٦ لكل ألف شخص.

- **معدل وفيات الأطفال:** ١٠١.٥١ حالة وفاة لكل ألف طفل.

- **نسبة نمو السكان:** ٢.٦%.

- **معدل الإخصاب (الخصب):** ٦.١ مولود لكل امرأة.

توقعات مدى الحياة عند الولادة:

– الإجمالي: ٥١.٢ سنة.

– الرجال: ٤٩.٤ سنة.

– النساء: ٥٣.١ سنة.

نسبة الذين يعرفون القراءة والكتابة:

– الإجمالي: ٦٣.٤%.

– الرجال: ٧٤%.

– النساء: ٥٢.٨%.

– اللغة: الفرنسية والعربية (رسميتان)، اللغة العفارية، اللغة الصومالية.

– الديانة: الإسلام، المسيحية.

– الأعراق البشرية: صوماليون (٦٠%)، قبائل عفار (٣٥%)، أقليات فرنسية وعربية وسودانية وهندية.

- التقسيم الإداري:

المحافظات	المساحة (كلم²)	السكان (%)
علي سابيه	٢٤٠٠	٥.٢
دخيل	٧٢٠٠	١٠.٤
جيبوتي	٦٠٠	٦٨.٨
أوبوك	٥٧٠٠	٥.٢
تاجورا	٧٣٠٠	١٠.٤

جغرافية جيبوتي:

– المساحة الإجمالية: ٢٢٠٠٠ كلم².

– مساحة الأرض: ٢١٩٨٠ كلم².

- **الموقع:** تقع جيبوتي على الشاطئ الشرقي لأفريقيا، يفصلها عن شبه الجزيرة العربية مضيق باب المندب، تحدها أثيوبيا غربا، الصومال وأثيوبيا جنوبا، أرتيريا وأثيوبيا شمالا وبحر العرب شرقا.
- **حدود الدولة الكلية:** ٥١٧كلم منها: ٤٥٩ كلم مع أثيوبيا و٥٨ كلم مع الصومال.
- **طول الشريط الساحلي:** ٣١٤ كلم.
- **أعلى قمة:** موسى علي تيرارا (٢٠٦٣م).
- **المناخ:** حار جدا مع ارتفاع نسبة الرطوبة في فصل الصيف، دافئ في فصل الشتاء مع تساقط كميات قليلة من الأمطار.
- **الطبوغرافيا:** سطحها عبارة عن سهل ساحلي ضيق يمتد بامتداد سواحلها البحرية وتتوغل السواحل في الوسط إلى الداخل، بينما المناطق الداخلية الأخرى تعلوها بعض المرتفعات والجبال.
- **الموارد الطبيعية:** خضر، فاكهة، حيوانات داجنة، ولحوم وملح.
- **استخدام الأرض:** تكاد تكون الأرض الصالحة للزراعة معدومة، المروج والمراعي ٩%.
- **النبات الطبيعي:** تنمو فيها بعض الأعشاب والحشائش الصحراوية.

المؤشرات الاقتصادية:

- **الوحدة النقدية:** فرنك جيبوتي = ١٠٠ سنتيم.
- **إجمالي الناتج المحلي:** ٥١٩ مليون دولار.
- **معدل الدخل الفردي:** ٨٢٠ دولار.

المساهمة في الناتج الوطني الخام:

- **الزراعة:** ٣.٦%.

— الصناعة: ٢٠.٥%.

— التجارة والخدمات: ٧٥.٨%.

القوة البشرية العاملة:

— الزراعة: ٧٥%.

— الصناعة: ١١%.

— التجارة والخدمات: ١٤%.

— معدل البطالة: ٥٠%.

— معدل التضخم: ٢%.

— **أهم الصناعات**: مياه معدنية، حليب ومشتقاته، بعض النشاطات المعدنية، يستعمل ميناء جيبوتي لتخزين الحاويات الأثيوبية الموجهة إلى التصدير.

— **أهم الزراعات**: فاكهة وخضار، استعمال منتجات الحيوانات (ماعز، غنم وإبل).

— **الثروة الحيوانية**: معظم القبائل ترعى الغنم والماعز والإبل.

المواصلات:

— دليل الهاتف: ٢٥٣.

— سكك حديدية: ٩٧ كلم.

— طرق رئيسية: ٢٩٠٠ كلم.

— أهم المرافئ: جيبوتي.

— عدد المطارات: ٣.

- **أهم المناطق السياحية**: بحيرة أسال، وبعض المناطق التي لا تزال تعيش حياة بدائية في غرب البلاد.

المؤشرات السياسية:

- **شكل الحكم**: جمهورية اتحادية تخضع لنظام الحزب الواحد.
- **الاستقلال**: ٢٧ حزيران ١٩٧٧.
- **العيد الوطني**: عيد الاستقلال (٢٨ حزيران).
- **تاريخ الانضمام إلى الأمم المتحدة**: ١٩٧٧.

أعلنت فرنسا جيبوتي مستعمرة خارجية لها في عام ١٩٤٦، وبعد كفاح سياسي حصلت على استقلالها في يونيو / تموز ١٩٧٧، وانتخب زعيم حزب الرابطة الشعبية حسن غوليد رئيسا للجمهورية الوليدة.

رؤساء جيبوتي

الحاكم	مدة الحكم	الخروج من السلطة
حسن غوليد	١٩٧٧-١٩٩٩	انتهاء ولايته
إسماعيل عمر غيله	منذ ١٩٩٩	

مع الأشهر الأولى لحكم غوليد بدأ في اتباع سياسة تستهدف إبعاد العفاريين عن المراكز الحساسة (معروف أن جيبوتي تتكون من قوميتين كبيرتين هما عفار والعيسي)، فحدثت اضطرابات كادت تطيح بحكم غوليد مما اضطره إلى التعايش السياسي مع العفار، وأفرج عن عدد كبير من المسجونين السياسيين مما أوجد نوعا من الاستقرار.

ظل الرئيس حسن غوليد في الحكم منذ عام ١٩٧٧ حتى عا م١٩٩٩، وفي ذلك العام قرر عدم خوض انتخابات الرئاسة التي جرت، مما أتاح الفرصة لمدير الديوان الرئاسي إسماعيل عمر غليه للفوز فيها ليصبح الرئيس الثاني للبلاد منذ الاستقلال.

الفصل الثامن والعشرون

جمهورية الصومال الديمقراطية

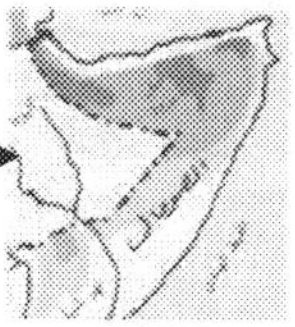

نبذة تاريخية:

للصومال تاريخ قديم حيث عثر على سهام مجوفة في بور عقبة، كما عثر على أسلحة للصيد يعود تاريخها إلى العصر الحجري الحديث في منطقتي غورواديي وبورايب بعض المؤرخين أن أول بعثة لاستيراد البخور من بلاد بونت كانت في عهد الملك سحورع رحلة ٤٨٠٠ سنة، بعدها توالت الرحلات إلى بلاد بونت كانت أشهرها رحلة حتشبسوت سنة ١٤٩٠ق.م. وعند ظهور الإسلام اتجهت أول هجرة إسلامية إلى ساحل أفريقيا الشرقي في القرن الثاني الهجري، حيث استقر المهاجرون على ساحل المحيط الهندي وأسسوا بعض المستوطنات، ومن أشهر البعثات الداعية للإسلام في الصومال تلك التي وفدت من حضرموت وفي أوائل القرن الخامس عشر الميلادي كانت تتألف من أكثر من أربعين داعية نزلوا في بربرة على ساحل خليج عدن. ومن هناك انتشروا في البلاد ليدعوا إلى الإسلام. ويعتبر البرتغال أول الدول الأوروبية التي وصلت إلى ساحل الصومال سنة ١٥١٥ بناء على استنجاد الأحباش بهم عندما طلبوا المدد منهم بسبب انتصار المسلمين عليهم وتمكن البرتغاليون من تدمير مدينتي بربرة وزيلع واستولوا على بعض الموانئ.

ثم حاولت مصر بعد عدة قرون أن يكون لها دور في السيطرة والإشراف على الملاحة في البحر الأحمر ومنع سطيرة الأوروبيين عليها والقضاء على تجارة الرقيق فوصل الجيش المصري إلى بربرة في عام ١٨٧٥م، فتدخلت الحكومة البريطانية وتم انسحاب المصريين واستيلاء بريطانيا على الموانئ سنة ١٨٨٣م.

واتجهت إيطاليا إلى الصومال واشترت ميناء عصب عام ١٨٦٩م وبدأت سلسلة من معاهدات الحماية انتهت بإعلان إيطاليا حمايتها على الصومال

الجنوبي عام ١٨٩٦. ولم تقف فرنسا إزاء الصومال موقف المتفرج فأسرعت لشراء ميناء أوبوك (في جيبوتي) عام ١٨٦٢م وعندما نفذ مشروع قناة السويس رأت فرنسا ضرورة وجود ميناء للوقود لها في هذا الطريق البحري.

وفي عام ١٨٨٤ عقد اتفاق مع سلطان تاجورة أعطى به بلاده لفرنسا. استمرت المقاومة الصومالية لقوات الاحتلال البريطاني والإيطالي والأثيوبي من عام ١٨٩٩ بقيادة الزعيم محمد عبد الـه حسن الصومالي حتى وفاته عام ١٩٢٠. وفي الحرب العالمية الثانية احتلت إيطاليا الصومال البريطاني عام ١٩٤٠ ثم هزمتها بريطانيا عام ١٩٤١ واحتلت الصومال الإيطالي وفي عام ١٩٤٨ سيطرت أثيوبيا على الأوجادين.

وافقت الجمعية العامة للأمم المتحدة على إنشاء الوصاية على الصومال في عام ١٩٥٠ وقبل أن تخرج بريطانيا من الصومال زرعت بذور المشكلات المتعلقة بالحدود بين الصومال في الغرب وبين الصومال وكينيا في الجنوب وحاول الصوماليون استعادة إقليم أوجادين بعد استقلال الصومال فقامت القوات الصومالية في عامي ١٩٧٧ و١٩٧٨ بالسيطرة على معظم إقليم أوجادين ولكنها أجبرت على الانسحاب لظروف دولية وفي عام ١٩٨٨ تم توقيع اتفاقية سلام بين أثيوبيا و الصومال وفي نفس العام نجحت فصائل المعارضة الصومالية وأطاحت بالحكومة في عام ١٩٩١.

ويرأس جمهورية الصومال السيد محمد إبراهيم عقال.

التركيب الاجتماعي

- **أصل التسمية:** عرفت الصومال باسم أرض يونت أو يوانيت (المصريون القدامى)، أو أرض الطيوب (الرومان) وبرّ الأعراب (العرب) وبلاد الصومال، ويأتي هذا الاسم من عبارة صومال أي "أذهب وأحلب"

- بالصومالية وهـي تقـال عنـد تقـديم الحليـب للضيـوف أو زُمـال (عبـارة عربيـة) تعنـي "الشعب الغني بالماشية".

- **الاسم الرسمي**: جمهورية الصومال الديمقراطية.

- **العاصمة**: موغاديشو.

ديموغرافية الصومال:

- **عدد السكان**: ٧٤٨٨٧٧٣ نسمة.

- **الكثافة السكانية**: ١٢ نسمة / كلم٢.

عدد السكان بأهم المدن:

- **موغاديشو**: ٨٨٣١٢٣.

- **هرجيسة**: ٩١٦٢٧.

- **بربرة**: ٧٢٠٠٠.

- **نسبة عدد سكان المدن**: ٢٧%.

- **نسبة عدد سكان الأرياف**: ٧٣%.

- **معدل الولادات**: ٤٧.٢٣ ولادة لكل ألف شخص.

- **معدل الوفيات الإجمالي**: ١٨. ٣٥ حالة وفاة لكل ألف شخص.

- **معدل وفيات الأطفال**: ١٢٣. ٩٧ حالة وفاة لكل ألف طفل.

- **نسبة نمو السكان**: ٣ .٤٨%.

- **معدل الإخصاب (الخصب)**: ٧.١ مولود لكل امرأة.

توقعات مدى الحياة عند الولادة:

- **الإجمالي**: ٤٦.٦ سنة.

- **الرجال**: ٤٥ سنة.

- **النساء**: ٤٨.٣ سنة.

نسبة الذين يعرفون القراءة والكتابة:

- **الإجمالي**: ٢٤.١%.
- **الرجال**: ٣٤.٢%.
- **النساء**: ١٤%.
- **اللغة**: اللغة الرسمية للدولة: الصومالية والعربية.
- **الدين**: ٩٩.٨% مسلمون، ٠.٢% نصارى.
- **الأعراق البشرية**: ٩٨.٣% صوماليون، ١.٢% عرب، ٠.٥% بانتو.

التقسيم الإداري: (١٩٨٠)

المناطق	العاصمة	المساحة (كلم٢)	السكان (%)
باكول	أودور	٢٧٠٠٠	٣
باري	بندر قاسم	٧٠٠٠٠	٤.٤
بنادير	موقاديشو	١٠٠٠	١٠.٣
باي	بيديا	٣٩٠٠٠	٨.٩
غالغودود	روزامارب	٤٣٠٠٠	٥
جيدو	غرباهاري	٣٢٠٠٠	٤.٦
حيران	بيلبت وين	٣٤٠٠٠	٤.٣
جوبادادهكس	يوغال	٢٣٠٠٠	٢.٩
مودوغ	غالكابو	٧٠٠٠٠	٦.١
نوجال	غاروا	٥٠٠٠٠	٢.٢
صناع	أريغافو	٥٤٠٠٠	٤.٣
شابيلاهوز	ماركا	٢٥٠٠٠	١١.٢
تغدير	بوارو	٤١٠٠٠	٧.٦
ووكوي غالبيد	هرجيسه	٤٥٠٠٠	١٢.٩

جغرافية الصومال:

- **المساحة الإجمالية:** ٦٣٧٧٠٠ كلم٢.

- **مساحة الأرض:** ٦٣٧٣٤٠ كلم٢.

- **الموقع:** تقع الصومال في القرن الشمالي لقارة إفريقيا ويحدها جيبوتي وخليج عدن شمالا، أثيوبيا وكينياغربا، والمحيط الهندي وكينيا جنوبا، والمحيط الهندي شرقا.

- **حدود الدولة الكلية:** ٢٣٤٠كلم منها: ٥٨ كلم مع جيبوتي و١٦٠٠ كلم مع أثيوبيا و٦٨٢ كلم مع كينيا.

- **طول الشريط الساحلي:** ٣٠٢٥ كلم.

- **أهم الجبال:** غوبان، واغار، زرود.

- **أعلى قمة جبلية:** قمة سرودعار (٢٤٠٦م).

- **أهم الأنهار:** شبيلي، أوابي، جوبا، نوغال.

- **المناخ:** تمتد أراضي الصومال خلف خط الاستواء لذا جمعت بين مناخين الصحراوي وشبه الصحراوي الاستوائي الجاف في المناطق الوسطى والشمالية والمناخ الاستوائي الرطب الممطر طوال السنة في الجنوب.

- **الطبوغرافيا:** سطح الصومال عبارة عن هضبة تعلوها الجبال في الجزء الشمالي الأوسط وتحيطها سهول ساحلية تتسع في الجنوب وتضق في الشمال والشرق.

- **الموارد الطبيعية:** اليورانيوم، خام الحديد، البوكسيت، النحاس، بترول وقصدير.

- **استخدام الأرض:** تشكل الأرض الصالحة للزراعة ٢% من المساحة الإجمالية، المحاصيل الدائمة جد ضئيلة، تشكل المراعي والأراضي

- الخضراء ٤٦% من المساحة الكلية، الغابات والأحراج ١٤%، الأراضي الأخرى ٣٨% مـن بينهـا الأراضي المروية.

- **النبات الطبيعي:** تنمو **الأعشاب** وحشائش السفانا الاستوائية في الجنوب، والنباتات الشـوكية في الصحراء والغابات الكثيفة من المناطق المرتفعة في الجنوب.

المؤشرات الاقتصادية:

- **الوحدة النقدية:** الشلن الصومالي = ١٠٠ سنتيسمي.

- **إجمالي الناتج المحلي:** ٤.٣ بليون دولار.

- **معدل الدخل الفردي:**

المساهمة في الناتج الداخلي الخام:

- **الزراعة:** ٦٠%.

- **الصناعة:** ١٠%.

- **التجارة والخدمات:** ٣٠%.

القوة البشرية العاملة:

- **الزراعة:** ٧١%.

- **الصناعة:** ١٠%.

- **التجارة والخدمات:** ١٩%.

- **معدل البطالة:**

- **معدل التضخم:** ١٠٠%.

- **أهم الصناعات:** صناعات بسيطة وقليلة منها تكرير السـكر، تكريـر البـترول، منسـوجات وتعليب الأسماك.

- **المنتجات الزراعية:** قصب السكر، الموز، المانجو، الذرة، الحبوب، القطن وقصب السكر.

- **الثروة الحيوانية:** الضأن ١٣٥ مليون رأس، الماعز ١٢.٥ مليون، الإبل ٦.٢ مليون، الماشية ٥.٢ مليون.

المواصلات:

- **دليل الهاتف:** ٣٥٢.

- **طرق رئيسية:** ١٥٢١٥ كم.

- **المرافئ الرئيسية:** بربرة، هركا، شيريمايو.

المؤشرات السياسية:

- **شكل الحكم:** جمهورية برلمانية تخضع لنظام تعدد الأحزاب.

- **الاستقلال:** ١ تموز ١٩٧٠.

- **العيد الوطني:** ذكرى الثورة ٢١ تشرين الأول (١٩٧٩).

- **حق التصويت:** لمن بلغ من العمر ١٨ سنة.

- **تاريخ الانضمام إلى الأمم المتحدة:** ١٩٦٠.

قسمت أراضي الصومال إلى خمسة مناطق بين القوى الاستعمارية أواسط القرن العشرين، وظلت حتى الآن تعاني من هذا التقسيم في صورة اضطرابات سياسية، ما تكاد تهدأ حتى تعود مرة أخرى للتفجر من جديد.

ففي عام ١٨٨٤م سيطرت بريطانيا على شمال الصومال، ثم سيطرت إيطاليا عام ١٨٨٩ على الشمال الشرقي منه، وفي عام ١٩٠٥ بسطت سيطرتها على الجنوب، ومع بداية عام ١٩٣٩ أصبح الصومال الإيطالي جزءا من المستعمرات الإيطالية في شرق إفريقيا ودمج مع إقليم أوغادين.

وبعد اندلاع الحرب العالمية الثانية احتلت إيطاليا المنطقة التي تسيطر عليها بريطانيا والمعروفة باسم الصومال البريطاني، إلا أنها عادت للإدارة البريطانية عام ١٩٥٠ مرة أخرى بعد هزيمة إيطاليا في تلك الحرب.

استقلت الصومال عام ١٩٦٠ تحت اسم دولة الصومال، وفي عام ١٩٦٩ اتحد الصومال الأيطالي والصومال البريطاني تحت اسم الجمهورية الصومالية الديمقراطية، وغير الاسم في عام ١٩٩١ إلى جمهورية الصومال.

سلسلة حكام الصومال

الحاكم	مدة الحكم
عبد اللـه عثمان دار	١٩٦٠-١٩٦٧
عبدالرشيد على شرماكيه	١٩٦٧-١٩٦٩
شيخ مختار محمد حسين (بالوكالة)	١٩٦٩/١٠-٦
محمد سياد بري	١٩٦٩-١٩٩١
غياب السلطة	١٩٩١-٢٠٠٠
عبدي قاسم صلاد حسن	منذ ٢٠٠٠

ملاحظة:

- اغتيل الرئيس عبدالرشيد شرماكي وتولى الحكم من بعده الجنرال محمد سياد بري.
- لم يكن في الصومال حكومة مركزية في الفترة من ١٩٩١-٢٠٠٠.

أجريت أول انتخابات عامة في الصومال عام ١٩٥٦ فاز فيها "جامعة الشبيبة الصومالية" التي شكلت بدورها أول حكومة وطنية برئاسة عبد اللـه عيسى.

وظهرت أحزاب أخرى معارضة كان من أهمها "جبهة الاتحاد الوطني زعامة مايكل ماريانودعي، والتشكيل السياسي الذي أطلق على نفسه "جامعة الصومال الأكبر" بقيادة محمد حسين.

وفي عام ١٩٥٧ أسست بريطانيا مجلسا تشريعيا في الصومال البريطاني درجت على تعيين معظم أعضائه. وازدادت المطالبة الشعبية باتحاد الصومالين الإيطالي والبريطاني، وقبل أيام من انتهاء فترة الوصاية المقررة من قبل الأمم المتحدة اعترفت بريطانيا باستقلال الصومال البريطاني، وتحققت الوحدة بين الصومالين الإيطالي والبريطاني، وانتخب عبد الله عثمان رئيسا للجمهورية وعبدالرشيد علي شرماكيه رئيسا للوزراء، وهما من قادة "جامعة الشبيبة الصومالية" في حين أصبح محمد إبراهيم إيغال رئيس وزراء الصومال البريطاني سابقا وزعيم "جامعة الصومال الوطنية" وزيرا للدفاع وعبد الله عيسى وزيرا للخارجية.

انتخبت حكومة جديدة في الصومال عام ١٩٦٤ برئاسة عبدالرزاق حاجي حسين أمين عام جامعة الشبيبة الصومالية، وفي تلك الأثناء توثقت صلة الحكومة الجديدة بالاتحاد السوفيتي الذي كان يقدم دعمه للجيش الصومالي، في محاولة منه لوقف الدعم الذي تقدمه الولايات المتحدة الأمريكية لأثيوبيا المجاورة.

وفي عام ١٩٦٧ سحبت الثقة في البرلمان الصومالي من حكومة عبدالرزاق حاجي حسين، وكلف محمد إبراهيم إيغال بتكوين حكومة جديدة. وأعيد انتخاب الرئيس عبدالرشيد علي شرمايكة. في العام الذي أعيد انتخاب الرئيس عبدالرشيد شرمايكه اغتاله أحد أفراد الشرطة، ليتولى الحكم من بعده الجنرال محمد سياد بري في عام ١٩٦٧.

شكل محمد سياد بري مجلسا أطلق عليه مجلس قيادة الثورة وتولى الجنرال محمد عينشه رئيس هيئة الأركان منصب نائب الرئيس، وأصدر سياد بري قرارا بحل جميع الأحزاب السياسية التي كانت قد بلغت آنذاك ٢٧ تنظيما سياسيا.

وكان من أوائل القرارات التي اتخذها بري إلقاء القبض على الرئيس السابق عبد الله عثمان ورئيس وزرائه عبدالرزاق حسين، ثم اتخذ قرارات بتأميم الشركات الأجنبية العاملة في بلاده.

واجه نظام حكم سياد بري عدة محاولات انقلابية، من أشهرها محاولة قائد الشرطة علي كورشل عام ١٩٧١ الذي ألقي القبض عليه ووجهت له تهمة التآمر مع رئيس الحكومة إبراهيم إيغال للانقلاب على سياد بري، وقد أودع رئيس الحكومة رهن الاعتقال، وفي عام ١٩٧٢ ألقي القبض على نائب الرئيس محمد عينشه بتهمة العمل على قلب نظام الحكم، ونفذ فيه حكم الإعدام.

اتحدت العديد من الفصائل الصومالية وزعماء العشائر الذين قادوا ثورة شعبية استطاعت التخلص من حكم محمد سياد بري عام ١٩٩١، وقد أثرت تلك الثورة على المحاصيل الزراعية مما جعل أكثر من مليون ونصف المليون صومالي يواجهون المجاعة آنذاك.

أدت الحرب الأهلية التي انتهت بعزل محمد سياد بري إلى فراغ في السلطة، واستمرت الحرب الأهلية بين الفصائل المعارضة، ولم يستطع أي منها إعادة الأمن والاستقرار إلى البلاد، كما فشلت الولايات المتحدة الأمريكية التي حاولت ذلك عن طريق ما أسمته بعملية إعادة الأمل إلى الصومال.

مؤتمر المصالحة الوطني

وبعد صراع استمر أكثر من عشر سنوات، تمكنت بعض القبائل الصومالية وبمساعدة إقليمية خاصة من جارتها جيبوتي من تكوين سلطة منتخبة برئاسة عبدالقاسم صلاد حسن بعد مؤتمر المصالحة الوطني الذي عقد في مدينة "عرتا" الجيبوتية، وشكل الرئيس الجديد حكومة، تحاول إلى الآن بسط سيطرتها ونفوذها على الأراضي الصومالية وإن كانت تجد في ذلك صعوبة حتى الآن.

الفصل الثامن والعشرون ← جمهورية جزر القمر الاتحادية الاسلامية

نبذة تاريخية:

لقد أقام المسلمون سلطنة مزدهرة في هذه الجزر إلى أن قام الاستعمار الفرنسي- بغزوها واستعمارها في الفترة من ١٨٤١-١٩٠٩م.

ثم أعلنوا رسميا في عام ١٩٤٧ عن جعلها منطقة فرنسية.

وفي عام ١٩٧٤ فاز المطالبون بالاستقلال.

وقد أعلن عن استقلال البلاد في ١٩٧٥/٧/٦ وعين أحمد عبد الله رئيسا.

وفي عام ١٩٨٩ اغتيل الرئيس أحمد عبد الله .

وفي ١٩٨٩/١١/٢٦ استلم الرئيس سعيد محمد جوهر مهام منصبه الرئيسي لهذه الدولة وما زال.

التركيب الاجتماعي

- **أصل التسمية:** تسمية "قمر" (بضم القاف) تعود إلى القرن الثامن حيث هبط على ساحل هذه الجزر بعض من الرحالة العرب العائدة أصولهم إلى عدن ومسقط وحضرموت ولأن القمر كان بدرا فقد سموها "القمر"، وأخذ الأروبيون الاسم في ما بعد، فأطلقوا على هذه الجزر اسم "كومور" أو "كوموروس".
- **الاسم الرسمي:** جمهورية جزر القمر الاتحادية الإسلامية.
- **العاصمة:** موروني.

ديموغرافية جزر القمر:

- **عدد السكان:** ٥٩٦٢٠٢ نسمة.
- **الكثافة السكانية:** ٣٢٠ نسمة/ كلم^2.

عدد السكان بأهم المدن:

- موروني: ٣٦٠٠٠ نسمة.

- موتسامودو: ٢٥٠٠٠ نسمة.

- فومبوني: ٨٢٠٠ نسمة.

- دوموني: ١١١٠٠ نسمة.

- نسبة عدد سكان المدن: ٣٣%.

- نسبة عدد سكان الأرياف: ٦٧%.

- معدل الولادات: ٣٩.٥٢ ولادة لكل ألف شخص.

- معدل الوفيات الإجمالي: ٩.٣٥ لكل ألف شخص.

- معدل وفيات الأطفال: ٨٤ حالة وفاة لكل ألف طفل.

- نسبة نمو السكان: ٣.٠٢%.

- معدل الإخصاب (الخصب): ٥.٣٢ مولود لكل امرأة.

توقعات مدى الحياة عند الولادة:

- الإجمالي: ٦٠.٤ سنة.

- الرجال: ٥٨.٢ سنة.

- النساء: ٦٢.٧ سنة.

نسبة الذين يعرفون القراءة والكتابة:

- الإجمالي: ٥٧.٣%.

- الرجال: ٦٤.٢%.

- النساء: ٥٠.٤%.

- اللغة: العربية والفرنسية والقمرية وكلها رسمية.

- الدين: يدين ٩٨.٩% من السكان بالإسلام، ١.١% كاثوليك.

- **الأعراق البشرية:** جميع السكان تقريبا قمريون (خليط من البانتو والعرب والمالاغاشيين والمالاويين).

التقسيم الإداري:

المحافظات (الجزر)	العاصمة	المساحة (كلم²)	السكان (%)
موهيلي	فومبوني	٢٩٠	٥.٢٦
أنجوان	موتسامودو	٤٢٤	٤١.٣١
القمر الكبرى	موروني	١١٤٨	٥٣.٤١

جغرافية جزرالقمر:

- **المساحة الإجمالية:** ٢١٧٠ كلم².
- **مساحة الأرض:** ٢١٧٠ كلم².
- **الموقع:** تقع جزر القمر بين مدغشقر وجنوب شرق أفريقيا في المحيط الهندي، وتضم ثلاث جزر هي جزرة القمرالكبرى، وجزيرة أنجوان وجزيرة موهيلي وأقرب البلدان إليها موزمبيق غربا، ومدغشقر شرقا.
- **طول الشريط الساحلي:** ٣٤٠ كلم.
- **أعلى قمة:** جبل كارتالا (٢٣٦١م).
- **المناخ:** يسود جزر القمرالكبرى المناخ المداري الرطب حيث تسقط الأمطار بغزارة في فصل الصيف، وتشتد الرطوبة والحرارة، أما في فصل الشتاء فإن كمية الأمطار تقل بسبب الرياح الموسمية التي تمر عبر السواحل الشرقية للمحيط الهندي.
- **الطبوغرافيا:** سطح جزر القمر جبلي من أصل بركاني، ويوجد فيها بركان نشيط في جزيرة القمر الكبرى وسواحلها ضيقة.

- **الغطاء النباتي:** تغطي الغابات سطح الجزر التي تنمو على المرتفعات البركانية، وتنمو فيها حشائش السفانا المدارية.

- **استخدام الأرض:** تشكل الغابات ١٧.٩% من المساحة الكلية، المروج والمراعي ٦.٧%، الأراضي الزراعية والأراضي دائمة الاستثمار ٤٤.٩%، أراضي أخرى ٣٠.٥%.

المؤشرات الاقتصادية:

- **الوحدة النقدية:** الفرنك القمري = ١٠٠ سنتيم.

- **إجمالي الناتج المحلي:** ٤١٩ مليون دولار.

- **معدل الدخل الفردي:** ٣٥٠ دولار.

المساهمة في الناتج المحلي الخام:

- **الزراعة:** ٤٠%.

- **الصناعة:** ٤%.

- **التجارة والخدمات:** ٥٦%.

القوة العاملة البشرية:

- **الزراعة:** ٨٠%.

- **الصناعة:**

- **التجارة والخدمات:**

- **معدل البطالة:** ٢٠%.

- **معدل التضخم:** ٣٥%.

- **أهم الصناعات:** تقطير العطور، التعدين وبعض أعمال المحاجر، منسوجات، إسمنت، صابون ومنتوجات يدوية، أسماك معلبة.

- **المحاصيل الزراعية:** الفانيلا، الموز، جوز الهند، القرنفل، النباتات العطرية.

- **الثروة الحيوانية:** الماعز ١٢٨ ألف رأس، الأبقار ٥٠ ألف، الأغنام ١٤.٥ ألف.

المواصلات:

- **دليل الهاتف:**

- **طرق رئيسية:** ٨٨٠ كلم

- **أهم الموانئ:** موتسامودو، فومبوني، موروني.

- **عدد المطارات:** ٤.

مؤشرات سياسية:

- **شكل الحكم:** جمهورية إسلامية.

- **الاستقلال:** ٦ تموز ١٩٧٥ (من فرنسا).

- **الأعياد الوطنية:** يوم الاستقلال.

- **حقوق التصويت:** لمن بلغ ١٨ سنة.

- **تاريخ الانضمام إلى الأمم المتحدة:** ١٩٧٥.

منذ استقلال جمهورية جزر القمر عام ١٩٧٥ وهي تعيش حالة من الاضطراب وعدم الاستقرار السياسي، وشهدت خلال السنوات القليلة الماضية العديد من الانقلابات العسكرية، ولا تزال تعاني من الفوضى والنزاعات الانفصالية حتى الآن.

سلسلة حكام جزر القمر

الحاكم	مدة الحكم	الخروج من السلطة
علي سويليه	١٩٧٨-١٩٧٥	اغتيال
أحمد عبد الـلـه	١٩٨٩-١٩٧٨	اغتيال
محمد جوهر	١٩٩٥-١٩٨٩	انقلاب عسكري
بوب دينارد (مرتزق فرنسي)	١٩٩٦-١٩٩٥	عزلته فرنسا بالقوة بعد أن قبضت عليه
تقي عبدالكريم	١٩٩٨-١٩٩٦	وفاة بأزمة قلبية
الجنرال أزال أسوماني	منذ ١٩٩٩	

تقع جزر القمر في المحيط الهندي القريب من الساحل الإفريقي الجنوبي الشرقي، وتتكون من أربعة جزر صغيرة لا تتجاوز مساحتها ١.١٤٧ كلم مربع، وقد اتفقت ثلاثة جزر منها على تكوين اتحاد فيدرالي فيما بينها، وانتخبت علي سويليه أول رئيس لها في عام ١٩٧٥، لكن حكمه لم يستمر لأكثر من ثلاث سنوات.

ففي عام ١٩٧٨ قاد أحمد عبد الـلـه انقلابا عسكريا مدعوما من فرنسا وجنوب أفريقيا واستولى على السلطة، لكنه اغتيل عام ١٩٨٩ على يد محمد جوهر الذي بقي على رأس السلطة في جزر القمر حتى عام ١٩٩٥ وهو العام الذي شهد انقلابا أطاح به بقيادة المرتزق الفرنسي- بوب دينارد. ولم ترض الحكومة الفرنسية عن انقلاب دينارد فحركت بعض جنودها في أكتوبر عام ١٩٩٦ وألقت القبض عليه ونظمت انتخابات استطاع تقي عبدالكريم الفوز فيها.

وصدر خلال تلك الفترة أول دستور للبلاد أقر الشريعة الإسلامية كمصدر رئيسي- للتشريع، وحدد مدة ولاية رئيس الجمهورية لست سنوات، يعاد انتخابه بعدها بدون حد أقصى.

توفي تقي عبدالكريم عام ١٩٩٨ بعد إصابته بنوبة قلبية، وحدثت اضطرابات عرقية في الجزر الثلاث، أعلنت على إثرها اثنتان منهما (أنجوان وموهيلي Anjouan and Moheli) الاستقلال عن الاتحاد الفيدرالي.

وفي عام ١٩٩٩ قاد الكولونيل أزالي أسوماني انقلابا عسكريا هدف منه إعادة توحيد الجزر الثلاث، وتوسطت منظمة الوحدة الأفريقية ونجحت في تنظيم مباحثات جمعت زعماء الجزر الثلاث، وتوصلت تلك المفاوضات إلى اقتراح يسمح بحكم ذاتي موسع للجزيرتين الراغبتين في الانفصال مع بقاء نوع من الاتحاد الفيدرالي وافقت جزيرة موالي على الاقتراح بينما طلبت جزيرة زواني مهلة لتنظيم استفتاء شعبي، وفي يناير / كانون الثاني ٢٠٠٠ جاءت نتيجة الاستفتاء لغير صالح الاتحاد الفيدرالي، ولا تزال تعيش جمهورية جزر القمر إلى الآن حالة من الاضطراب السياسي والتنازع على السلطة.

استعراض لكيفية انتقال السلطة بين الحكام العرب:

يحسن بنا رصد حالات الاغتيالات السياسية التي أتاحتها لنا المصادر المتوفرة وهي ليست كل الحالات الدموية التي تمت في مجال الصراع على الحكم ولكنها قائمة قابلة للزيادة بحسب توفر المعلومات في المستقبل.

١- قائمة اغتيالات الحكام العرب

م	الحاكم	الدولة	سنة الاغتيال
١	عبد الله بن الحسين	الأردن	١٩٥١
٢	ذياب بن عيسى بن نهيان	أبو ظبي	١٧٩٣
٣	طحنون بن شخبوط	أبو ظبي	١٨٣٣
٤	خليفة بن شخبوط	أبو ظبي	١٨٤٥
٥	حمدان بن زايد	أبو ظبي	١٩٢٢
٦	سلطان بن زايد	أبو ظبي	١٩٢٦
٧	صقر بن زايد	أبو ظبي	١٩٢٩
٨	عبدالعزيز بن راشد بن حميد النعيمي	عجمان	١٨٤٨
٩	حميد بن راشد بن حميد بن راشد النعيمي	عجمان	١٩٠٠
١٠	فيصل بن عبدالعزيز آل سعود	المملكة العربية السعودية	١٩٧٥
١١	سعيد بن تيمور	سلطنة عمان	١٩٧٠
١٢	محمد بوضياف	الجزائر	١٩٩١
١٣	فيصل الثاني	العراق	١٩٥٨
١٤	عبدالسلام عارف	العراق	١٩٦٦
١٥	بشير الجميل	لبنان	١٩٨٢
١٦	رينيه معوض	لبنان	١٩٨٩
١٧	محمد أنور السادات	مصر	١٩٨١
١٨	علي سويليه	جزر القمر	١٩٧٨
١٩	أحمد عبد الله	جزر القمر	١٩٨٩
٢٠	محمد بن صباح	الكويت	١٨٩٦
٢١	إبراهيم الحمدي	اليمن	١٩٧٧
٢٢	أحمد الغشمي	اليمن	١٩٧٨
٢٣	عبدالرشيد شرمايكه	الصومال	١٩٦٩

ملاحظة:

- مات السلطان سعيد بن تيمور حاكم سلطنة عمان في عام ١٩٧١ بالهند التي فر إليها متأثرا بجراحه التي اصيب بها عقب الانقلاب العسكري الذي قام به السلطان قابوس بن سعيد بن تيمور عام ١٩٧٠.

قائمة الانقلابات العسكرية:

أما الانقلابات العسكرية والتي تعتبر شكلا عنيفا من أشكال الاستيلاء على السلطة في الوطن العربي فيمكن إجمالها تبعا للمصادر المتوفرة لدينا أيضا في الحالات التالية:

٢-قائمة الانقلابات العسكرية

الحاكم الذي وقع عليه الانقلاب	سنة الانقلاب	الدولة	الحاكم (قائد الانقلاب)	م
فرحات عباس	١٩٦٣	الجزائر	أحمد بن بيلا	١
أحمد بن بيلا	١٩٦٥	الجزائر	هواري بومدين	٢
فيصل الثاني	١٩٥٨	العراق	عبدالكريم قاسم	٣
عبدالكريم قاسم	١٩٦٣	العراق	عبدالسلام عارف	٤
عبدالسلام عارف	١٩٦٦	العراق	عبدالرحمن عارف	٥
أديب الشيشكلي	١٩٥٤/٢/٢٥	سوريا	مأمون الكزبري	٦
هاشم الأتاسي	١٩٥٥	سوريا	شكري القوتلي	٧
ناظم الأتاسي	١٩٦٣/٣	سوريا	لؤي الأتاسي	٨
لؤي الأتاسي	١٩٦٣/٧	سوريا	محمد أمين الحافظ	٩
محمد أمين الحافظ	١٩٦٦	سوريا	نور الدين مصطفى الأتاسي	١٠
نور الدين مصطفى الأتاسي	١٩٧٠	سوريا	سيد أحمد الحسن الخطيب	١١

١٢	حافظ الأسد	سوريا	١٩٧١	سيد أحمد الحسن الخطيب
١٣	فؤاد شهاب (المرة الأولى)	لبنان	١٩٥٢	بشارة الخوري
١٤	فؤاد شهاب (المرة الثانية)	لبنان	١٩٥٨	كميل شمعون
١٥	إلياس سركيس	لبنان	١٩٧٦	سليمان فرنجية
١٦	محمد نجيب	مصر	١٩٥٢	الملك فاروق
١٧	جمال عبدالناصر	مصر	١٩٥٦	محمد نجيب
١٨	إبراهيم عبود	السودان	١٩٥٨	إسماعيل الأزهري
١٩	جعفر النميري	السودان	١٩٦٩	الصادق المهدي
٢٠	عبدالرحمن سوار الذهب	السودان	١٩٨٥	جعفر النميري
٢١	عمر البشير	السودان	١٩٨٦	الصادق المهدي
٢٢	معمر القذافي	ليبيا	١٩٦٩	محمد إدريس السنوسي
٢٣	مصطفى ولد السالك	موريتانيا	١٩٧٨	المختار ولد داده
٢٤	محمد ولد لولي	موريتانيا	١٩٧٩	مصطفى ولد السالك
٢٥	محمد خونه ولد هيداله	موريتانيا	١٩٨٠	محمد ولد لولي
٢٦	معاوية ولد سيدي أحمد طايع	موريتانيا	١٩٨٤	محمد خونه ولد هيداله
٢٧	عبد الله السلال	اليمن	١٩٦٢	محمد البدر
٢٨	عبدالكريم الإرياني	اليمن	١٩٦٧	عبد الله السلال
٢٩	إبراهيم الحمدي	اليمن	١٩٧٤	عبدالكريم الإرياني
٣٠	أحمد الغشمي	اليمن	١٩٧٧	إبراهيم الحمدي
٣١	علي ناصر محمد	اليمن الجنوبي	١٩٧٨	سالم ربيع علي
٣٢	محمد سياد بري	الصومال	١٩٦٩	شيخ مختار محمد حسين بعد اغتيـــال الـــرئيس عبدالرشيد شرمايكه
٣٣	أحمد عبد الله	جزر القمر	١٩٧٨	علي صويلح
٣٤	محمد جوهر	جزر القمر	١٩٧٩	أحمد عبد الله
٣٥	بوب دينارد (مرتزق فرنسي)	جزر القمر	١٩٩٥	محمد جوهر

يتضح في ختام الاستعراض لكيفية انتقال السلطة من حاكم إلى آخر في الوطن العربي غلبة طابع الانقلابات العسكرية والسياسية والافتقار إلى آليات ديمقراطية تضبط تداول السلطة بشكل سلمي وتوسع دائرة المشاركة السياسية. وهذا الانحسار السلطوي في يد فئة محددة يطرح تساؤلا مهما حول قضية الشرعية السياسية ومصدرها للعديد من الأنظمة العربية.

أولا: الدول الملكية:

الأردن	الإمارات البحرين	الكويت السعودية
قطر	عمان	المغرب

ثانيا: الدول الجمهورية:

تونس	الجزائر	جيبوتي	العراق
سوريا	لبنان	مصر	السودان
ليبيا	موريتانيا اليمن		الصومال
جزر القمر	فلسطين		

قامت الدول العربية الحديثة بعد فترة من الاحتلال الأجنبي أو ضمن امتدادات الدولة العثمانية مع الهيمنة الغربية القريبة من الاحتلال، وفي حالات قليلة لم يكن ثمة احتلال أجنبي وأن كان تأثيره قويا، وساهمت هذه الحالة في تشكيل الدول العربية وفي أنظمة تولي الحكم وانتقال السلطة، ويسهل القول إجمالا أن تداول السلطة في الوطن العربي قائم على حكم عائلي أو فردي وأن الديمقراطية التي هبت على العالم لم تغير فيه كثيرا، ولكن قراءة واقع السلطة في الوطن العربي يقدم مؤشرات من أهمها:

١- كان حكم الأسر والعائلات هو السائد المتبع في الدول العربية كما كان الأمر عليه طوال التاريخ وما زال هذا الوضع قائما في ثمانية دول

عربية هي دول الخليج الست (السعودية والكويت والبحرين وقطر والإمارات وعمان) والأردن والمغرب، وكان نظام الحكم ملكيا في مصر ـ حتى عام ١٩٥٢ وفي ليبيا حتى عام ١٩٦٩ وفي العراق حتى عام ١٩٥٨ وفي اليمن حتى عام ١٩٦٢ وبدأ جمهوريا منذ الاستقلال في سورية ولبنان والجزائر وتونس والسودان وموريتانيا والصومال وجيبوتي.

ولكن الأنظمة الجمهورية تشهد ظاهرة جديدة وهي الاتجاه إلى انتقال السلطة من الرؤساء إلى أبنائهم، وقد طبق ذلك بالفعل في سورية، بل وعدل الدستور السوري في جلسة عقدت بعد وفاة الرئيس حافظ الأسد مباشرة ليتيح لابنه بشار تولي الرئاسة، إذ يشترط الدستور ألا يقل عمر الرئيس عن أربعين سنة، ويبدو الوضع مرشحا للتكرار في ومصر وليبيا.

٢- لم يمنع النظام الوراثي في انتقال السلطة حدوث حالات عزل وعنف وقوة رافقت الانتقال كما حدث في الأردن عام ١٩٥٢ عندما أعفي الملك طلال من منصبه، وفي السعودية عام ١٩٦٤ عندما عزل الملك فيصل أخاه الملك سعود وفي عمان عام ١٩٧٠ عندما عزل السلطان قابوس أباه سعيد، وفي قطر عام ١٩٧٢ عندما عزل الشيخ خليفة بن حمد سلفه وابن عمه الشيخ أحمد بن علي وفي عام ١٩٩٥ عندما عزل الشيخ حمد بن خليفة أباه، وفي حالات السعودية وقطر وعمان كان ولي العهد هو الذي يقود عملية العزل أو الانقلاب السياسي، ويقترب من هذه الحالات ما حدث في الأردن عام ١٩٩٩ عندما عزل الملك حسين ولي عهده وأخاه الأمير حسن لينقل ولاية العهد إلى ابنه عبد الله وذلك قبيل وفاته بأيام قليلة، وحدثت حالات عنف قتل فيها الملوك وإن لم يغير ذلك من نظام انتقال السلطة كما حدث في الأردن عام ١٩٥١ عندما اغتيل الملك عبد الله وفي السعودية عندما اغتيل الملك فيصل عام ١٩٧٥.

٣- عرفت الانقلابات في الوطن العربي أول مرة عام ١٩٤٩ في سورية على يد حسني الزعيم الذي كان رئيس أركان الجيش السوري ثم توالت الانقلابات في سورية والدول العربية الأخرى، فقد وقع انقلاب في مصر عام ١٩٥٢ أنهى حكم أسرة محمد علي الذي بدأ عام ١٨٠٥، وفي العراق أنهى انقلاب عسكري عام ١٩٥٨ حكم الهاشميين الذي بدأ في العراق منذ عام ١٩١٨ وفي اليمن عام ١٩٦٢ الذي أنهى حكم الأئمة الزيديين بعد أكثر من أربعمائة وخمسين عاما من الحكم.

٤- لم يكن للبرلمانات إن وجدت أثر مهم في عملية انتقال السلطة سوى تقديم الغطاء الدستوري في بعض الأحيان كما حدث في سورية عام ٢٠٠٠ وفي الأردن عام ١٩٥٢ عندما أعفي الملك طلال من الحكم لأسباب صحية، وفي تونس عام ١٩٨٧ عندما أعفي الرئيس بورقيبة من منصبه لأسباب صحية.

٥- في الدول التي حكمها حزب واحد كما في العراق وسورية واليمن الجنوبي (١٩٦٧-١٩٩٠) ومصر وتونس لعبت الصراعات الداخلية بين مراكز القوى في الحزب أو مؤسسات الحكم دورا في انتقال السلطة أو التوازن بين مراكز القوى، ولكن الأحزاب تحولت أيضا إلى مؤسسة فرد واحد وانتهى صراع مراكز القوى لأنها لم تعد موجودة، حدث هذا في مصر- أوائل السبعينيات، وفي العراق أواخر السبعينيات، وفي سورية أوائل السبعينيات، ولم تعد الأحزاب القائمة حتى وهي أحزاب حاكمة تؤدي دورا حقيقيا في تنظيم انتقال السلطة. وإذا بقيت هذه الحالة قائمة في دول الحزب والجمهوريات فإنها ستؤسس لعائلات حاكمة تتحول إلى ملكية، وهكذا فإن الدول العربية تتجه إلى الحالة السابقة للجمهوريات لتعود ملكية من جديد، والواقع أن تجربة الجمهوريات في تطبيقها الفعلي في الدول العربية جعلت تهمة الرجعية والاستبداد التي كانت تطلق على الدول الملكية تبدو مضحكة وغير واقعية.

٦-   شهدت أنظمة الحكم العربية استقرارا ورسوخا، وانتهت ظاهرة الصراع الدموي والعنيف
على السلطة، وتوقفت تقريبا الانقلابات العسكرية حيث لم تشهد حقبة السبعينيات
والثمانينيات أي انقلاب عسكري إلا ما كان في السودان من انقلاب عبدالرحمن سوار
الذهب وبعده انقلاب عمر البشير وكانا انقلابين أبيضين، ونفس الأمر ينطبق على قدوم
زين العابدين إلى السلطة في تونس حيث عرف انقلابه بالانقلاب الطبي لأنه أزاح بورقيبة
لأسباب طبية. وكانت الصراعات التي حدثت في اليمن الجنوبي عام ١٩٨٦ سببا مهما في
نهاية نظام الحكم فيها والانضمام إلى اليمن الشمالي، وكانت التغييرات في الأنظمة الملكية
أسبق من الجمهوريات في الرسوخ والاستقرار وفي هدوء عمليات التغيير والعزل، كما
حدث في الأردن عام ١٩٥٢ وفي السعودية عام ١٩٦٤ وفي عمان عام ١٩٧٠ وفي قطر عامي
١٩٧٢ و١٩٩٥. وحدثت عمليات اغتيال لبعض الحكام العرب ولكنها لم تغير من نظام
الحكم ولا عمليات انتقال السلطة، كما حدث في الأردن عام ١٩٥١ عندما اغتيل الملك عبد
الله ، وفي السعودية عام ١٩٧٥ عندما قتل الملك فيصل، وفي مصر عام ١٩٨١ عندما قتل
الرئيس أنور السادات.

ولكن هل يعبر هذا الاستقرار والرسوخ في الأنظمة العربية عن رضا وقبول شعبي؟ أو
مشاركة عامة والتزام بعقد اجتماعي يحظى بأغلبية أو إجماع؟

إن معظم الرؤساء العرب (ربما جميعهم عدا الرئيس الليبي معمر القذافي) يغطيهم في
السلطة انتخابات شعبية أو استفتاءات كانت نتيجتها تقترب من المائة بالمائة من المواطنين، ولم
تسجل طعون ولا مخالفات دستورية أو قانونية ولا حوادث عنف وإكراه رافقت عمليات انتخاب
الرؤساء العرب أو الاستفتاء عليهم، وهكذا فإنهم وفق المعايير الديمقراطية يمتلكون شرعية تفوق
رئيس أي دولة في الغرب الديمقراطي.. فإلى أي مدى يبدو هذا الكلام مقنعا؟

المراجع

١-   إبراهيم بدران وآخرون، قضايا التنمية في الوطن العربي، دار الفكر، عمان، ١٩٨٨.

٢-   إبراهيم ياسين الخطيب وآخرون: التنمية في الوطن العربي، مكتبة الراشد العلمية، عمان، ١٩٨٩.

٣-   أبو بكر متولي: التخطيط القومي والإقليمي والمحلي، المنظمة العربية للعلوم الإدارية، ١٩٧٤.

٤-   أحمد الربايعة وآخرون، السكان والحياة الاجتماعية، منشورات لجنة تاريخ الأردن، عمان، ١٩٩١م.

٥-   أحمد الفقيه وآخرون، الطفل الأردني، مؤشرات وأرقام، الوضع الصحي والتغذوي والتعليمي، ١٩٩٢م.

٦-   أمانة عمان الكبرى، عمان عاصمة الأردن، ١٩٨٨م.

٧-   المركز الجغرافي الملكي الأردني، الأردن صور وخرائط، ١٩٩٣م.

٨-   الموسوعة الأردنية: الأرض والإنسان: الجزءان الأول والثاني، دار الكرمل، ١٩٨٩.

٩-   برهان الدجاني، الاقتصاد العربي بين الماضي والمستقبل، الجزء الرابع، ١٩٩٠م.

١٠- دائرة الإحصاءات العامة، النشرة الإحصائية السنوية، ١٩٨٨م، ١٩٨٩، ١٩٩٠م، ١٩٩١م، ١٩٩٢م.

١١-   سلطة الكهرباء الأردنية، التقرير السنوي، ١٩٨٩.

١٢-   سلطة المصادر الطبيعية الأردنية، التقرر السنوي، ١٩٨٩.

١٣-   سليمان أبو خرمة، نموذج تخطيط التنمية واستنباط سياسات تنموية إقليمية في الأردن، ١٩٩١م.

١٤-   صالح حسين الطيطي، الوطن العربي، عام ١٩٨٧م.

١٥-   صلاح الدين البحيري، جغرافية الأردن، الطبعة الأولى والثانية ١٩٧٣م، ١٩٩١م.

١٦-   صندوق الملكة علياء للعمل الاجتماعي التطوعي الأردني، الأردن في كل الأزمان ولكل العصور.

١٧-   عبدالرحمن أبو رياح، السياحةالعربية سياسة واستراتيجية، ١٩٨٧م.

١٨-   عبدالقادر عابد،جيولوجية البحرا لميت،دار الأرقم، الطبعة الأولى، ١٩٨٥م.

١٩-   مؤسسة التدريب المهني، التقرير السنوي، عمان، ١٩٩٢م.

٢٠-   مؤتمر الطاقة العربي الخامس، الورقة القطرية للمملكة الأردنية الهاشمية، الطاقة في الأردن، القاهرة، ١٩٩٤م.

٢١-   مؤسسة المدن الصناعية الأردنية،دليل الصناعات في المدن الأردنية، عمان، ١٩٩٣.

٢٢-   مؤسسة المدن الصناعية الأردنية، الأردن اليوم، عما، ١٩٩٣.

٢٣-   نعمان شحادة، مناخ الأردن، دار البشير، الطبعة الأولى، ١٩٩١م.

٢٤-   وزارة الإعلام الأردنية:

–   التنمية الاقتصادية والاجتماعية، ١٩٨٧م.

–   مجلة التنمية (١٩٨٦، ١٩٨٧، ١٩٨٨، ١٩٨٩م).

–   السياحة العلاجية في الأردن، ١٩٨٢م.

ــ المالية العامة والبنوك في الأردن، عام ١٩٨٧.

ــ النقل في الأردن، عام ١٩٨٧م.

٢٥ـ   وزارة التخطيط الأردنية:

ــ خطة التنمية الثلاثية، ١٩٧٣-١٩٧٥م.

ــ خطة التنمية الاقتصادية والاجتماعية، ١٩٨٦-١٩٩٠م.

ــ خطة التنمية الاقتصادية والاجتماعية، ١٩٩٣م، ١٩٩٧م.

٢٦ـ   وزارة التربية والتعليم الأردنية، قراءات في الاقتصاد، عمان، ١٩٨٤م.

٢٧ـ   وزارة الزراعة الأردنية:

ــ إحصاءات زراعية، ١٩٨٤م-١٩٩٣م.

ــ مجلة المهندس الزراعي، عمان، عام ١٩٩١م.

ــ مشروع تطوير حوض نهر الزرقاء.

٢٨ـ   وزارة السياحة والآثار الأردنية، مجموعة نشرات سياحية عن الأردن، عام ١٩٩٣م.

٢٩ـ   وزارة الصناعة والتجارة الأردنية، دليل المستثمر في الأردن، الطبعة الثانية، عمان، ١٩٩٣م.

٣٠ـ   وزارة الطاقة والثروة المعدنية في الأردن، التقرير السنوي،١٩٨٧م،١٩٩١م.

٣١ـ   وزارة العمل الأردنية، مجلة العمل، أعداد مختلفة، ١٩٨٩م، ١٩٩١م.

٣٢ـ   يوسف مصطفى صيام، تطور وسائط النقل في الأردن، عمان، ١٩٨٨م.

٣٣ـ   إبراهيم بدران وآخرون،قضايا التنمية في الوطن العربي،الفكر،عمان، ١٩٨٨م.

٣٤ـ   إبراهيم ياسين الخطيب وآخرون، التنميـة في الـوطن العربي، مكتبةالرائد العلميـة، عمـان،
١٩٨٩م.

٣٥- أحمد محمود أبو الرب، تحديات التنمية في الوطن العربي،الطبعة الثانية،١٩٨٩م.

٣٦- برهان الدجاني، الاقتصاد العربي بين الماضي والمستقبل، الجزء الرابع، ١٩٩٠م.

٣٧- جامعة الدول العربية، المجموعة الإحصائية العربية الموحدة، الطبعة "٩٠"،١٩٨٠-١٩٨٨م.

٣٨- رائد البراوي، اقتصاديات العالم العربي من الخليج إلى المحيط، مكتبة النهضة المصرية، القاهرة، ١٩٧٨م.

٣٩- رجاء دويردي، جغرافية الوطن العربي، ج١، دمشق، ١٩٨١م.

٤٠- سلمان زايد النداوي وزميله، مجلس التعاون العربي،الجامعة المستنصرية،١٩٨٩م.

٤١- صالح حسين الطيطي وزميله، الوطن العربي، الأرض والسكان – علاقات، مشكلات وحلـول، مؤسسة دارالعلوم، عمان، ١٩٨٧م.

٤٢- صبحي تادرس وزميله، مقدمة في الاقتصاد، دار النهضة العربية،بيروت، ١٩٨٤م.

٤٣- صلاح الدين علي الشامي وزميله، جغرافية الوطن العربي الكبير، منشأة المعارف، الإسكندرية، ١٩٧٠م.

٤٤- فيليب رفلة وأحمد سامي مصطفى، جغرافيـة الـوطن العربي، دراسـة طبيعيـة، اقتصـادية، سياسية، مكتبة النهضة المصرية، القاهرة، ١٩٧١م.

٤٥- عبدالرحمن عمران، سكان العالم العربي حاضرا ومستقبلا، صندوق الأمـم المتحـدة للأنشطة السكانية، نيويورك، ١٩٨٨م.

٤٦- عبدالقادر يوسف الجبوري، التاريخ الاقتصادي، وزارة التعليم العالي، الموصل، ١٩٧٩م.

٤٧- الأمانة العامة للاتحاد العام لغرف التجارة والصناعة والزراعة للبلاد العربية أوراق اقتصادية، عدد ٥، ١٩٩٠م.

٤٨- محمد سعودي، الوطن العربي / دراسة لملامحه الجغرافية، دار النهضة العربية، بيروت، ١٩٦٧م.

٤٩- محمد صبحي عبدالحكيم وزملاؤه، الوطن العربي – أرضه وسكانه وموارده، مكتبة الأنجلو المصرية، القاهرة، ١٩٨٣م.

٥٠- المجلس القومي للتخطيط(الأردن)،خطة التنمية الخمسية(١٩٧٦-١٩٨٠م).

٥١- المجموعة الإحصائية العربية الموحدة/جامعة الدول العربية،العدد الثالث، نيسان ١٩٩٠م.

٥٢- المركز الأردني للدراسات والمعلومات، مجلة الأفق العربي، عمان، العدد العاشر، ١٩٨٧م.

٥٣- المنظمة العربية للتنمية الزراعية، السياسات الزراعية العربية، الخرطوم، ١٩٨٣.

٥٤- مؤتمر غرف التجارة والصناعة والزراعة للبلاد العربية، دراسات اقتصادية (الدورة الثلاثين)، دمشق، ١٩٨٨م.

٥٥- وزارة الزراعة الأردنية، مشروع تطوير حوض الحماد الأردني، ١٩٩٠م.

٥٦- وزارة الإعلام الأردنية مجلة التنمية (أعداد مختلفة لعام ١٩٨٦، ١٩٨٧، ١٩٨٨، ١٩٨٩م).

٥٧- وزارة الخارجية، الأمانة العامة لتعاون دول الخليج العربي، التعاون الخليجي المشترك، ١٩٨١م.

٥٨- وزارة العمل والتنمية الاجتماعية، العمل – مجلة علمية، العدد ٣٩، السنة العاشرة، ١٩٨٧م.

٥٩- وزارة التخطيط، الخطة الخمسية (٨٦-١٩٩٠)، المطبعة الوطنية.

٦٠- جلال يحيى، تاريخ المغرب الكبير، بيروت، دار النهضة العربية،١٤٠٢هـ/١٩٨١م.

٦١- حسن صبحي، التاريخ الأروبي الحديث، الإسكندرية، مؤسسة شباب الجامعة، ٤٠٣هـ/١٩٨٢م.

٦٢- سعيد عبدالفتاح عاشور، أوروبا في العصور الوسطى، النظم والحضارة، دار النهضة العربية، الطبعة الثانية ١٣٩٢هـ/١٩٧٢م.

٦٣- شوقي الجمل، تاريخ كشف أفريقيا واستعمارها، القاهرة، مكتبةالأنجلو المصرية، ١٩٧١م.

٦٤- عبدالحميد البطريق، عبدالعزيز نوار، التاريخ الأوروبي الحديث من عصر النهضة إلى مؤتمر فينا، بيروت، دار النهضة العربية للطباعة والنشر، (دون سنة الطباعة ورقمها).

٦٥- علي محافظة، تاريخ الأردن المعاصر (عهد الإمارة ١٩٢١م-١٩٤١م). عمان، مركز الكتب الأردني، الطبعة الأولى ١٤١٠هـ/١٩٨٩م.

٦٦- عمر عبدالعزيز عمر، دراسات في تاريخ العرب الحديث والمعاصر، بيروت، دار النهضةالعربية، الطبعة الأولى، ١٩٧٥م.

٦٧- فيشر، تاريخ العالم الغربي، ترجمة مجدي الدين صفني، بيروت، دار النهضة العربية.

٦٨- كرستوفر، تكوين أوروبا، ترجمة محمد زيادة، مؤسسة سجل العرب ١٩٦٧م.

فهرس الأشكال

الفهرس

Printed in the United States
By Bookmasters